全国高等院校云计算系列“十三五”规划教材

云计算虚拟化技术与开发

张　炜　聂萌瑶　熊　晶　主　编
储泽楠　石　玉　马　巍　副主编

中国铁道出版社有限公司
CHINA RAILWAY PUBLISHING HOUSE CO., LTD.

内容简介

虚拟化技术是云计算实现的关键技术，自“云计算”成为热点后，虚拟化技术就成为IT界的热门话题，本书向读者循序渐进地介绍虚拟化技术的基本知识和实践方法。

本书共分7章，内容包括虚拟化技术概述、虚拟化实现技术架构、QEMU核心模块配置、构建KVM环境、KVM高级功能详解、虚拟化管理工具和虚拟机开发。

本书以培养学生实践能力为目标，在阐述虚拟化技术基本理论知识的基础上，注重工程实践中的配置、安装及虚拟化技术的使用和理解。

本书适合作为高等院校计算机类专业的教材，也可作为开展云计算研究与应用的企事业单位的培训教材，以及云计算爱好者的自学用书。

图书在版编目（CIP）数据

云计算虚拟化技术与开发／张炜，聂萌瑶，熊晶主编．—北京：中国铁道出版社，2018.5（2023.9重印）

全国高等院校云计算系列“十三五”规划教材

ISBN 978-7-113-24284-8

Ⅰ．①云… Ⅱ．①张… ②聂… ③熊… Ⅲ．①数字技术-高等学校-教材 Ⅳ．①TP3

中国版本图书馆CIP数据核字（2018）第065841号

书　名：云计算虚拟化技术与开发
作　者：张　炜　聂萌瑶　熊　晶

策　划：韩从付　周海燕　　　编辑部电话：（010）51873202
责任编辑：周海燕　彭立辉
封面设计：乔　楚
责任校对：张玉华
责任印制：樊启鹏

出版发行：中国铁道出版社有限公司（100054，北京市西城区右安门西街8号）
网　址：http://www.tdpress.com/51eds/
印　刷：北京铭成印刷有限公司
版　次：2018年5月第1版　2023年9月第4次印刷
开　本：787 mm×1 092 mm　1/16　印张：14.5　字数：296千
书　号：ISBN 978-7-113-24284-8
定　价：39.00元

前 言

信息技术的发展,尤其是计算机和互联网技术的进步极大地改变了人们的工作和生活方式。进入新世纪后，大量企业开始采用以数据中心为业务运营平台的信息服务模式，数据中心变得空前重要和复杂，这对管理工作提出了全新的挑战，一系列问题接踵而来。企业如何通过数据中心快速地创建服务并高效地管理业务？怎样根据需求动态调整资源以降低运营成本？如何更加灵活、高效、安全地使用和管理各种资源？如何共享已有的计算平台而不是重复创建自己的数据中心？业内人士普遍认为,信息产业本身需要更加彻底地进行技术变革和商业模式转型，虚拟化和云计算正是在这样的背景下应运而生。

虚拟化技术已经在信息化产业领域产生了深刻的影响,被认为是支持云计算发展炙手可热的关键技术。虚拟化是满足多样化用户需求，并挖掘计算机潜力和优化的首选途径。

虚拟化实现了 IT 资源的逻辑抽象和统一表示，在大规模数据中心管理和解决方案交付方面发挥着巨大的作用，是支撑云计算伟大构想的最重要的技术基石。

本书对云计算的虚拟化技术由浅到深逐步展开，理论和实践相结合，教师演示和学生操作相结合，遵循“教、学、做”一体化教学模式，以培养实践能力为目标，在保证虚拟化技术基本理论的认知基础上,注重工程实践中的配置、安装及虚拟化技术的使用和理解。

本书共分 7 章，内容包括虚拟化技术概述、虚拟化实现技术架构、QEMU 核心模块配置、构建 KVM 环境、KVM 高级功能详解、虚拟化管理工具和虚拟机服务。全书大致分为四部分：第 1、2 章介绍虚拟化技术的背景、分类和主流的虚拟化产品，进一步对虚拟化实现技术的基本原理和架构进行全面介绍;第 3、4 章主要介绍基于 Linux 内核的 QEMU 关于处理器、内存、磁盘、网络和图形显示等核心模块的基本原理和详细配置，以及流行的虚拟化技术方案 KVM 环境的构造方法，同时还介绍一些命令行工具和几个配置脚本；第 5、6 章更加深入地对 KVM 的内核模块进行逐步解析，使得读者对 KVM 内核有进一步的了解，最后介绍较流行的 KVM 的虚拟化管理工具（如 libvirt）和基于 libvirt API 的带有图形化界面的 virt-manager，同时给出各种工具的具体使用方式；第 7 章介绍虚拟机开发，包括搭建 KVM 虚拟化环境、建立虚拟机镜像，启动虚拟机等。

本书建议安排64学时，其中第1、2章以基础概念为主，建议安排20学时；第3、4章以实践为主，建议安排20学时；第5、6章为进阶内容，建议安排20学时；第7章为综合开发，建议安排4学时。

本书主要适用于计算机相关专业及云计算自学者对虚拟化技术的理解与认识，在学习理论知识的基础上，培养学员的实践能力，在实践中提高学员对理论的理解与认识，培养初学者的工程部署经验和习惯，使其能够运用云计算技术进行开发与实践。

本书由张炜、聂萌瑶、熊晶任主编，储泽楠、石玉、马巍任副主编，由南京大学徐洁磐主审。其中，第5章由张炜编写，第2、4、6章由聂萌瑶、储泽楠、石玉共同编写，第1章由熊晶编写，第3、7章由马巍编写。本书在编写过程中得到中国铁道出版社的大力支持，同行专家及相关行业人士提出了很多宝贵意见，在此表示感谢。

由于时间仓促，编者水平有限，书中疏漏与不足之处在所难免，恳请读者给予批评和指正。

编者

2018年1月

目录

第1章 虚拟化技术概述

当前，虚拟化技术已经在信息化产业领域产生了深刻的影响，被认为是支持云计算发展的炙手可热的关键技术。虚拟化是满足多样化用户需求、挖掘计算机潜力和优化计算机系统的首选途径。

1.1 虚拟化技术简介

1.1.1 虚拟化的基本概念

虚拟化作为一系列先进的技术和产品，在信息科学领域掀起了又一轮新的技术浪潮。那么，什么是虚拟化？虚拟化的目的是什么？

“虚”和“实”是相对而言的，在人们认知中，“实”通常是“实实在在”看得见摸得着的事物；在计算机领域范畴内，服务器、CPU、路由器等硬件产品是“实”的，部分可视化的软件等是“实”的。但是，如果使用软件方式和其他“虚”技术手段替代和模拟服务器、硬盘、CPU 等使之从效果上得到的像是真实存在的事物，就是虚拟化。

虚拟化（Virtualization）是把物理资源转变为逻辑上可以管理的资源，以打破物理结构之间的壁垒；虚拟化是将各种各样的资源通过逻辑抽象、隔离、再分配、管理的一个过程。通常，对虚拟化的理解有广义与狭义两种：广义的虚拟化意味着将不存在的事物或现象“虚拟”成为存在的事物或现象的方法，计算机科学中的虚拟化包括平台虚拟化、应用程序虚拟化、存储虚拟化、网络虚拟化、设备虚拟化等。狭义的虚拟化专指在计算机上模拟运行多个操作系统平台。

一直以来，对于虚拟化并没有统一的标准定义，但大多数定义都包含这样几个特征：

（1）虚拟化的对象是资源（包括 CPU、内存、存储、网络等）。

（2）虚拟化得到的资源有着统一的逻辑表示，而且这种逻辑表示能够提供给用户与被虚拟的物理资源大部分相同或完全相同的功能。

（3）经过一系列的虚拟化过程，使得资源不受物理资源限制约束，由此可以带给人们与传统 IT 相比更多的优势，包括资源整合、提高资源利用率、动态 IT 等。

如果从计算机的不同层次入手，给虚拟化做出一个定义，可以首先看一下计算机的服务层级结构：硬件资源层、操作系统层、框架库层、应用程序层和服务层，如图 1-1 所示。

图 1-1　计算机的服务层级

事实上，这些不同的层级之间与当前的架构是紧紧依赖的。如果没有应用程序，服务就无法提供给用户；没有框架库，软件就无法运行；没有操作系统，就无法安装各式各样的应用程序和框架库；没有硬件资源，当然就什么都没有了。为了避免层次之间的紧密依赖性，在 1960 年，就有人引入虚拟化的概念，做法很简单，就是将上一层对下一层的依赖撤销；换句话说，就是将本层的依赖从底层中抽离出来，因此定义“虚拟化”的正规说法，可以为“虚拟化，就是不断抽离依赖的过程”。

“虚拟”从字面上看就是“非真实”的，用更通俗的语言表达就是“本来没有这个东西，但要假装让你觉得有，以达到我们使用的目的”。这也是当前虚拟化的实践原则。

1.1.2　虚拟化的目的

根据虚拟化技术的特征，其应用价值可以体现在“云”办公、虚拟制造、工业、金融业、政府、教育机构等方面。从近几年将虚拟机大量部署到企业的成功案例可以看出，越来越多的企业开始关注虚拟化技术给企业带来的好处，同时也在不断地审视自己目前的 IT 基础架构，从而希望改变传统架构。

因此，虚拟化可以精简 IT 基础设施和优化资源管理方式，达到整合资源、节约成本、减少企业 IT 资源开销的目的。

虚拟化解决了当今人们遇到的许多问题，主要体现在以下四个方面：

（1）可以在一个特定的软硬件环境中去虚拟另一个不同的软硬件环境，并可以打破层级依赖的现状。VMware Workstation 就是一款用于虚拟另一个不同的软硬件环境的软件。其运行主界面如图 1-2 所示。

（2）提高计算机设备的利用率。可以在一台物理服务器上同时安装并运行多种操作系统，从而提高物理设备的使用率。而且，当其中一台虚拟机发生故障时，并不会影响其他操作系统，实现了故障隔离。

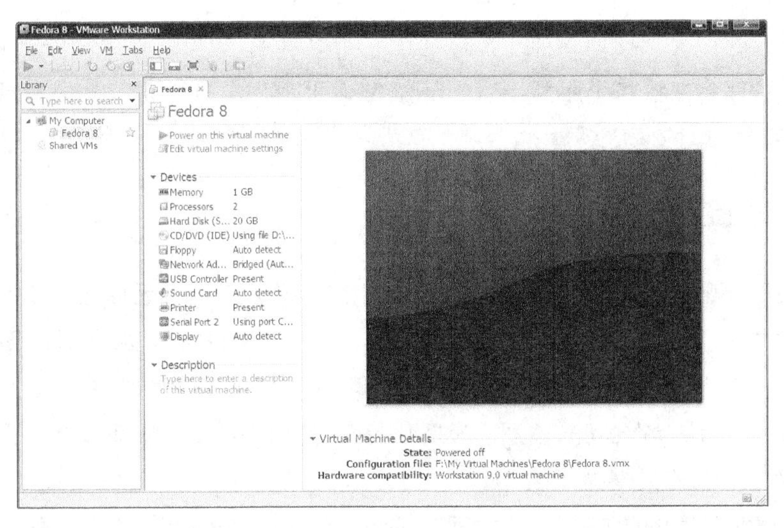

图 1-2　VMware Workstation 主界面

（3）在不同的物理服务器之间会存在兼容性问题。为使不同品牌、不同硬件兼容，虚拟化可以统一虚拟硬件而达到融合的目的。

（4）虚拟化可节约潜在成本。在硬件采购、操作系统许可、电力消耗、机房温度控制和服务器机房空间等方面都可体现节约成本的效果，如表 1-1 所示。

表 1-1　虚拟化节约潜在的成本

项　　目	说　　明
硬件	不需要为每台服务器或桌面都配置硬件
操作系统许可	可以得到无限的虚拟机许可，从而节省开支
电力消耗	如果每台物理机所消耗的电力是一定的，那么总电力开销不会随着虚拟机规模的增长而增长
机房温度控制	无须添加新的制冷设备
服务器机房空间	虚拟机不是物理机器，所以无须增加数据中心空间

在解决问题的同时，把真实的硬件资源用 Hypervisor 模拟成虚拟的硬件设备有很多好处：

（1）降低成本。将硬件资源虚拟化后，可以有效提高已有硬件的使用率，减少浪费，从而降低硬件的采购成本与运行时的能耗、管理成本。

（2）增加可用性。虚拟化之前，一旦某个硬件设备崩溃或者损坏，对所提供的 IT 服务的影响是巨大的。虚拟化之后，只需对总的硬件资源进行一定的冗余配置，即可避免出现这种情况。类似的，当硬件需要进行更换或者升级时，使用虚拟化可以让 IT 服务做到无缝对接。

（3）增加可扩展性。用户或应用程序对于计算资源以及存储资源的需求更加动态和灵活，将硬件进行虚拟化后可以做到“按需分配，物尽其用”，均衡各个服务器之间的负载。

（4）方便管理。在将各个服务器统一到虚拟化平台后，可以有效地提高管理效率，便于发现 IT 服务中的问题和瓶颈。

1.1.3　云计算与虚拟化

云计算最重要的技术实现是虚拟化，云计算的应用必定基于虚拟化。只有在虚拟化的环境下“云”才有可能，从这个角度来讲虚拟化是云计算的基石。从虚拟化到云计算的过程实现了跨系统的资源动态调度，将大量的计算资源组成 IT 资源池。

（1）从技术上看二者之间的关系：虚拟化是云计算的核心组成部分之一，是云计算和云存储服务得以实现的关键技术之一。

（2）从软硬件分离的角度看二者之间的关系：云计算在某种意义上剥离了软件与硬件之间的联系。虚拟化就是有效分离软件和硬件的方法。

（3）从网络服务的角度看二者之间的关系：云计算是一种“一切皆服务”的模式，通过该模式在网络或云上提供服务。虚拟化层的虚拟机提供云计算服务，虚拟化层的网络提供存储服务。

1.1.4　虚拟化历史沿革与未来趋势

虚拟化的发展经历了 4 个阶段：

第一个阶段是大型机上的虚拟化，即简单地、硬性地划分硬件资源。

第二个阶段是大型机技术开始向 UNIX 系统或类 UNIX 系统迁移，例如，IBM 的 AIX、Oracle 的 Solaris 等操作系统都带有虚拟化的功能特性。

第三个阶段主要是基于 x86 平台的虚拟化技术的研究工作，包括 VMware 以及 Connectix 虚拟机的研究开发，开源的 XEN 与 VMware 等基本类似，主要不同之处是需要改动内核，但都是通过软件模拟硬件层，然后在模拟出来的硬件层上安装完整的操作系统，在操作系统上应用。其核心思想可以用“模拟”两个字来概括，即用软的模拟硬的，并能实现异构操作系统的互操作。

第四个阶段是近几年开始出现或者被人注意的虚拟化技术，主要有芯片级的虚拟化、操作系统的虚拟化和应用层的虚拟化。

虚拟化是迅速变化的领域，以下几点可能会成为未来的发展趋势：

（1）虚拟框架扩展化：扩展更高级别的应用框架将会极大简化开发者构建功能更强大的任务流。

（2）虚拟平台开放化和标准化：封闭和不兼容无法支持异构虚拟机系统，虚拟平台开放化可以支撑产业链合作需求，形成良性产业链结构。

（3）公有云私有化：在公有云上动态数据中心铺平了私有云的道路，私有云增加了云服务的功能及 IT 的灵活性，使其能够迅速响应用户请求。私有云很可能成为未来 IT 基础设施的建设标准。

（4）高度集成：高度集成实现完全的整合将会逐渐代替传统方式，成为以后的主流模式。

（5）虚拟机自动化呈上升趋势：虚拟机不断增多，对虚拟化管理高效和简化的要求，促使虚拟机实现自动化将是一个重要趋势。

（6）未来虚拟化的发展多元化：未来虚拟化将会在大型企业的 IT 基础设施和日常运营中发挥主导作用，给企业的 IT 基础设施安装、运营和管理带来巨大的变革。

1.2　虚拟化分类

虚拟化技术经过数年的发展，已经成为一个庞大的技术家族，其技术形式种类繁多，实现的应用也有其自身体系。下面从多个不同研究角度说明虚拟化的分类：

（1）从虚拟化支持的层次划分，主要分为软件辅助的虚拟化和硬件支持的虚拟化。

- 软件辅助的虚拟化是指通过软件的方法，让客户机的特权指令陷入异常，从而触发宿主机进行虚拟化处理。主要使用的技术是优先级压缩和二进制代码翻译。
- 硬件辅助虚拟化是指在 CPU 中加入了新的指令集和处理器运行模式，完成虚拟操作系统对硬件资源的直接调用。典型技术是 Intel VT、AMD-V。

（2）从虚拟平台的角度来划分，主要分为全虚拟化和半虚拟化。

- 全虚拟化是指虚拟操作系统与底层硬件完全隔离，由中间的 Hypervisor 层转化虚拟客户操作系统对底层硬件的调用代码。全虚拟化无须更改客户端操作系统，兼容性好。典型代表是 VMware Workstation、ESX Server 早期版本、Microsoft Virtual Server。
- 半虚拟化是指在虚拟客户操作系统中加入特定的虚拟化指令，通过这些指令可以直接通过 Hypervisor 层调用硬件资源，免除由 Hypervisor 层转换指令的性能开销。半虚拟化的典型代表是 Microsoft Hyper-V、VMware 的 vSphere。

（3）从虚拟化的实现结构来看，主要分为 Hypervisor 型虚拟化、宿主模型虚拟化、混合模型虚拟化。

- Hypervisor 型虚拟化是指硬件资源之上没有操作系统，而是直接由虚拟机监控器（Virtual Machine Monitor，VMM）作为 Hypervisor（可看作虚拟环境中的操作系统）接管，Hypervisor 负责管理所有资源和虚拟环境。这种结构的主要问题是硬件设备多种多样，VMM 不可能把每种设备的驱动都一一实现，所以此模型支持的设备有限。
- 宿主模型（Hosted 模式）虚拟化是在硬件资源之上有个普通的操作系统，负责管理硬件设备，然后 VMM 作为一个应用搭建在宿主操作系统上负责虚拟环境的支持，在 VMM

之上再加载的是客户机。此方式由底层操作系统对设备进行管理，不用担心实现设备驱动。它的主要缺点是 VMM 对硬件资源的调用依赖于宿主机，因此效率和功能受宿主机影响较大。

- 混合模型虚拟化是综合了以上两种实现模型的虚拟化技术。VMM 直接管理硬件，但是它会让出一部分对设备的控制权，交给运行在特权虚拟机中的特权操作系统来管理。这种技术还具有一些缺点，由于在需要特权操作系统提供服务时，就会出现上下文切换，这部分开销会造成性能下降。

（4）从虚拟化在云计算中被应用的领域来划分，主要分为服务器虚拟化、存储虚拟化、应用程序虚拟化、平台虚拟化、桌面虚拟化。

- 服务器虚拟化可以将一个物理服务器虚拟成若干服务器使用，它是“基础设施服务”（Infrastructure as a Service，SaaS）的基础。
- 存储虚拟化的方式是将整个云系统的存储资源进行统一整合管理，为用户提供一个统一的存储空间。
- 应用程序虚拟化是把应用程序对底层系统和硬件的依赖抽象出来，从而解除应用程序与操作系统和硬件的耦合关系。应用程序运行在本地应用虚拟化环境中时，这个环境为应用程序屏蔽了底层可能与其他应用产生冲突的内容。应用程序虚拟化是“软件服务”（Software as a Service，SaaS）的基础。
- 平台虚拟化是集成各种开发资源虚拟出的一个面向开发人员的统一接口，软件开发人员可以方便地在这个虚拟平台中开发各种应用并嵌入到云计算系统中，使其成为新的云服务供用户使用，平台虚拟化是“平台服务”（Platform as a Service，PaaS）的基础。
- 桌面虚拟化是将用户的桌面环境与其使用的终端设备解耦。服务器上存放的是每个用户的完整桌面环境。用户可以使用具有足够处理和显示功能的不同终端设备通过网络访问该桌面环境。

1.2.1 硬件虚拟化

硬件虚拟化产生的主要原因是由于在技术层面上用软件手段达到全虚拟化非常麻烦，而且效率较低，因此 Intel 等处理器厂商发现了商机，直接在芯片上提供了对虚拟化的支持。硬件直接可以对敏感指令进行虚拟化执行，比如 Intel 的 VT-x 和 AMD 的 AMD-V 技术。

相比于软件虚拟化，硬件虚拟化就是在物理平台本身提供了特殊指令，以实现对真实物理资源的截获与模拟的硬件支持。简单地说，就是其并不依赖于操作系统，即不在应用程序层面进行部署。

现在比较流行的 CPU 虚拟化技术就是硬件虚拟化解决方案中的一个比较典型的代

表，通常情况下支持虚拟化技术的 CPU 带有特别优化过的指令集来控制整个虚拟的过程。同样以 x86 平台的虚拟化为例，支持虚拟化技术的 x86 CPU 带有特别优化过的指令集来控制虚拟过程，通过这些指令集，Hypervisor 可以很容易地将客户机置于一种受限制的模式下运行，一旦客户机需要访问真实的物理资源，硬件会暂停客户机的运行，将控制权重新交给 Hypervisor 进行处理。

由于虚拟化硬件可以提供全新的架构，支持操作系统直接在其上运行，无须进行二进制翻译转换，减少了相关的性能开销，简化了 Hypervisor 的设计，从而能够使 Hypervisor 性能更加强大。

相比纯软件解决方案，硬件虚拟化具有如下优势：

（1）性能上的优势。例如，基于 CPU 的虚拟化解决方案，虚拟化监控器提供了一个全新的虚拟化架构，支持虚拟化的操作系统直接在 CPU 上运行，从而不需要进行额外的二进制转换，减少了相关的性能开销。此外，支持虚拟化技术的 CPU 还带有特别优化过的指令集来控制虚拟化过程，通过这些技术，虚拟化监控器就比较容易提高服务器的性能。

（2）可以提供对 64 位操作系统的支持。在纯软件解决方案中，相关应用仍然受到主机硬件的限制。随着 64 位处理器的不断普及，这个缺陷造成的不利影响也日益突出。而 CPU 等基于硬件的虚拟化解决方案，除了能够支持 32 位的操作系统之外，还能够支持 64 位的操作系统。

鉴于虚拟化的巨大需求和硬件虚拟化产品的广阔前景，支持硬件虚拟化的厂商（Intel 和 AMD 公司）一直都在努力完善和加强自己的硬件虚拟化产品线。自 2005 年末，Intel 公司便开始在其处理器产品线中推广应用 Intel Virtualization Technology（Intel VT）虚拟化技术，发布了具有 Intel VT 虚拟化技术的一系列处理器产品，包括桌面的 Pentium 和 Core 系列，以及服务器的 Xeon（至强）和 Itanium（安腾）。Intel 一直保持在每一代新的处理器架构中优化硬件虚拟化的性能和增加新的虚拟化技术。现在市面上从桌面的 Core i3/i5/i7，到服务器端的 E3/E5/E7/E9，几乎全部都支持 Intel VT 技术。可以说在不远的将来，Intel VT 很可能会成为所有 Intel 处理器的标准配置。

通常，一个完善的硬件虚拟化解决方案，往往需要得到 CPU、主板芯片组、BIOS 以及软件的支持，包括 VMM 软件或者某些操作系统本身。

1.2.2　软件虚拟化

软件虚拟化是指通过软件的方法，让客户机的特权指令陷入异常，从而触发宿主机进行虚拟化处理。主要使用的技术是优先级压缩和二进制代码翻译。

优先级压缩是指让客户机运行在 Ring 1 级别，由于处于非特权级别，所以客户机的指令基本上都会触发异常，然后宿主机进行接管。

但是,有些指令并不能触发异常，因此就需要二进制代码翻译技术来对客户机中无法触发异常的指令进行转换，转换之后仍然由宿主机进行接管。

实现虚拟化过程中重要的一步在于,虚拟化层能够将计算元件对真实的物理资源的直接访问加以拦截，将其重新定位到虚拟的资源中进行访问。那么，对于软件虚拟化和硬件虚拟化的划分在于，虚拟化层是通过软件的方式，还是通过硬件辅助的方式，将对真实的物理资源的访问进行“拦截并重定向”。

软件虚拟化解决方案，即使用软件的方法实现对真实物理资源的截获与模拟，通常所说的虚拟机就是一种纯软件的解决方案。在软件虚拟化解决方案中，客户操作系统在大部分情况下都是通过虚拟机监控器（VMM）与硬件通信，然后由虚拟机监控器决定是否对系统上的所有虚拟机进行访问。

常见的软件虚拟机如 QEMU，它是通过软件的方式来仿真 x86 平台处理器的取指、解码和执行。客户机的执行并不在物理平台上直接执行。由于所有的处理器指令都是由软件模拟而来，所以性能通常比较差，但是可以在同一平台上模拟不同架构平台的虚拟机。

另外一个软件虚拟化的工具为 VMware，它采用了动态二进制代码翻译技术。Hypervisor 运行在可控的范围内，客户机的指令在真实的物理平台上直接运行。当然，客户机指令在运行前会被 Hypervisor 扫描，如果有超出 Hypervisor 限制的指令，那么这些指令会被动态替换为可在真实的物理平台上直接运行的安全指令，或者替换为对 Hypervisor 的软件调用。

使用软件虚拟机的解决方案优势比较明显，如成本比较低廉、部署方便、管理维护简单等。但是，这种解决方案也有缺陷，在部署时会受到比较多的限制。

第一个缺陷是会增加额外的开销。在软件虚拟化解决方案中，虚拟机监控器是部署在操作系统上的。也就是说，此时对于宿主机操作系统来说，虚拟机监控器跟普通的应用程序是一样的。在这种情况下，在虚拟机监控器上再安装一个操作系统，那么软件与硬件的通信会怎么处理呢？举一个简单的例子，在一台主机上安装的操作系统是 Linux，然后部署了一个虚拟机监控器，在虚拟机监控器上又安装了一个 Windows 7 的操作系统，然后用户使用 Windows 7 操作系统的记事本编辑文本文件。在这种情况下，Windows 7 操作系统的数据要转发给虚拟机监控器，然后虚拟机监控器再将数据转发给 Linux 操作系统。显然，在这个转发的过程中，多了一道额外的二进制转换过程。而这个转换过程必然会增加系统的负载性和硬件资源的额外开销，从而降低了使用性能。

第二个缺陷是客户操作系统受到虚拟机环境的限制。例如，现在有两个操作系统，分别是 32 位的与 64 位的。假设 64 位的操作系统必须安装在支持 64 位操作系统的硬件上，那么在 32 位的操作系统上，此时即使采用虚拟化技术，也不能够安装 64 位的操作系统，因为硬件不支持。可见，在软件虚拟化解决方案中，其相关应用并不能够突破系统本身的硬件设置。在实际工作中，这是很致命的一个缺陷。例如，现在管理员需要测试某个应用程序在 64 位操作系统上的稳定性，但是硬件本身不支持 64 位操作系统，此时虚拟化技术将无能为力。管理员可能需要重新购买一台主机来进行测试。

另外，在软件虚拟化解决方案中，Hypervisor 在物理平台上的位置为传统意义上的操作系统所处的位置，虚拟化操作系统的位置为传统意义上的应用程序所处的位置，系统复杂性的增加和软件堆栈复杂性的增加意味着软件虚拟化解决方案难于管理，会增大系统的可靠性和安全性。

1.2.3 半虚拟化

半虚拟化又称准虚拟化、类虚拟化，是指通过对客户机进行源码级的修改，让客户机可以使用虚拟化的资源。由于需要修改客户机内核，因此半虚拟化一般都会被顺便用来优化 I/O。客户机的操作系统通过高度优化的 I/O 协议，可以和 VMM 紧密结合达到近似于物理机的速度。

软件虚拟化可以在缺乏硬件虚拟化支持的平台上完全通过 Hypervisor 来实现对各个客户虚拟机的监控，从而保证它们之间彼此独立和隔离。但是软件虚拟化付出的代价是软件复杂度的增加和性能上的损失。降低这种损失的一种方法是修改客户机操作系统，让客户机操作系统知道自己运行在虚拟化环境下，且能够让客户机操作系统和虚拟机监控器协同工作，这也是半虚拟化由来。

半虚拟化使用 Hypervisor 分享存取底层的硬件，也利用 Hypervisor 来实现对底层硬件的共享访问。由于通过这种方法无须重新编译或捕获特权指令，使其性能非常接近物理机。

在半虚拟化解决方案中，客户机操作系统集成了虚拟化方面的代码，这些代码无须重新编译，这就使得客户机操作系统能够非常好地配合 Hypervisor 来实现虚拟化，因此宿主机操作系统能够与虚拟进程进行很好的协作。

半虚拟化解决方案中最经典的产品就是 Xen，Xen 是开源半虚拟化技术的一个例子。客户机操作系统在 Xen 的 Hypervisor 上运行之前，必须在内核层面进行某些改变，因此，Xen 适用于 BSD、Linux、Solaris 以及其他开源操作系统，但不太适合 Windows 系列的专用操作系统。因为 Windows 系列不公开源代码，无法修改其内核。微软的 Hyper-V 所采用的技术和 Xen 类似，因此也可以把 Hyper-V 归属于半虚拟化的范畴。

半虚拟化需要客户机操作系统做一些修改来配合 Hypervisor，这是一个不足之处，但是半虚拟化提供了与原始系统相近的性能，同时还能支持多个不同操作系统的虚拟化。图 1-3 所示在半虚拟化环境中，各客户操作系统运行的虚拟平台，以及修改后的客户机操作系统在虚拟平台上分享进程。

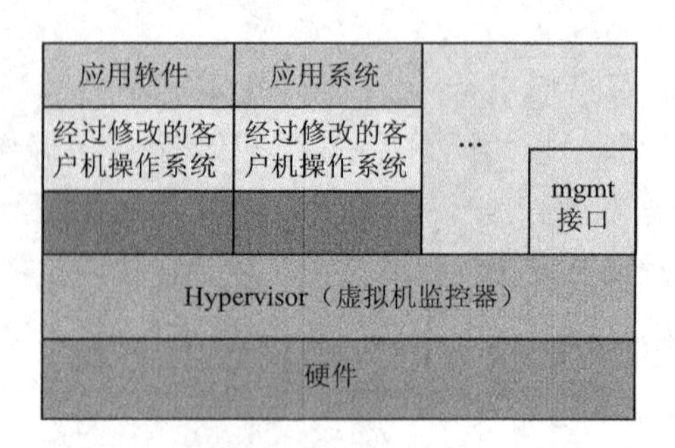

图 1-3 半虚拟化通过修改后的客户机操作系统分享进程

总而言之，半虚拟化的优点为：与全虚拟化相比，架构更精简，在整体速度上有一定的优势。其缺点为：需要对客户机操作系统进行修改，在用户体验方面比较麻烦。例如，对于 Xen 而言，如果需要虚拟 Linux 操作系统作为客户机操作系统，就需要将 Linux 操作系统修改成 Xen 支持的内核才能使用。

1.2.4 全虚拟化

全虚拟化又称完全虚拟化、原始虚拟化，是不同于半虚拟化的另一种虚拟化方法。

全虚拟化是指 VMM 虚拟出来的平台是现实中存在的平台，因此对于客户机操作系统来说，并不知道是运行在虚拟的平台上。正因如此，全虚拟化中的客户机操作系统是不需要做任何修改的。

与半虚拟化技术不同，全虚拟化为客户机提供了完整的虚拟 x86 平台，包括处理器、内存和外设，理论上支持运行任何可在真实物理平台上运行的操作系统。全虚拟化为虚拟机的配置提供了最大限度的灵活性，不需要对客户机操作系统做任何修改，即可正常运行任何非虚拟化环境中已存在的基于 x86 平台的操作系统和软件，这是全虚拟化无可比拟的优势。

全虚拟化的重要工作是在客户机操作系统和硬件之间捕捉和处理那些对虚拟化敏感的特权指令，使客户机操作系统无须修改就能运行。当然，速度会根据不同的实现而不同，但大致能满足用户的需求。这种虚拟方式是业界现今最成熟和最常见的，在 Hosted 模式和 Hypervisor 模式中都有这种虚拟方式。知名的产品有 IBM CP/CMS、Virtual Box、KVM、VMware Workstation 和 VMware ESX（在其 4.0 版本后，被改名为 VMware vSphere）。另外，Xen 的 3.0 以上版本也开始支持全虚拟化。

随着硬件虚拟化技术的逐代演化，运行于 Intel 平台的全虚拟化的性能已经超过了半虚拟化产品的性能，这一点在 64 位的操作系统上表现得更为明显。此外，全虚拟化有不需要对客户机操作系统做任何修改的固有优势，可以预言，基于硬件的全虚拟化产品将是未来虚拟化技术的核心。

总之，全虚拟化的优点是客户机操作系统不用修改直接就可以使用。缺点是会损失一部分性能，这些性能消耗在 VMM 捕获处理特权指令上。全虚拟化的唯一限制就是操作系统必须能够支持底层硬件。图 1-4 所示为在全虚拟化环境中，各客户操作系统使用 Hypervisor 分享底层硬件。

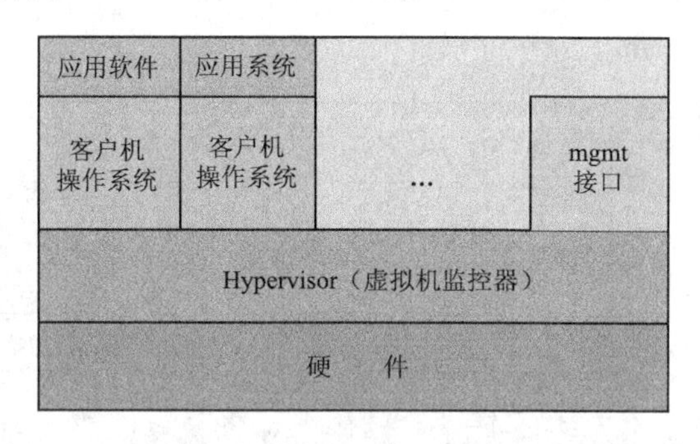

图 1-4　全虚拟化使用 Hypervisor 分享底层硬件

到目前为止，Intel 的 VT-x 硬件虚拟化技术已经能将 CPU 和内存的性能提高到真机的水平，但是设备（如磁盘、网卡）是有数目限制的。虽然 VT-d 技术已经可以做到一部分的硬件隔离，但是大部分情况下还是需要软件来对其进行模拟。在全虚拟化的情况下，是通过 QEMU 进行设备模拟的，而半虚拟化技术则可以通过虚拟机之间共享内存的方式利用特权级虚拟机的设备驱动直接访问硬件，从而达到更高效的性能水平。

1.3　操作系统与虚拟化

操作系统是指控制和管理整个计算机系统的硬件和软件资源，并合理地组织调度计算机的工作和资源的分配，以提供给用户和其他软件方便的接口和环境的程序集合。操作系统虚拟化，可以理解为将用户的桌面操作系统进行虚拟化，属于桌面虚拟化。

1.3.1　系统级虚拟化

系统级虚拟化的核心思想是使用虚拟化软件在一台物理机上，虚拟出一台或多台虚拟机。虚拟机是指使用系统虚拟化技术，运行在一个隔离环境中、具有完整硬件功能的逻辑计算机系统，包括客户操作系统和其中的应用程序。

系统级虚拟化包括一个 Hypervisor 或者 VMM。Hypervisor 是位于硬件资源和操作系统之间的软件层，它使得多个单独的虚拟机实例可以同时运行，并使得多个虚拟机可以共享各种物理硬件资源。Hypervisor 协调这些硬件资源（CPU、内存和各种 I/O 设备）的访问，为虚拟机分配各种需要使用的资源。

对于系统级虚拟化，根据 Hypervisor 或 VMM 的实现层次主要可以分为基于宿主操作系统的系统级虚拟化和基于硬件的系统级虚拟化。

基于宿主操作系统的虚拟机作为应用程序运行在宿主操作系统（Host OS）之上，其架构如图 1-5 所示。因此，Guest VM 需要由 Guest OS 内核先经过 Hypervisor，再经过宿主操作系统才能访问硬件。支持基于宿主操作系统虚拟化的产品有 Virtual PC、VMWare Workstation 和 VirtualBox 等。

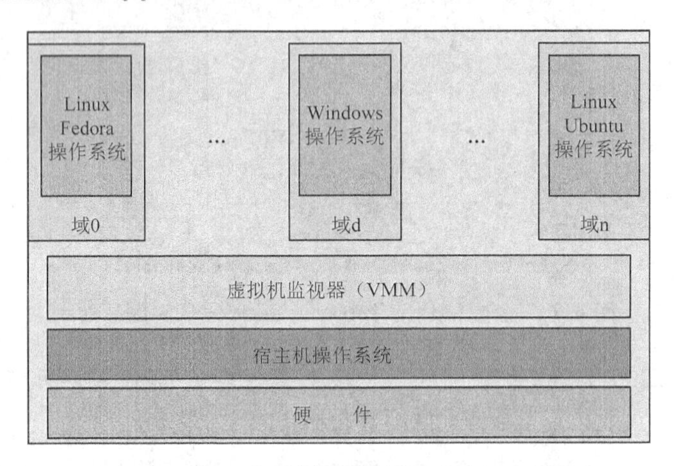

图 1-5　基于宿主操作系统的系统级虚拟化

另外一种系统虚拟化是基于硬件的系统级虚拟化，如图 1-6 所示。在这种模式下，虚拟机监控层 Hypervisor 或 VMM 直接运行在裸机硬件之上。它具有最高的特权，可以直接管理和调用底层的硬件资源。虚拟机监控层向 Guest VM 提供虚拟的硬件资源，而 Guest VM 对硬件资源的访问都需要通过这一层。支持基于硬件的系统级虚拟化产品包括 VMware ESX/ESXi 和 Xen 等。

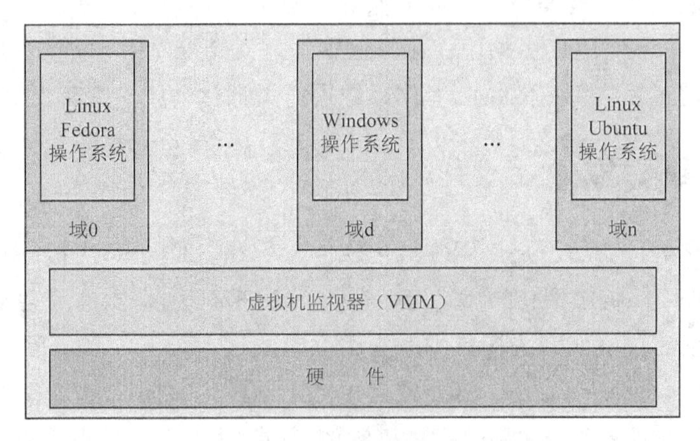

图 1-6　基于硬件的系统级虚拟化

事实上，上述这种按照 Hypervisor 的实现层次的分类对于某些虚拟化产品并不能很直接地确定其分类，例如 KVM 和 Hyper-V。KVM 是 Linux 的一个内核模块，对其属于基于宿主操作系统或者基于硬件的虚拟化产品还存在一些争论。另一个例子就是微软的

Hyper-V，它被误认为是基于宿主操作系统的虚拟化产品。但是其 2008 免费版本和其他一些版本采用的实际上是基于硬件的系统级虚拟化，Hypervisor 在管理操作系统之前加载，并且任何虚拟机都是在 Hypervisor 上创建并运行的，而非通过管理操作系统，因此应该属于基于硬件的系统级虚拟化。

1.3.2 Docker 与系统虚拟化

Docker 是操作系统级别的轻量级虚拟化技术，也就是实现轻量级的操作系统虚拟化。它能够让应用的分发、部署和管理都变得前所未有的高效和轻松。同时它也是一个用 Go 语言实现的开源项目，源代码在 github 上。

Docker 也是一个开源的应用容器引擎，它可以让开发者打包他们的应用以及依赖包到一个可移植的容器中，然后发布到安装了任何 Linux 发行版本的机器上。Docker 基于 LXC（Linux Container）来实现类似 VM 的功能，可以在更有限的硬件资源上提供给用户更多的计算资源。与 VM 等虚拟化的方式不同，LXC 不属于全虚拟化或半虚拟化中的任何一个分类，而是一个操作系统级虚拟化。

Docker 借助 Linux 的内核特性，如控制组（Control Group）、命名空间（Namespace）等，直接调用操作系统的系统调用接口，从而降低每个容器的系统开销，降低容器复杂度，实现启动快、资源占用小等特征。

传统的虚拟化技术要生成一个环境的时间非常久，但对于 Docker 来说启动和销毁一个操作系统环境都是秒级的，而且其底层依赖的技术 LXC 完全是内核特性，没有任何中间层开销，对于资源的利用率极高，性能接近物理机。

小　　结

本章从虚拟化的基本概念，逐步引出虚拟化的使用目的，以及虚拟化在云计算中所处的地位，使读者逐步明白虚拟化和云计算之间的关系，理解虚拟机作为云计算的一项重要技术如何在云计算中发挥重要作用。

本章还介绍了虚拟化未来的发展前景，给出了虚拟化的常见分类，并对软件虚拟化、硬件虚拟化、半虚拟化和全虚拟化做了比较详细的说明，详细阐述了各种虚拟化的不同方式和分类属性。

习　　题

1. 什么是虚拟化？其目的是什么？

2. 简述软件虚拟化、硬件虚拟化的优缺点及适用范围。
3. 全虚拟化和半虚拟化的不同点是什么?
4. 什么是系统级虚拟化?
5. 什么是宿主机?什么是客户机?

第2章 虚拟化实现技术架构

传统的虚拟化技术一般是通过"陷入再模拟"的方式来实现的，使用这种方式需要处理器的支持，即使用传统的虚拟化技术的前提是处理器本身是一个可虚拟化的体系结构。因此，本章从系统可虚拟化架构入手，介绍虚拟机监控器（VMM）实现中的一些基本概念。

因为很多处理器在设计时并没有充分考虑虚拟化的需求，因而并不是一个完备的可虚拟化体系结构。为了解决这个问题，VMM对物理资源的虚拟可以归纳为4个主要任务：处理器虚拟化、内存虚拟化、I/O虚拟化和网络虚拟化。本章就以Intel VT（Virtualization Technology）和AMD SVM（Secure Virtual Machine）为例，分别介绍各种虚拟化技术的基本原理和不同虚拟化方式的实现细节。

2.1 处理器虚拟化实现技术

处理器虚拟化是VMM中最重要的部分，因为访问内存或者I/O的指令本身就是敏感指令（客户机的特权指令），所以内存虚拟化和I/O虚拟化都依赖于处理器虚拟化。

在x86体系结构中，处理器有4个运行级别，分别是Ring0、Ring1、Ring2和Ring3。其中，Ring0级别拥有最高的权限，可以执行任何指令而没有限制。运行级别从Ring0到Ring3依次递减。操作系统内核态代码运行在Ring0级别，因为它需要直接控制和修改CPU状态，类似于这样的操作需要在Ring0级别的特权指令才能完成，而应用程序一般运行在Ring3级别。

在x86体系结构中实现虚拟化，需要在客户机操作系统以下加入虚拟化层，来实现物理资源的共享。因此，这个虚拟化层应该运行在 Ring0 级别，而客户机操作系统只能运行在 Ring0 以上的级别。但是，客户机操作系统中的特权指令，如果不运行在 Ring0 级别，将会有不同的语义，产生不同的效果，或者根本不起作用，这是处理器结构在虚拟化设计上存在的缺陷，这些缺陷会直接导致虚拟化漏洞。为了弥补这种漏洞，在硬件还未提供足够的支持之前，基于软件的虚拟化技术就已经先给出了两种可行的解决方案：全虚拟化和半虚拟化。全虚拟化可以采用二进制代码动态翻译技术（Dynamic Binary Translation）来解决客户机的特权指令问题，这种方法的优点在于代码的转换工作是动态完成的，无须修改客户机操作系统，因而可以支持多种操作系统。而半虚拟化通过修改客户机操作系统来解决虚拟机执行特权指令的问题，被虚拟化平台托管的客户机操作系统需要修改其操作系统，将所有敏感指令替换为对底层虚拟化平台的超级调用。在半虚拟化中，客户机操作系统和虚拟化平台必须兼容，否则虚拟机无法有效操作宿主机。x86 系统结构下处理器虚拟化如图 2-1 所示。

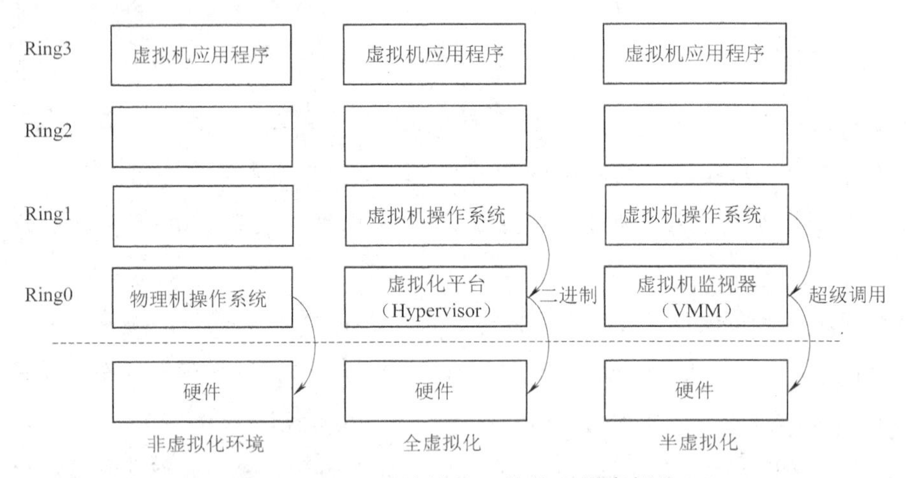

图 2-1　x86 系统结构下的处理器虚拟化

虽然可以通过处理器软件虚拟化技术来实现 VMM，但都增加了系统复杂性和性能开销。如果使用硬件辅助虚拟化技术，也就是在 CPU 中加入专门针对虚拟化的支持，可以使得系统软件更加容易、高效地实现虚拟化。目前，Intel 公司和 AMD 公司分别推出了硬件辅助虚拟化技术 Intel VT 和 AMD SVM，下面将进行重点讲解。

2.1.1　Intel VT-x

由于指令的虚拟化是通过“陷入再模拟”的方式实现的，而 IA32 架构有 19 条敏感指令不能通过这种方法处理，导致出现虚拟化漏洞。为了解决这个问题，Intel VT 中的 VT-x 技术扩展了传统的 IA32 处理器架构，为处理器增加了一套名为虚拟机扩展（Virtual Machine Extensions，VMX）的指令集，该指令集包含十条左右的新增指令来支持与虚拟化相关的操作，为 IA32 架构的处理器虚拟化提供了硬件支持。此外，VT-x 引入了两种操作模式，统称为 VMX 操作模式。

（1）根操作模式（VMX Root Operation）：VMM 运行所处的模式，以下简称根模式。

（2）非根操作模式（VMX Non-Root Operation）：客户机运行所处的模式，以下简称非根模式。

在非根模式下，所有敏感指令（包括 19 条不能被虚拟化的敏感指令）的行为都被重新定义，使得它们能不经虚拟化就直接运行或通过“陷入再模拟”的方式来处理；在根模式下，所有指令的行为和传统 IA32 一样，没有改变，因此原有的软件都能正常运行。其基本结构如图 2-2 所示。

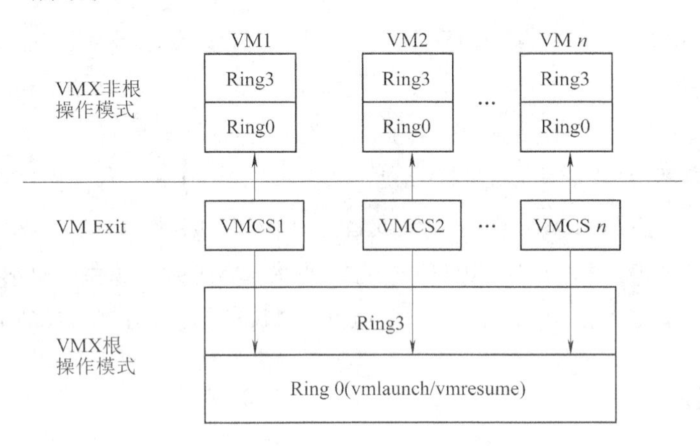

图 2-2 Intel VT-x 的基本结构

这两种操作模式与 IA32 特权级 0~特权级 3 是正交的，即两种操作模式下都有相应的特权级 0~特权级 3。因此，在使用 VT-x 时，描述程序运行在某个特权级，应具体指明处于何种模式。

作为传统 IA32 架构的扩展，VMX 操作模式在默认情况下是关闭的，因为传统的操作系统并不需要使用这项功能。当 VMM 需要使用这项功能时，可以使用 VT-x 提供的新指令 VMXON 来打开这项功能，用 VMXOFF 来关闭这项功能。VMX 操作模式如图 2-3 所示。

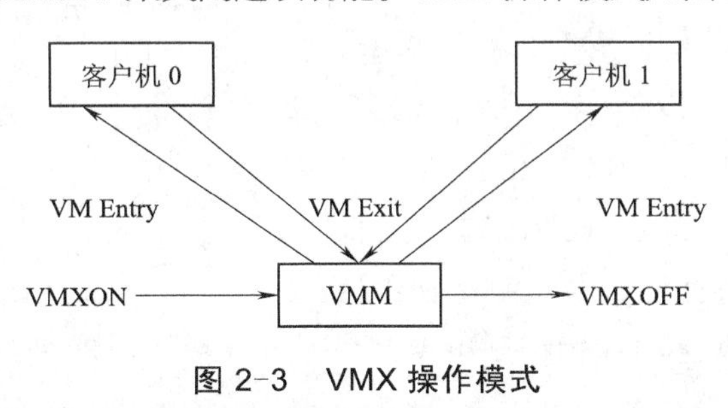

图 2-3 VMX 操作模式

VMM 执行 VMXON 指令进入到 VMX 操作模式，此时 CPU 处于 VMX 根操作模式，VMM 软件开始运行。

VMM 执行 VMLAUNCH 或 VMRESUME 指令产生 VM-Entry，客户机软件开始运行，此时 CPU 从根模式转换成非根模式。

当客户机执行特权指令或者客户机运行发生了中断或异常时，VM-Exit 被触发而陷入 VMM，CPU 自动从非根模式切换到根模式。VMM 根据 VM-Exit 的原因做相应处理，然后继续运行客户机。

如果 VMM 决定退出，则执行 VMXOFF 关闭 VMX 操作模式。

另外，VT-x 还引入了 VMCS 来更好地支持处理器虚拟化。VMCS 是保存在内存中的数据结构，由 VMCS 保存的内容一般包括以下几个重要的部分：

（1）vCPU 标识信息：标识 vCPU 的一些属性。

（2）虚拟寄存器信息：虚拟的寄存器资源，开启 Intel VT-x 机制时，虚拟寄存器的数据存储在 VMCS 中。

（3）vCPU 状态信息：标识 vCPU 当前的状态。

（4）额外寄存器/部件信息：存储 VMCS 中没有保存的一些寄存器或者 CPU 部件。

（5）其他信息：存储 VMM 进行优化或者额外信息的字段。

每一个 VMCS 对应一个虚拟 CPU 需要的相关状态，CPU 在发生 VM-Exit 和 VM-Entry 时都会自动查询和更新 VMCS，VMM 也可以通过指令配置 VMCS 来影响 CPU。

2.1.2 vCPU

硬件虚拟化采用 vCPU（virtual CPU，虚拟处理器）描述符来描述虚拟 CPU。vCPU 本质是一个结构体，以 Intel VT-x 为例，vCPU 一般可以划分为两部分：一是 VMCS 结构（Virtual Machine Control Structure，虚拟机控制结构），其中存储的是由硬件使用和更新的内容，这主要是虚拟寄存器；二是 VMCS 没有保存而由 VMM 使用和更新的内容，主要是 VCMS 以外的部分。vCPU 的结构如图 2-4 所示。

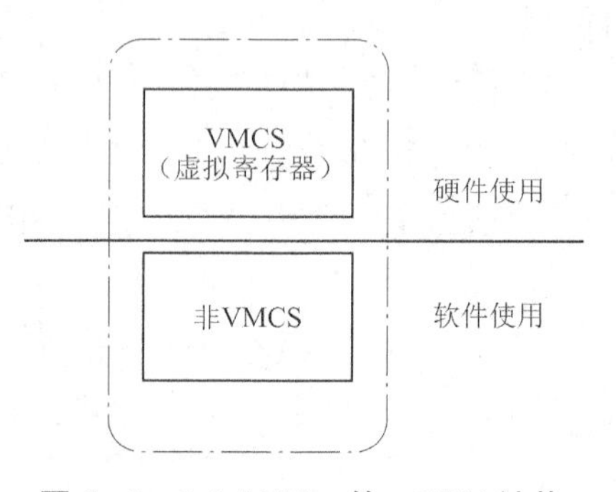

图 2-4 Intel VT-x 的 vCPU 结构

在具体实现中，VMM 创建客户机时，首先要为客户机创建 vCPU，然后再由 VMM 来调度运行。整个客户机的运行实际上可以看作 VMM 调度不同的 vCPU 运行。vCPU 的基本操作如下：

（1）vCPU 的创建：创建 vCPU 实际上是创建 vCPU 描述符。由于 vCPU 描述符是一个结构体，因此创建 vCPU 描述符就是分配相应大小的内存。vCPU 描述符在创建之后，需要进一步初始化才能使用。

（2）vCPU 的运行：vCPU 创建并初始化好之后，就会被调度程序调度运行，调度程序会根据一定的策略算法来选择 vCPU 运行。

（3）vCPU 的退出：和进程一样，vCPU 作为调度单位不可能永远运行，总会因为各种原因退出，例如执行了特权指令、发生了物理中断等，这种退出在 VT-x 中表现为发生 VM-Exit。对 vCPU 退出的处理是 VMM 进行 CPU 虚拟化的核心，例如模拟各种特权指令。

（4）vCPU 的再运行：指 VMM 在处理完 vCPU 的退出后，会负责将 vCPU 投入再运行。

2.1.3　AMD SVM

在 AMD 的 SVM 中，有很多东西与 Intel VT-x 类似。但是技术上略有不同，在 SVM 中也有两种模式：根模式和非根模式。此时，VMM 运行在非根模式上，而客户机运行在根模式上。在非根模式上，一些敏感指令会引起“陷入”，即 VM-Exit，而 VMM 调动某个客户机运行时，CPU 会由根模式切换到非根模式，即 VM-Entry。

在 AMD 中，引入了一个新的结构 VMCB（Virtual Machine Control Block，虚拟机控制块），来更好地支持 CPU 的虚拟化。一个 VMCB 对应一个虚拟的 CPU 相关状态，例如，这个 VMCB 中包含退出领域，当 VM-Exit 发生时会读取里面的相关信息。

此外，AMD 还增加了 8 个新指令操作码来支持 SVM，VMM 可以通过指令来配置 VCMB 映像 CPU。例如，VMRUN 指令会从 VMCB 中载入处理器状态，而 VMSAVE 指令会把处理器状态保存到 VMCB 中。

2.2　内存虚拟化实现技术

从操作系统的角度，对物理内存有两个基本认识：

（1）内存都是从物理地址 0 开始。

（2）内存地址都是连续的，或者说至少在一些大的粒度上连续。

而在虚拟环境下，由于 VMM 与客户机操作系统在对物理内存的认识上存在冲突，造成了物理内存的真正拥有者 VMM 必须对客户机操作系统所访问的内存进行虚拟化，使模拟出来的内存符合客户机操作系统的两条基本认识，这个模拟过程就是内存虚拟化。因此，内存虚拟化面临如下问题：

（1）物理内存要被多个客户机操作系统使用，但是物理内存只有一份，物理地址 0 也只有一个，无法同时满足所有客户机操作系统内存从 0 开始的需求。

（2）由于使用内存分区方式，把物理内存分给多个客户机操作系统使用，虽然可以保证虚拟机的内存访问是连续的，但是内存的使用效率低。

为了解决这些问题，内存虚拟化引入一层新的地址空间——客户机物理地址空间，这个地址并不是真正的物理地址，而是被 VMM 管理的“伪”物理地址。为了虚拟内存，现在所有基于 x86 架构的 CPU 都配置了内存管理单元（Memory Management Unit，MMU）和页面转换缓冲（Translation Lookaside Buffer，TLB），通过它们来优化虚拟内存的性能。

如图 2-5 所示，VMM 负责管理和分配每个虚拟机的物理内存，客户机操作系统所看到的是一个虚拟的客户机物理地址空间，其指令目标地址也是一个客户机物理地址。那么在虚拟化环境中，客户机物理地址不能直接被发送到系统总线上，VMM 需要先将客户机物理地址转换成一个实际物理地址后，再交由处理器来执行。

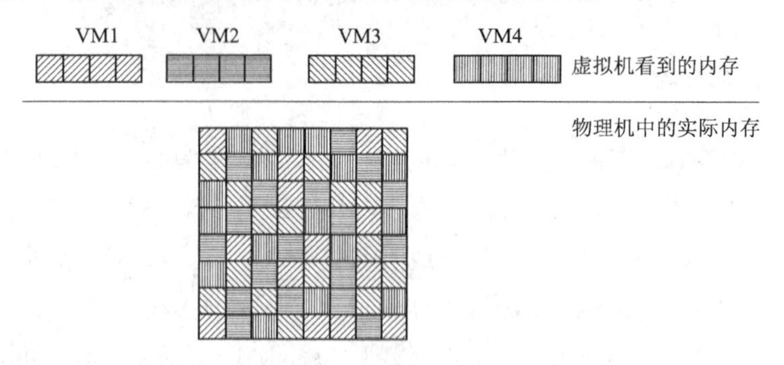

图 2-5　内存虚拟化示意图

当引入了客户机地址之后，内存虚拟化的主要任务就是处理以下两方面的问题：

（1）实现地址空间的虚拟化，维护宿主机物理地址和客户机物理地址之间的映射关系。

（2）截获宿主机对客户机物理地址的访问，并根据所记录的映射关系，将其转换成宿主机物理地址。

第一个问题比较简单，只是一个简单的地址映射问题。在引入客户机物理地址空间后，可以通过两次地址转换来支持地址空间的虚拟化，即客户机虚拟地址（Guest Virtual Address，GVA）→客户机物理地址（Guest Physical Address，GPA）→宿主机物理地址（Host Physical Address，HPA）的转换。在实现过程中，GVA 到 GPA 的转换通常是由客户机操作系统通过 VMCS（AMD SVM 中的 VMCB）中客户机状态域 CR3 指向的页表来指定，而 GPA 到 HPA 的转换是由 VMM 决定的，VMM 通常会用内部数据结构来记录客户机物理地址到宿主机物理地址之间的动态映射关系。

但是，传统的 IA32 架构只支持一次地址转换，即通过 CR3 指定的页面来实现“虚拟地址”到“物理地址”的转换，这和内存虚拟化要求的两次地址转换相矛盾。为了解决这个问题，可以通过将两次转换合二为一，计算出 GVA 到 HPA 的映射关系写入“影子页表”（Shadow Page Table）。这样虽然能够解决问题，但是缺点也很明显，实现复杂。例如，需要考虑各种各样页表的同步情况等，这样导致开发、调试以及维护都比较困难。另外，使用“影子页表”需要为每一个客户机进程对应的页表都维护一个“影子页表”，内存开销很大。

为了解决这个问题，Intel 公司提供了 EPT 技术，AMD 公司提供了 AMD NPT 技术，直接在硬件上支持 GVA→GPA→HPA 的两次地址转换，大幅降低了内存虚拟化的难度，也进一步提高了内存虚拟化的性能。

第二个问题从实现上来说比较复杂，它要求地址转换一定要在处理器处理目标指令之前进行，否则会造成客户机物理地址直接被发到系统总线上的重大漏洞。最简单的解决办法就是让客户机对宿主机物理地址空间的每一次访问都触发异常，由 VMM 查询地址转换表模仿其访问，但是这种方法性能很差。

2.2.1　Intel EPT

Intel EPT 是 Intel VT-x 提供的内存虚拟化支持技术。EPT 页表存在于 VMM 内核空间中，由 VMM 来维护。EPT 页表的基地址是由 VMCS“VM-Execution”控制域的 Extended Page Table Pointer 字段指定的，它包含了 EPT 页表的宿主机系统物理地址。EPT 是一个多级页表，各级页表的表项格式相同，如图 2-6 所示。

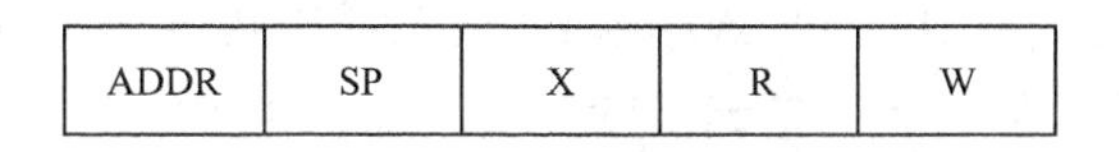

图 2-6　页表项格式

页表各项含义如下：

（1）ADDR：下一级页表的物理地址。如果已经是最后一级页表，就是 GPA 对应的物理地址。

（2）SP：超级页（Super Page）所指向的页是大小超过 4 KB 的超级页，CPU 在遇到 SP=1 时，就会停止继续往下查询。对于最后一级页表，这一位可以供软件使用。

（3）X：可执行，X=1 表示该页是可执行的。

（4）R：可读，R=1 表示该页是可读的。

（5）W：可写，W=1 表示该页是可写的。

Intel EPT 通过使用硬件支持内存虚拟化技术，使其能在原有的 CR3 页表地址映射的基础上，引入 EPT 页表来实现另一次映射。通过这个页表能够将客户机物理地址直接翻译成宿主机物理地址，这样，GVA→GPA→HPA 两次地址转换都由 CPU 硬件自动完成，从而减少整个内存虚拟化所需的代价。其基本原理如图 2-7 所示。

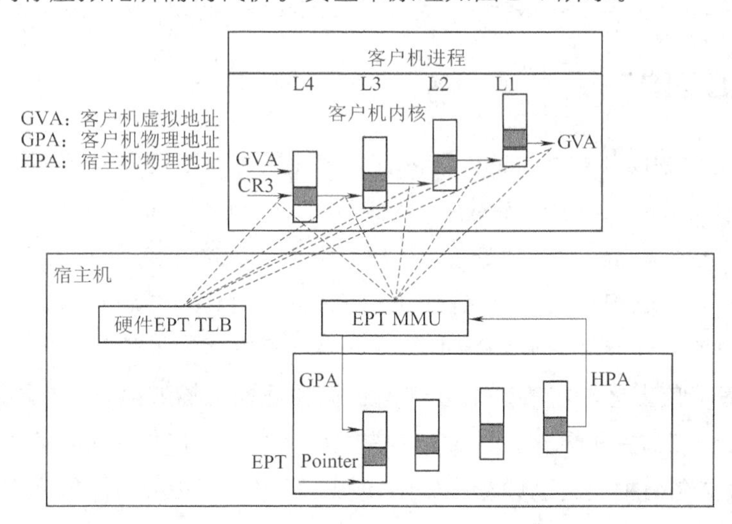

图 2-7　EPT 原理图

这里假设客户机页表和 EPT 页表都是 4 级页表，CPU 完成一次地址转换的基本过程如下：

CPU 先查找客户机 CR3 指向的 L4 页表。由于客户机 CR3 给出的是 GPA，因此 CPU 需要通过 EPT 页表来实现客户机 CR3 中的 GPA→HPA 的转换。CPU 首先会查找硬件的 EPT TLB，如果没有对应的转换，CPU 会进一步查找 EPT 页表，如果还没有，CPU 则抛出 EPT Violation 异常由 VMM 来处理。

获得 L4 页表地址后，CPU 根据 GVA 和 L4 页表项的内容，来获取 L3 页表项的 GPA。如果 L4 页表中 GVA 对应的表项显示为“缺页”，那么 CPU 产生 Page Fault，直接交由客户机内核来处理。获得 L3 页表项的 GPA 后，CPU 同样要通过查询 EPT 页表来实现 L3 的 GPA 到 HPA 的转换。

同样，CPU 会依次查找 L2、L1 页表，最后获得 GVA 对应的 GPA，然后通过查询 EPT 页表获得 HPA。

从上面的过程可以看出，CPU 需要 5 次查询 EPT 页表，每次查询都需要 4 次内存访问，因此最坏情况下总共需要 20 次内存访问。EPT 硬件通过增大 EPT TLB 来尽量减少内存访问。

在 GPA 到 HPA 转换的过程中，由于缺页、写权限不足等原因也会导致客户机退出，产生 EPT 异常。对于 EPT 缺页异常，处理过程大致如下：

KVM（内核虚拟机）首先根据引起异常的 GVA，映射到对应的 HPA；然后为此虚拟地址分配新的物理页；最后 KVM 再更新 EPT 页表，建立起引起异常的 GPA 到 HPA 的映射。

EPT 页表相对于影子页表，其实现方式大大简化，主要地址转换工作都由硬件自动完成，而且客户机内部的缺页异常也不会导致 VM-Exit，因此客户机运行性能更好，开销更小。

2.2.2 AMD NPT

AMD NPT 是 AMD 公司提供的一种内存虚拟化技术，它可以将客户机物理地址转换为宿主机物理地址。而且，与传统的影子页表不同，一旦嵌套页面生成，宿主机将不会打断和模拟客户机 gPT（guest Page Table，客户机页表）的修正。

在 NPT 中，宿主机和客户机都有自己的 CR3 寄存器，分别是 nCR3（nested CR3）和 gCR3（guest CR3）。gPT 负责客户机虚拟地址到客户机物理地址的映射。nPT（nested Page Table，嵌套页表）负责客户机物理地址到宿主机物理地址的映射。客户机页表和嵌套页表分别是由客户机和宿主机创建。其中，客户机页表存在客户机物理内存中，由 gCR3 索引。而嵌套页表存在宿主机物理内存中，由 nCR3 索引。当使用客户机虚拟地址时，会自动调用两层页表（gPT 和 nPT）将客户机虚拟地址转换成宿主机物理地址，如图 2-8 所示。

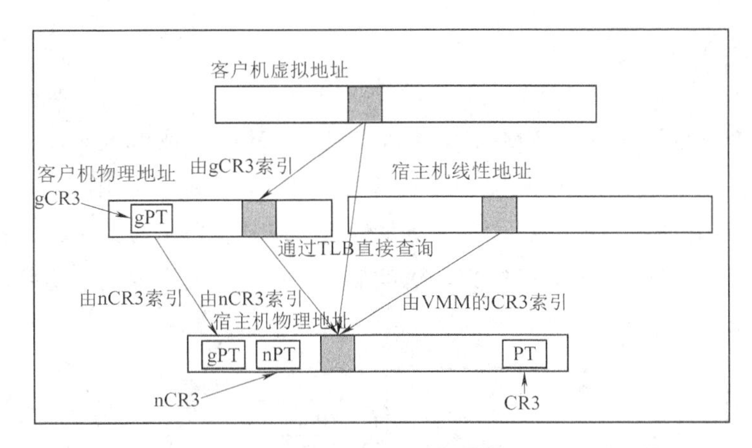

图 2-8　NPT 原理图

当地址转换完毕时，TLB 将会保存客户机虚拟地址到宿主机物理地址之间的映射关系。

2.3　I/O 虚拟化实现技术

通过软件的方式实现 I/O 虚拟化，目前有两种比较流行的方式："设备模拟"和"类虚拟化"，两种方式都有各自的优缺点。前者通用性强，但性能不理想；后者性能不错，却又缺乏通用性。为此，英特尔公司发布了 VT-d 技术（Intel®Virtualization Technology for Directed I/O），以帮助虚拟软件开发者实现通用性强、性能高的新型 I/O 虚拟化技术。

在介绍 I/O 虚拟化设备之前，先介绍一下评价 I/O 虚拟技术的两个指标——性能和通用性。针对性能，越接近无虚拟机环境，则 I/O 性能越好；针对通用性，使用的 I/O 虚拟化技术对客户机操作系统越透明，则通用性越强。通过 Intel VT-d 技术，可以很好地实现这两个指标。

要实现这两个指标，面临以下 2 个问题：

（1）如何让客户机直接访问到设备真实的 I/O 地址空间（包括端口 I/O 和 MMIO）。

（2）如何让设备的 DMA 操作直接访问到客户机的内存空间。设备无法区分运行的是虚拟机还是真实操作系统，它只管用驱动程序提供给它的物理地址做 DMA 操作。

第一个问题和通用性面临的问题程序是类似的，要有一种方法把设备的 I/O 地址空间告诉给客户机操作系统，并且能让驱动程序通过这些地址访问到设备真实的 I/O 地址空间。现在 VT-x 技术已经能够解决第一个问题，可以允许客户机直接访问物理的 I/O 地址空间。

针对第二个问题，Intel VT-d 提供了 DMA 重映射技术，以帮助设备的 DMA 操作直接访问到客户机的内存空间。

下面主要介绍当前比较流行的 Intel VT-d、IOMMU 和 SR-IOV 技术。

2.3.1 Intel VT-d

Intel VT-d 技术通过在北桥（MCH）引入 DMA（Direct Memory Access，直接内存存取）重映射硬件，以提供设备重映射和设备直接分配的功能。在启用 VT-d 的平台上，设备所有的 DMA 传输都会被 DMA 重映射硬件截获。根据设备对应的 I/O 页表，硬件可以对 DMA 中的地址进行转换，使设备只能访问到规定的内存。使用 VT-d 后，设备访问内存的架构如图 2-9 所示。

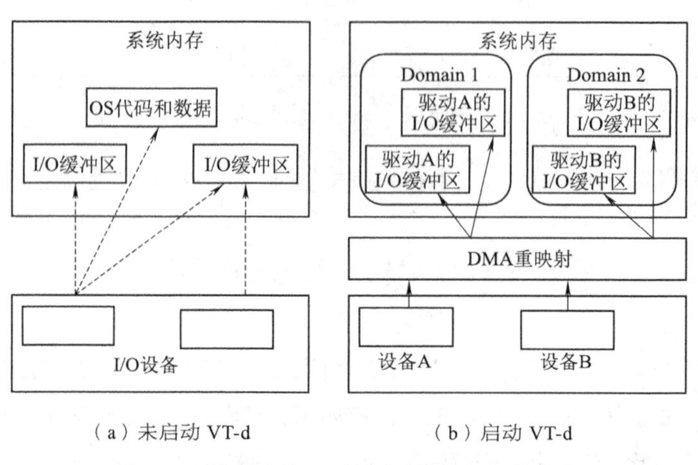

图 2-9　使用 VT-d 后设备访问内存的架构

图 2-9（a）是未启动 VT-d 的情况，此时设备的 DMA 可以访问整个物理内存。图 2-9（b）是启用 VT-d 的情况，此时设备的 DMA 只能访问指定的物理内存。

DMA 重映射技术是 VT-d 技术提供的最关键的功能之一，下面将研究 DMA 重映射的基本原理。在进行 DMA 操作时，设备需要做的就是向（从）驱动程序告知的“物理地址”复制（读取）数据。然而，在虚拟机环境下，客户机使用的是 GPA，那么客户机驱动操作设备也用 GPA。但是，设备在进行 DMA 操作时，需要使用内存物理地址（Memory Physical Address，MPA），于是 I/O 虚拟化的关键问题就是如何在操作 DMA 时将 GPA 转换成 MPA。VT-d 技术提供的 DMA 重映射技术就是用来解决在进行 DMA 操作时将 GPA 转换成 MPA 的问题。

PCI 总线结构通过设备标示符（BDF）可以索引到任何一条总线上的任何一个设备，而 VT-d 中的 DMA 总线传输中也包含一个 BDF 用于标识 DMA 操作发起者。除了 BDF 外，VT-d 还提供了两种数据结构来描述 PCI 架构，分别是根条目（Root Entry）和上下文条目（Content Entry）。下面将分别介绍这两种数据结构。

1.根条目

根条目用于描述 PCI 总线，每条总线对应一个根条目。由于 PCI 架构最多支持 256 条总线，故最多可以有 256 个根条目。这些根条目一起构成一张表，称为根条目表（Root Entry

Table）。有了根条目表，系统中每一条总线都会被描述到。图 2-10 所示为根条目的结构。

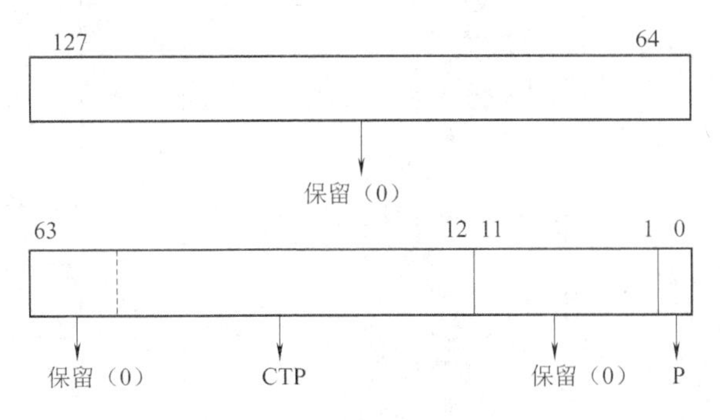

图 2-10 根条目的结构

图 2-10 中主要字段解释如下：

（1）P：存在位。P 为 0 时，条目无效，来自该条目所代表总线的所有 DMA 传输被屏蔽；P 为 1 时，该条目有效。

（2）CTP（Context Table Point，上下文表指针）：指向上下文条目表。

2.上下文条目

上下文条目用于描述某个具体的 PCI 设备，这里的 PCI 设备是指逻辑设备（BDF 中的 function 字段）。一条 PCI 总线上最多有 256 个设备，故有 256 个上下文条目，它们一起组成上下文条目表（Context Entry Table）。通过上下文条目表，可描述某条 PCI 总线上的所有设备。图 2-11 所示为上下文条目的结构。

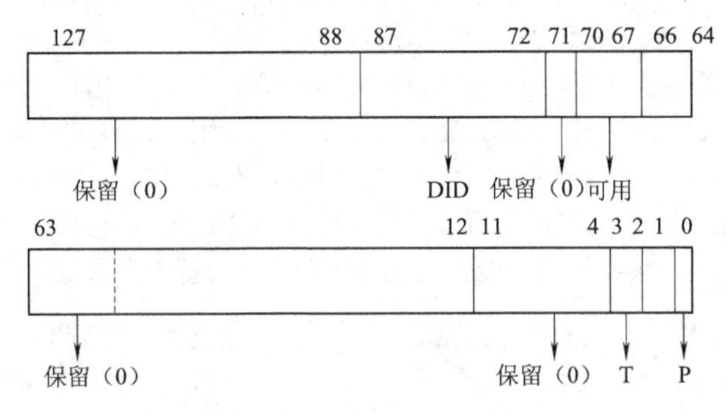

图 2-11 上下文条目的结构

图 2-11 中主要字段解释如下：

（1）P：存在位。P 为 0 时条目无效，来自该条目所代表设备的所有 DMA 传输被屏蔽；P 为 1 时，表示该条目有效。

（2）T：类型，表示 ASR 字段所指数据结构的类型。目前，VT-d 技术中该字段为 0，表示多级页表。

（3）DID（Domain ID，域标识符）：可以看作用于唯一标识该客户机的标识符。

根条目表和上下文条目表共同构成了图 2-12 所示的两级结构。

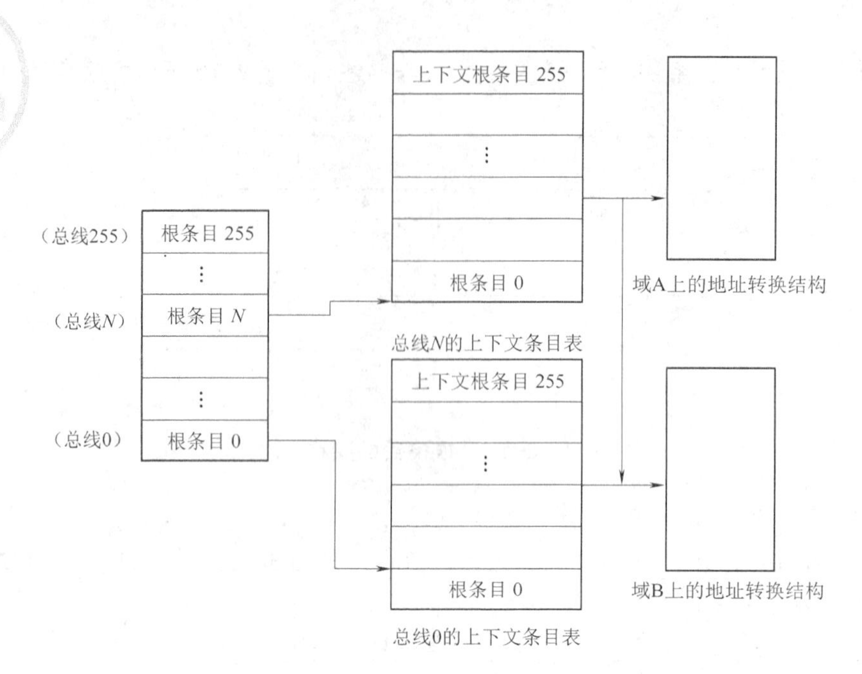

图 2-12　根条目表和上下文条目表构成的两级结构

当 DMA 重映射硬件捕获一个 DMA 传输时，通过其中 BDF 的 BUS 字段索引根条目表，可以得到产生该 DMA 传输的总线对应的根条目。由根条目的 CTP 字段可以获得上下文条目表，用 BDF 中的{dev，func}索引该表，可以获得发起 DMA 传输的设备对应的上下文条目。从上下文条目的 ASR 字段，可以寻址到该设备对应的 I/O 页表。此时，DMA 重映射硬件就可以做地址转换。通过这样的两级结构，VT-d 技术可以覆盖平台上所有的 PCI 设备，并对它们的 DMA 传输进行地址转换。

I/O 页表是 DMA 重映射硬件进行地址转换的核心。它的思想和 CPU 中分页机制的页表类似，CPU 通过 CR3 寄存器就可以获得当前系统使用的页表的基地址，而 VT-d 需要借助根条目和上下文条目才能获得设备对应的 I/O 页表。VT-d 使用硬件查页表机制，整个地址转换过程对于设备、上层软件都是透明的。与 CPU 使用的页表相同，I/O 页表也支持多种粒度的页面大小，其中最典型的 4 KB 页面地址转换过程如图 2-13 所示。

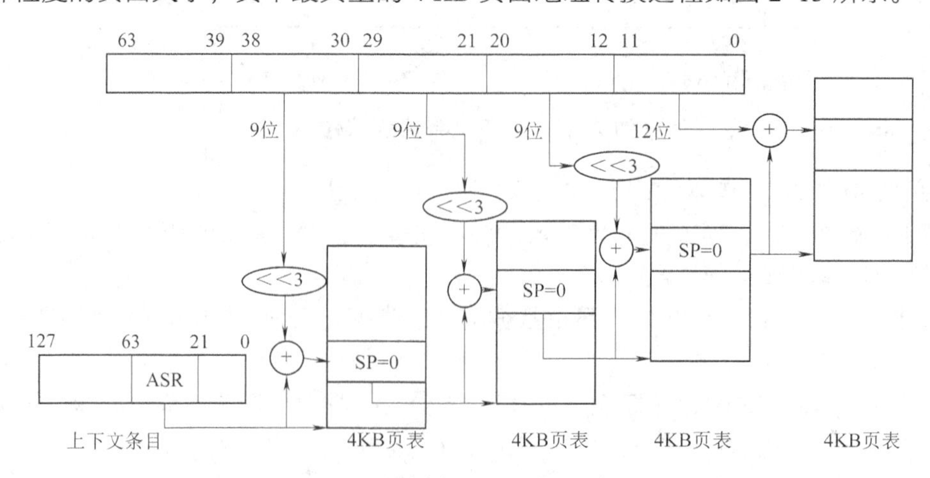

图 2-13　DMA 重映射的 4KB 页面地址转换过程

2.3.2 IOMMU

输入/输出内存管理单元（IOMMU）是一个内存管理单元，管理对系统内存设备的访问。它位于外围设备和主机之间，可以把 DMA I/O 总线连接到主内存上，将来自设备请求的地址转换为系统内存地址，并检查每个接入的适当权限。IOMMU 技术示意图如图 2-14 所示。

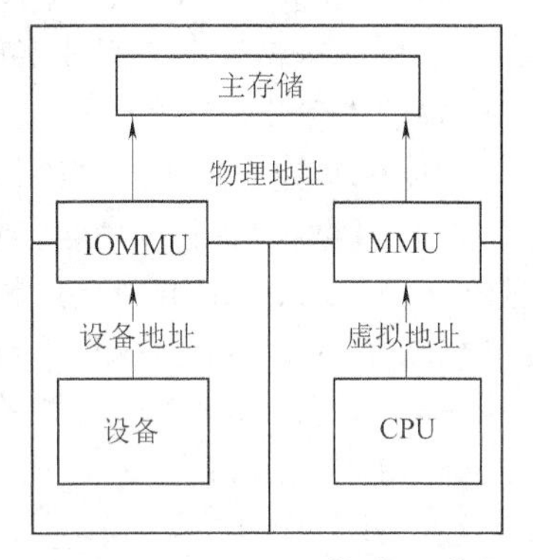

图 2-14　IOMMU 技术示意图

AMD 公司的 IOMMU 提供 DMA 地址转换以及对设备读取和写入权限检查的功能。通过 IOMMU，客户机操作系统中一个未经修改的驱动程序可以直接访问它的目标设备，从而避免了通过 VMM 运行产生的开销以及设备模拟。

有了 IOMMU，每个设备可以分配一个保护域。这个保护域定义了 I/O 页的转译将被用于域中的每个设备，并且指明每个 I/O 页的读取权限。对于虚拟化而言，VMM 可以指定所有设备分配到相同保护域中的一个特定客户机操作系统，这将创建一系列在客户机操作系统中运行所有设备需要使用的地址转译和访问限制。

IOMMU 将页转译缓存在一个 TLB 中，当需要进入 TLB 时需要输入保护域和设备请求地址。因为保护域是缓存密钥的一部分，所以域中的所有设备共享 TLB 中的缓存地址。

IOMMU 决定一台设备属于哪个保护域，然后使用这个域和设备请求地址查看 TLB。TLB 入口中包括读/写权限标记以及用于转译的目标系统地址，因此，如果缓存中出现一个登入动作，会根据许可标记来决定是否允许该访问。

对于不在缓存中的地址而言，IOMMU 会继续查看设备相关的 I/O 页表格。而 I/O 页表格入口也包括连接到系统地址的许可信息。

因此，所有地址转译最重要的是 TLB 或者页表是否能够被成功查看，如果查看成功，适当的权限标记会告诉 IOMMU 是否允许访问。然后，VMM 通过控制 IOMMU 用来查看地址的 I/O 页表格，以控制系统页对设备的可见性，并明确指定每个域中每个页的读/写访问权限。

IOMMU 提供的转译和保护双重功能提供了一种完全从用户代码、无须内核模式驱动程序操作设备的方式。IOMMU 可以被用于限制用户流程分配的内存设备 DMA，而不是使用可靠驱动程序控制对系统内存的访问。设备内存访问仍然是受特权代码保护的，但它是创建 I/O 页表格的特权代码。

IOMMU 通过允许 VMM 直接将真实设备分配到客户机操作系统让 I/O 虚拟化更有效。有了 IOMMU，VMM 会创建 I/O 页表格将系统物理地址映射到客户机物理地址，为客户机操作系统创建一个保护域，然后让客户机操作系统正常运转。针对真实设备编写的驱动程序则作为那些未经修改、对底层转译无感知的客户机操作系统的一部分而运行。客户 I/O 交易通过 IOMMU 的 I/O 映射从其他客户独立出来。

总而言之，AMD 的 IOMMU 避免设备模拟，取消转译层，允许本机驱动程序直接配合设备，极大地降低了 I/O 设备虚拟化的开销。

2.3.3 SR-IOV

前面介绍了利用 Intel VT-d 技术实现设备的直接分配，但使用这种方式有一种缺点，即一个物理设备资源只能分配给一个虚拟机使用。为了实现多个虚拟机共用同一物理设备资源并使设备直接分配，PCI-SIG 组织发布了一个 I/O 虚拟化技术标准——SR-IOV。

SR-IOV 是 PCI-SIG 组织公布的一个新规范，旨在消除 VMM 对虚拟化 I/O 操作的干预，以提高数据传输的性能。这个规范定义了一个标准的机制，可以实现多个设备的共享。它继承了 Passthrough I/O 技术，绕过虚拟机监视器直接发送和接收 I/O 数据，同时还利用 IOMMU 减少内存保护和内存地址转换的开销。

一个具有 SR-IOV 功能的 I/O 设备是基于 PCIe 规范的，具有一个或多个物理设备（Physical Function，PF）。PF 是标准的 PCIe 设备，具有唯一的申请标识 RID。而每一个 PF 可以用来管理并创建一个或多个虚拟设备（Virtual Function，VF），VF 是“轻量级”的 PCIe 设备。具有 SR-IOV 功能的 I/O 设备如图 2-15 所示。

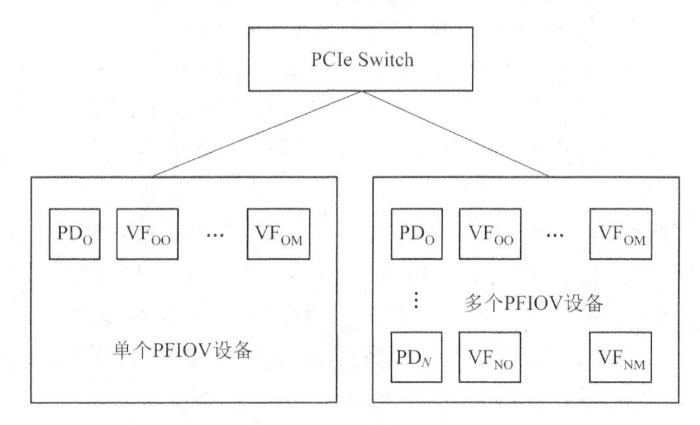

图 2-15　具有 SR-IOV 功能的 I/O 设备

每一个 PF 都是标准的 PCIe 设备，并且关联多个 VF。每一个 VF 都拥有与性能相关的关键资源，如收发队列等，专门用于软件实体在运行时的性能数据运转，而且与其他 VF 共享一些非关键的设备资源。因此，每一个 VF 都有独立收发数据包的能力。若把一个 VF 分配给一台客户机，该客户机可以直接使用该 VF 进行数据包的发送和接收。最重要的是，客户机通过 VF 进行 I/O 操作时，可以绕过虚拟机监视器直接发送和接收 I/O 数据，这正是直接 I/O 技术最重要的优势之一。

SR-IOV 的实现模型包含三部分：PF 驱动、VF 驱动和 SR-IOV 管理器（IOVM）。SR-IOV 的实现模型如图 2-16 所示。

PF 驱动程序运行在宿主机上，可以直接访问 PF 的所有资源。PF 驱动程序主要用来创建、配置和管理虚拟设备，即 VF。它可以来设置 VF 的数量、全局的启动或停止 VF，还可以进行设备相关的配置。PF 驱动程序同样负责配置两层分发，以确保从 PF 或者 VF 进入的数据可以正确地路由。

VF 驱动程序是运行在客户机上的普通设备驱动程序，只有操作相应 VF 的权限，主要用来在客户机和 VF 之间直接完成 I/O 操作，包括数据包的发送和接收。由于 VF 并不是真正意义上的 PCIe 设备，而是一个“轻量级”的 PCIe 设备，因此 VF 也不能像普通的 PCIe 设备一样被操作系统直接识别并进行配置。

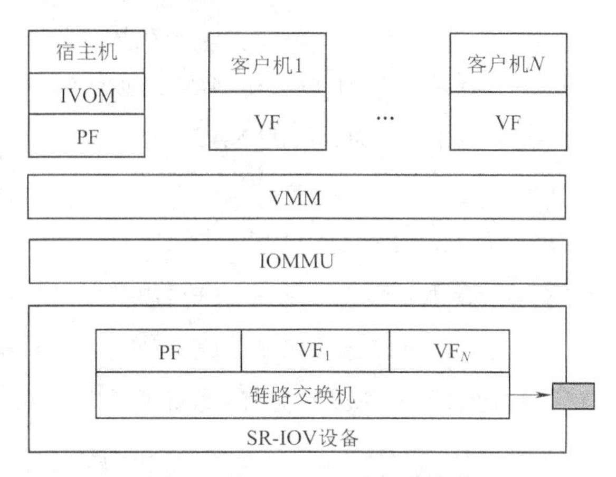

图 2-16　SR-IOV 实现模型

SR-IOV 管理器运行在宿主机，用于管理 PCIe 拓扑的控制点以及每一个 VF 的配置空间。它为每一个 VF 分配了完整的虚拟配置空间，因此客户机能够像普通设备一样模拟和配置 VF，因而宿主机操作系统可以正确地识别并配置 VF。当 VF 被宿主机正确地识别和配置后，才会分配给客户机，然后在客户机操作系统中被当作普通的 PCI 设备初始化和使用。

具有 SR-IOV 功能的设备具有以下优点：

（1）提高系统性能。采用 Passthrough 技术，将设备分配给指定的虚拟机，可以达到基于本机的性能。利用 IOMMU 技术，改善了中断重映射技术，减少客户及从硬件中断到虚拟中断的处理延迟。

（2）安全性优势。通过硬件辅助，数据安全性得到加强。

（3）可扩展性优势。系统管理员可以利用单个高宽带的 I/O 设备代替多个低带宽的设备达到带宽的要求。利用 VF 将带宽进行隔离，使得单个物理设备好像是隔离的多物理设备。此外，还可以为其他类型的设备节省插槽。

2.4　网络虚拟化实现技术

在传统的数据中心，每个网口对应唯一一个物理机；引入云计算模式后，利用虚拟化技术一台物理网卡可能会承载多个虚拟网卡。物理网卡与虚拟网卡之间的关系有以下 3 种情况：

（1）一对一：一个物理网卡对应对一个虚拟网卡，是下面一对多情况的一种特例。

（2）一对多：一个物理网卡对应多个虚拟网卡，是当前网络虚拟化中运用最广泛的一种。

（3）多对一：多个物理网对应一个虚拟网卡，即常说的 bonding，用作负载均衡。

图 2-17 所示为网络虚拟化实现的架构。目前，对网络的虚拟化主要集中在第 2 层和第 3 层，在 Linux 系统中，第 2 层通常使用 TAP 设备来实现虚拟网卡，使用 Linux Bridge 来实现虚拟交换机，第 3 层通常是基于 Iptable 的 NAT、路由及转发。

对于网络隔离，可以采用传统的基于 802.1Q 协议的 VLAN 技术，但这受限于 VLAN ID 大小范围的限制，并且需要手动地在各物理交换机上配置 VLAN；也可以采用虚拟交换机软件，如 Openvswitch，它可以自动创建 GRE 隧道避免手动为物理交换机配置 VLAN。

图 2-17　网络虚拟化实现架构

2.4.1　Linux Bridge 网桥

Bridge 网桥是 Linux 系统上用来做 TCP/IP 二层协议交换的设备，与现实世界中的交换机功能相似。Bridge 设备实例可以和 Linux 上其他网络设备实例连接，既附加一个从设备，类似于现实世界中的交换机和一个用户终端之间连接一根网线。当有数据到达时，网桥会根据报文中的 MAC 地址信息进行广播、转发、丢弃等处理。

Linux 内核通过一个虚拟的网桥设备来实现桥接，这个设备可以绑定若干个以太网接口设备，从而将它们桥接起来。例如，网桥设备 br0 既能绑定 eth0 这样的物理网络设备，又能桥接虚拟机 VM 对应的虚拟设备 vnet0，实现虚拟机网络与外部网络的连通。对于网络协议栈的上层来说，只看得到 br0，因为桥接是在数据链路层实现的，上层不需要关心桥接的细节。于是，协议栈上层需要发送的报文被送到 br0，网桥设备的处理代码再来判断报文该被转发到 eth0 或者 eth1，或者两者皆是；反过来，从 eth0 或 eth1 接收到的报文被提交给网桥的处理代码，在这里会判断报文该转发、丢弃或者提交到协议栈上层。图 2-18 中网桥 br0 实现 VM1 与物理网卡 eth0 的通信。当有数据到达 eth0 时，br0 会将数据转发给 vnet0，这样 VM1 就能接收到来自外网的数据；反过来，VM1 发送数据给 vnet0，br0 也会将数据转发到 eth0，从而实现了 VM1 与外网的通信。

如图 2-19 所示，现在增加一个虚拟机 VM2，将 VM2 的虚拟网卡 vnet1 桥接到 br0 上，这样就可以实现 VM1 和 VM2 之间的网络通信，同时保证 VM1、VM2 和外部网络互通。

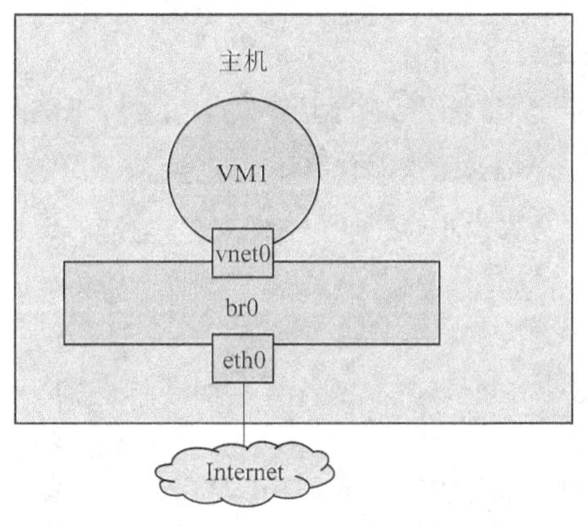

图 2-18　网桥 br0 桥接 vnet0 与 eth0

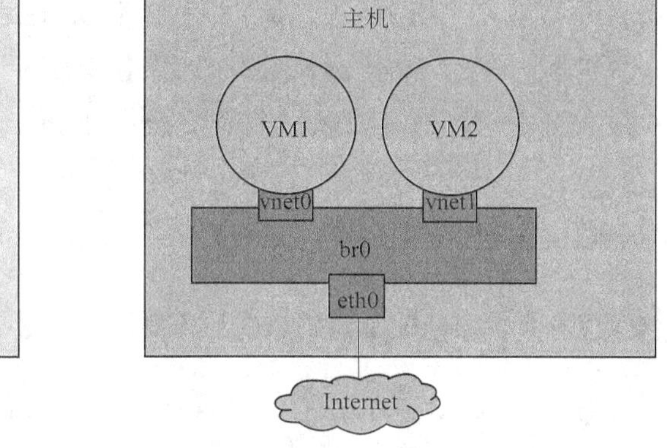

图 2-19　网桥 br0 桥接 vnet0、vnet1 与 eth0

2.4.2　TUN/TAP 设备

TUN 设备是一种虚拟网络设备，通过此设备，程序可以方便地模拟网络行为。传统物理网络设备的工作原理如图 2-20 所示。

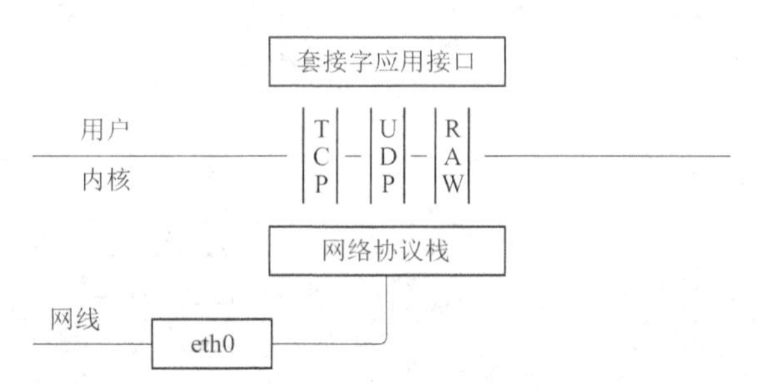

图 2-20　物理网络设备的工作原理

所有物理网卡收到的包会交给内核的网络协议栈（Network Stack）处理，然后通过 Socket API 通知给用户程序。TUN 设备的工作原理如图 2-21 所示。

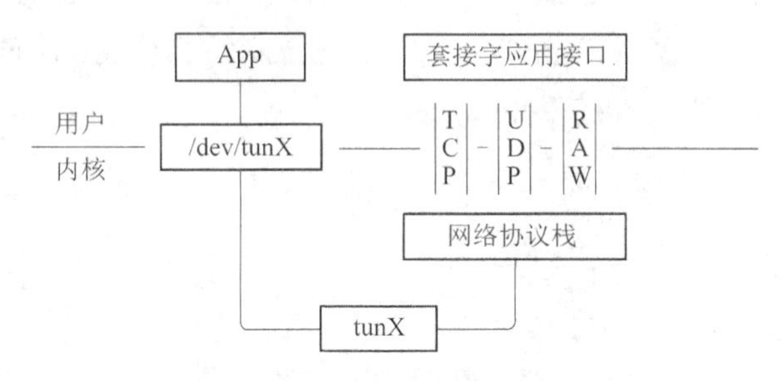

图 2-21　TUN 设备的工作原理

普通的物理网卡通过网线收发数据包，但是 TUN 设备通过一个文件收发数据包。所有对这个文件的写操作会通过 TUN 设备转换成一个数据包送给内核；当内核发送一个数据包给 TUN 设备时，通过读这个文件可以拿到数据包的内容。

TAP 设备与 TUN 设备工作原理完全相同，区别在于：

（1）TUN 设备的/dev/tunX 文件收发的是 IP 层数据包，只能工作在 IP 层，无法与物理网卡做 bridge，但是可以通过三层交换（如 ip_forward）与物理网卡连通。

（2）TAP 设备的/dev/tapX 文件收发的是 MAC 层数据包，拥有 MAC 层功能，可以与物理网卡做网桥，支持 MAC 层广播。

2.4.3 MACVLAN/MACVTAP 设备

MACVLAN 技术提出一种将一块以太网卡虚拟成多块以太网卡的极简单的方案。一块以太网卡需要有一个 MAC 地址，这就是以太网卡的核心。

以往，只能为一块以太网卡添加多个 IP 地址，却不能添加多个 MAC 地址，因为 MAC 地址正是通过其全球唯一性来标识一块以太网卡的，即便使用了创建 ethx:y 这样的方式，也会发现所有这些“网卡”的 MAC 地址和 ethx 都是一样的。本质上，它们还是一块网卡。使用 MACVLAN 技术可以解决这个问题，其工作方式如图 2-22 所示。

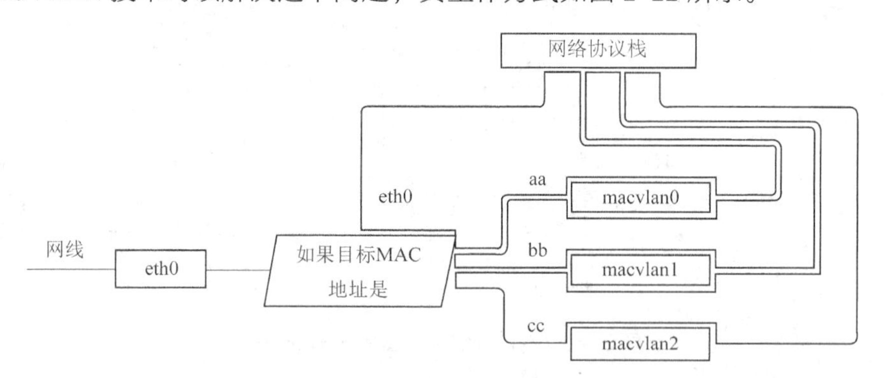

图 2-22　MACVLAN 设备的工作原理

MACVLAN 会根据收到数据包的目的 MAC 地址判断这个数据包需要交给哪个虚拟网卡。单独使用 MACVLAN 好像毫无意义，但是配合网络名称空间（Network Namespace）使用，可以构建这样的网络，如图 2-23 所示。

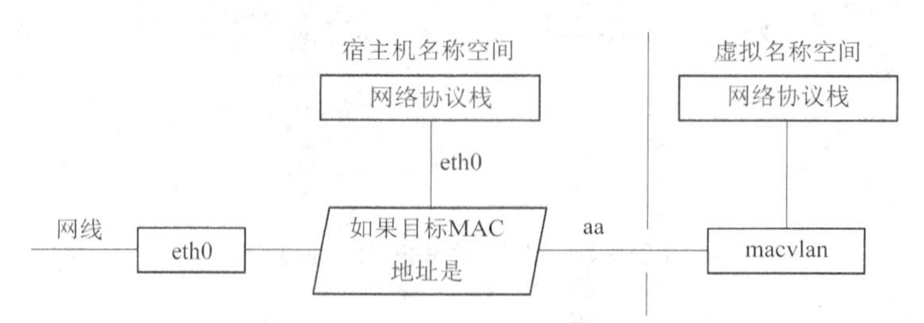

图 2-23　MACVLAN 实现网卡虚拟化

由于 MACVLAN 与 eth0 处于不同的名称空间（Namespace），拥有不同的网络协议栈，这样使用可以不需要建立网桥在虚拟名称空间（Virtual Namespace）里面使用网络。

MACVTAP 是对 MACVLAN 的改进，综合了 MACVLAN 与 TAP 设备的特性。使用 MACVLAN 的方式收发数据包，收到的数据包不交给网络协议栈处理，而是生成一个/dev/tapX 文件，将数据写入到这个文件中，其工作原理如图 2-24 所示。

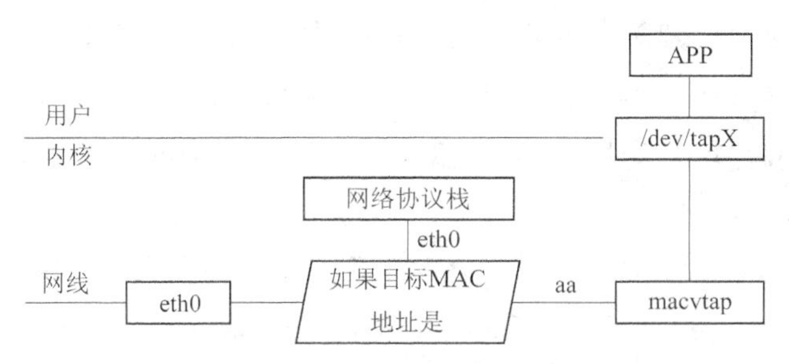

图 2-24　MACVTAP 设备的工作原理

2.5　主流虚拟化方案及特点

如今，虚拟化市场竞争愈发激烈，参与到其中的 IT 巨头包括 VMware、Oracle、微软，以及其他开源解决方案等也越来越多。尽管每种产品解决方案的功能都大体类似，但如果作为企业，还是要针对自己的需求来挑选合适的产品或解决方案。

KVM、Xen、VMware、Hyper-V、VirtualBox 虚拟化是常见的 5 种虚拟化方案，内容包括虚拟化方案的应用场景、构成及其特点。

2.5.1　KVM 虚拟化方案

KVM 是 Kernel-based Virtual Machine 的简称，中文全称为内核虚拟机，是一个开源的系统虚拟化模块，自 Linux 2.6.20 之后集成在 Linux 的各个主要发行版本中。它使用 Linux 自身的调度器进行管理，所以相对于 Xen，其核心源码很少。KVM 目前已成为学术界的主流 VMM 之一。

KVM 最初由以色列的 Qumranet 公司开发，为了简化开发，KVM 的开发人员没有选择从底层开始从头写一个新的 Hypervisor，而是选择了基于 Linux 内核，通过在 Linux Kernel 上加载新的模块从而使 Linux Kernel 本身变成一个 Hypervisor。

KVM 的虚拟化需要 CPU 硬件虚拟化的支持（如 Intel VT 技术或者 AMD V 技术），是基于硬件的完全虚拟化。每一个 KVM 虚拟机都是一个由 Linux 调度程序管理的标准进程。但是，仅有 KVM 模块是远远不够的，因为用户无法直接控制内核模块去做事情，因此，还必须有一个用户空间的工具才行。

KVM 仅仅是 Linux 内核的一个模块，管理和创建完整的 KVM 虚拟机需要更多的辅助工具。这个辅助的用户空间的工具，开发者可以选择已经成型的开源虚拟化软件QEMU。在Linux系统中，首先可以用modprobe系统工具去加载KVM模块，如果用RPM安装KVM软件包，系统会在启动时自动加载模块。加载了模块后，才能进一步通过其他工具创建虚拟机。QEMU可以虚拟不同的CPU构架，例如，在x86的CPU上虚拟一个Power的CPU，并利用它编译出可运行在Power上的程序。QEMU是一个强大的虚拟化软件，KVM使用了QEMU的基于x86的部分，并稍加改造，形成了可控制KVM内核模块的用户空间工具QEMU。所以，Linux发行版中分为kernel部分的KVM内核模块和QEMU工具。

对于KVM的用户空间工具，尽管QEMU工具可以创建和管理KVM虚拟机，但是，RedHat为KVM开发了更多的辅助工具，如libvirt、virsh、virt-manager等。原因是QEMU工具效率不高，不易于使用。libvirt是一套提供了多种语言接口的API，为各种虚拟化工具提供一套方便、可靠的编程接口，不仅支持KVM，还支持Xen等其他虚拟机。使用libvirt，只需要通过libvirt提供的函数连接到KVM或Xen宿主机，便可以用同样的命令控制不同的虚拟机。libvirt不仅提供了API，还自带一套基于文本的管理虚拟机的命令——virsh，可以通过使用virsh命令来使用libvirt的全部功能。但最终，用户更渴望的是图形用户界面，这就是virt-manager。virt-manager是一套用Python编写的虚拟机管理图形界面，用户可以通过它直观地操作不同的虚拟机。virt-manager也是利用libvirt的API实现的。

KVM模块是KVM虚拟机的核心部分。其主要功能包括：初始化CPU硬件，打开虚拟化模式，将虚拟客户机运行在虚拟机模式下，并对虚拟客户机的运行提供一定的支持。

KVM的初始化过程如下：

（1）初始化CPU硬件。KVM是基于硬件进行虚拟化，CPU必须支持虚拟化技术。KVM会首先检测当前系统的CPU，确保CPU支持虚拟化。当KVM模块被加载时，KVM模块会先初始化内部数据结构。KVM的内核部分是作为可动态加载内核模块运行在宿主机中的，其中一个模块是和平台无关的实现虚拟化核心基础架构的kvm模块，另一个是与硬件平台相关的kvm_intel模块或者是kvm_amd模块。

（2）打开CPU控制寄存器CR4中的虚拟化模式开关，并通过执行特定指令将宿主机操作系统置于虚拟化模式中的根模式。

（3）KVM模块创建特殊设备文件/dev/kvm，并等待来自用户空间的命令（例如，是否创建虚拟客户机，创建什么样的虚拟客户机等）。

接下来是用户空间使用工具创建、管理，以及关闭虚拟客户机。

KVM是Linux完全原生的全虚拟化解决方案，目前设计为可加载的内核模块，支持广泛的客户机操作系统，比如 Linux、BSD、Solaris、Windows、Haiku、ReactOS 和 AROS Research Operating System。

在 KVM 架构中，虚拟机实现为常规的 Linux 进程，由标准 Linux 调度程序进行调度。事实上，每个虚拟 CPU 显示为一个常规的 Linux 进程。这使 KVM 能够享受 Linux 内核的所有功能。

需要注意的是，KVM 本身不执行任何模拟，需要用户空间程序（例如 QEMU）通过 /dev/kvm 接口设置一个客户机虚拟服务器的地址空间，向它提供模拟的 I/O，并将它的视频显示映射回宿主机的显示屏，以完成整个虚拟过程。

图 2-25 所示为 KVM 的架构，从图中可以看出，最底层是硬件系统，其中包括处理器、内存、输入/输出设备等硬件。在硬件系统之上就是 Linux 操作系统，KVM 作为 Linux 内核的一个模块加载其中，再向上就是基于 Linux 的应用程序，同时也包括基于 KVM 模块虚拟出来的虚拟客户机。

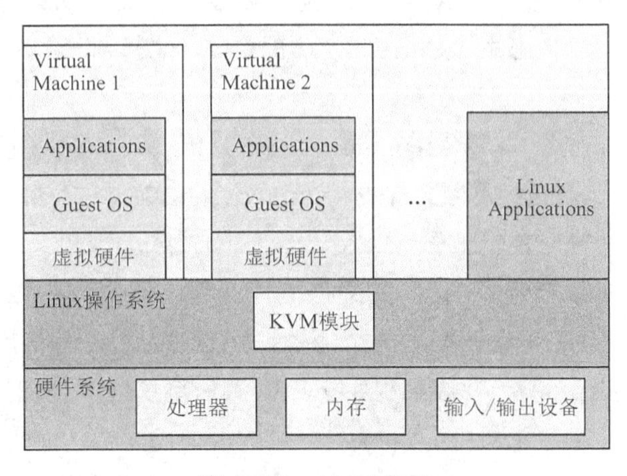

图 2-25　KVM 架构

最后，看一下 KVM 的前景。KVM 是一个相对较新的虚拟化产品，但是诞生不久就被 Linux 社区接纳，成为随 Linux 内核发布的轻量型模块。与 Linux 内核集成，使 KVM 可以直接获益于最新的 Linux 内核开发成果，例如更好的进程调度支持、更广泛的物理硬件平台的驱动、更高的代码质量等。

作为相对较新的虚拟化方案，KVM 需要成熟的工具以用于管理 KVM 服务器和客户机。不过，随着 libvirt、virt-manager 等工具和 OpenStack 等云计算平台的逐渐完善，KVM 管理工具在易用性方面的劣势已经逐渐被克服。另外，KVM 可用于改进虚拟网络的支持、虚拟存储支持、增强的安全性、高可用性、容错性、电源管理、HPC/实时支持、虚拟 CPU 可伸缩性、跨供应商兼容性、科技可移植性等方面。目前，KVM 开发者社区比较活跃，也有不少大公司的工程师参与开发，我们有理由相信 KVM 的很多功能都会在不远的将来得到进一步完善。

2.5.2 Xen 虚拟化方案

Xen 是由剑桥大学计算机实验室开发的一个开源项目，是一个直接运行在计算机硬件之上的用以替代操作系统的软件层，它能够在计算机硬件上并发地运行多个客户操作系统（Guest OS），目前已经在开源社区中得到极大的推动。

早在 20 世纪 90 年代，伦敦剑桥大学的 Ian Pratt 和 Keir Fraser 在一个叫作 Xenoserver 的研究项目中，开发了 Xen 虚拟机。做为 Xenoserver 的核心，Xen 虚拟机负责管理和分配系统资源，并提供必要的统计功能。当时，x86 的处理器还不具备对虚拟化技术的硬件支持，所以 Xen 从一开始是作为一个半虚拟化的解决方案出现的。因此，为了支持多个虚拟机，内核必须针对 Xen 做出特殊的修改才可以运行。为了吸引更多开发人员参与，2002 年 Xen 正式被开源。2004 年，Intel 的工程师开始为 Xen 添加硬件虚拟化的支持，从而为即将上市的新款处理器做必需的软件准备。在他们的努力下，2005 年发布的 Xen 3.0 开始正式支持 Intel 的 VT 技术和 IA64 架构，从而使 Xen 虚拟机可以运行完全没有修改的操作系统。2007 年 10 月，思杰（Citrix）公司出资 5 亿美金收购了 XenSource，变成了 Xen 虚拟机项目的拥有者。

Xen 支持 x86、x86-64、安腾（Itanium）、Power PC 和 ARM 多种处理器，因此它可以在大量的计算设备上运行。目前，Xen 支持 Linux、NetBSD、FreeBSD、Solaris、Windows 和其他常用的操作系统作为客户操作系统在其管理程序上运行。

Xen 是一个直接在系统硬件上运行的虚拟机管理程序。Xen 在系统硬件与虚拟机之间插入一个虚拟化层，将系统硬件转换为一个逻辑计算资源池，并可将其中的资源动态地分配给任何操作系统或应用程序。在虚拟机中运行的操作系统能够与虚拟资源交互，就好像它们是物理资源一样。

Xen 上运行的虚拟机，既支持半虚拟化，也支持全虚拟化，几乎可以运行所有可以在 x86 物理平台上运行的操作系统。此外，最新的 Xen 还支持 ARM 平台的虚拟化。

在 Xen Hypervisor 上运行的半虚拟化操作系统，为了调用系统管理程序 Xen Hypervisor，要有选择地修改操作系统，但不需要修改操作系统上运行的应用程序。由于 Xen 需要修改操作系统内核，所以不能直接让当前的 Linux 内核在 Xen 系统管理程序中运行，除非它已经移植到了 Xen 架构。

在 Xen Hypervisor 运行的全虚拟化虚拟机，所运行的操作系统都是标准的操作系统，即无须任何修改的操作系统版本，但同时也需要提供特殊的硬件设备。例如，在 Xen 上虚拟 Windows 虚拟机必须采用完全虚拟化技术。

图 2-26 所示为 Xen 架构。在硬件系统之上是 Xen 的 Hypervisor。基于 Xen 的 Hypervisor，有 Domain0，也称 0 号虚拟机，它是一个比较特殊的虚拟机。Domain1 和 Domain 2 是在 Xen 架构上的虚拟客户机。

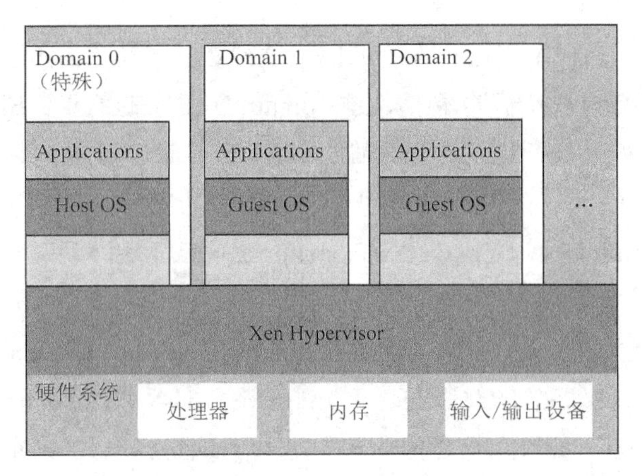

图 2-26　Xen 架构

Xen 上运行的所有虚拟机中，0 号虚拟机是特殊的，其中运行的是经过修改的支持准虚拟化的 Linux 操作系统，大部分输入/输出设备都交由这个虚拟机直接控制，而非 Xen 本身控制它们，这样做可以使基于 Xen 的系统最大限度地复用 Linux 内核的驱动程序。更广泛地说，Xen 虚拟化方案在 Xen Hypervisor 和 0 号虚拟机的功能上做了聪明的划分，既能够重用大部分 Linux 内核的成熟代码，仅可以控制系统之间的隔离，并更加有效地管理和调度。通常，0 号虚拟机也被视为是 Xen 虚拟化方案的一部分。

Xen 架构包含 3 大部分：

（1）Xen Hypervisor：直接运行于硬件之上，是 Xen 客户操作系统与硬件资源之间的访问接口。通过将客户操作系统与硬件进行分类，Xen 管理系统可以允许客户操作系统安全、独立地运行在相同硬件环境之上。

Xen Hypervisor 是直接运行在硬件与所有操作系统之间的基本软件层。它负责为运行在硬件设备上的不同种类的虚拟机（不同操作系统）进行 CPU 调度和内存分配。Xen Hypervisor 对虚拟机来说不仅是硬件的抽象接口，同时也控制虚拟机的执行，让它们之间共享通用资源的处理环境。但是，Xen Hypervisor 不负责处理诸如网络、外部存储设备、视频或其他通用的 I/O 处理。

（2）Domain0：运行在 Xen 管理程序之上，是具有直接访问硬件和管理其他客户操作系统特权的客户操作系统。

Domain0 是经过修改的 Linux 内核，是运行在 Xen Hypervisor 之上独一无二的虚拟机，拥有访问物理 I/O 资源的特权，并且可以与其他运行在 Xen Hypervisor 之上的虚拟机进行交互。所有的 Xen 虚拟环境都需要先运行 Domain 0，然后才能运行其他的虚拟客户机。Domain 0 在 Xen 中担任管理员的角色，负责管理其他虚拟客户机。在 Domain 0 中包含两个驱动程序——Network Backend Driver 和 Block Backend Driver，用于支持其他客户虚拟机对于网络和硬盘的访问请求。

Network Backend Driver 直接与本地的网络硬件进行通信，用于处理来自 Domain U 客户机的所有关于网络的虚拟机请求。根据 Domain U 发出的请求，Block Backend Driver 直接与本地的存储设备进行通信，然后将数据读/写到存储设备上。

（3）Domain U：指运行在 Xen 管理程序之上的普通客户操作系统或业务操作系统，例如图 2-26 中的 Domain 1 和 Domain 2，Domain U 不能直接访问硬件资源（如内存、硬盘等），但可以独立并行地存在多个。

Domain U 客户虚拟机没有直接访问物理硬件的权限。所有在 Xen Hypervisor 上运行的半虚拟化客户虚拟机都是被修改过的基于 Linux 的操作系统、Solaris、FreeBSD 和其他基于 UNIX 的操作系统。所有完全虚拟化客户虚拟机则是标准的 Windows 和其他任何一种未被修改过的操作系统。

无论是半虚拟化 Domain U 还是完全虚拟化 Domain U，作为客户虚拟机系统，Domain U 在 Xen Hypervisor 上都可以并行地存在多个，它们之间相互独立，每个 Domain U 都拥有自己所能操作的虚拟资源（如内存、磁盘等）。而且，允许单独一个 Domain U 进行重启和关机操作而不影响其他 Domain U。

下面简单介绍一下 Xen 的功能特性：

（1）Xen 服务器（即思杰公司的 Xen Server 产品）构建于开源的 Xen 虚拟机管理程序之上，结合使用半虚拟化和硬件协助的虚拟化。操作系统与虚拟化平台之间的这种协作，支持开发一个较简单的虚拟机管理程序来提供高度优化的性能。

（2）Xen 提供了复杂的工作负载平衡功能，可捕获 CPU、内存、磁盘 I/O 和网络 I/O 数据。它提供了两种优化模式：一种针对性能；另一种针对密度。

（3）Xen 服务器包含多核处理器支持、实时迁移、物理服务器到虚拟机转换（P2V）和虚拟到虚拟转换（V2V）工具、集中化的多服务器管理、实时性能监控，以及对 Windows 和 Linux 客户机的良好性能。

最后看一下 Xen 的优缺点：

Xen 作为一个最早的虚拟化方案，对各种虚拟化功能的支持相对完善。Xen 虚拟机监控程序是一个专门为虚拟机开发的微内核，所以其资源管理和调度策略完全是针对虚拟机的特性而开发的。作为一个独立维护的微内核，Xen 的功能明确，开发社区构成比较简单，所以更容易接纳专门针对虚拟化所做的功能和优化。但是，Xen 比较难于配置和使用，部署会占用相对较大的空间，而且非常依赖于 0 号虚拟机中的 Linux 操作系统。Xen 微内核直接运行于真实物理硬件之上，开发和调试都比基于操作系统的虚拟化困难。

2.5.3 VMware 虚拟化方案

VMware 公司创办于 1998 年，是一家专注于提供虚拟化解决方案的公司。VMware

公司很早就预见到虚拟化在未来数据中心的核心地位，有针对性地开发虚拟化软件。从数据中心到云计算再到移动设备，通过虚拟化各类基础架构，VMware 可以使得 IT 能够随时随地通过任何设备交付服务。

VMware 的虚拟化包括数据中心虚拟化、桌面和应用虚拟化以及虚拟化的企业级应用。

（1）VMware 的数据中心虚拟化可以利用服务器虚拟化和整合，将数据中心转变成灵活的云计算基础架构，可以通过 VMware 虚拟化构建数据中心，借助服务器虚拟化为用户提供云计算。然后，可以按照自己的计划，向完全虚拟化的软件定义的数据中心体系结构演进：虚拟化网络连接、存储和安全保护，以创建虚拟数据中心。VMware 的数据中心虚拟化产品包括 vCloud Suite、vSphere、NSX、Sphere with Operations Management 等。

（2）VMware 扩展了桌面和应用虚拟化。在“客户端-服务器”计算时代，Windows 占据主导地位，而指派给终端用户的任务则是在一个地点用一台设备完成工作。现在，新的“移动-云计算”时代，用户可以利用移动终端访问 Windows 应用及非 Windows 应用，VMware 的桌面和应用虚拟化产品包括 Horizon（包含 View）、Workspace Portal、Mirage 等。个人桌面产品包括 Fusion、Fusion Pro、Workstation、Player Pro 等。

（3）VMware 企业级的虚拟化应用。例如，对 Oracle 数据库和应用的虚拟化可以让 Oracle 数据库动态扩展以确保满足服务级别要求。可以整合 SQL Server 数据库，并将硬件和软件成本削减 50%以上。可以将企业级 Java 应用迁移至虚拟化 x86 平台，以便轻松地使用生命周期和可扩展性管理功能提高资源利用率。

Vmware 是最成熟、产品线业界覆盖范围最广的商业虚拟化软件提供商，这里挑选 VMware 的几个产品做一下简单介绍：VMware vRealize Operations 属于数据中心与云计算管理软件；VMware Workstation 属于个人桌面；VMware vCloud Suite 属于数据中心和云计算基础架构软件；VMware NSX 属于网络连接安全性软件。

2.5.4　Hyper-V 虚拟化方案

Hyper-V 是微软的一款虚拟化产品，是微软第一个采用类似 VMware 和 Citrix 开源 Xen 一样的基于 Hypervisor 的技术。Hyper-V 设计的目的是为广泛的用户提供更为熟悉以及成本效益更高的虚拟化基础设施软件，这样可以降低运作成本、提高硬件利用率、优化基础设施并提高服务器的可用性。

Hyper-V 采用微内核架构，兼顾了安全性和性能的要求。Hyper-V 底层的 Hypervisor 运行在最高的特权级别下，微软将其称为 ring 1（Intel 则将其称为 root mode），而虚拟机的操作系统内核和驱动程序运行在 ring 0，应用程序运行在 ring 3，这种架构不需要采用复杂的 BT（二进制特权指令翻译）技术，可以进一步提高安全性。

在服务器/客户机网络应用程序中，有两个部分协同运行，即服务器端组件和客户端组件，以实现网络通信。服务器端组件总是进行侦听，为客户端组件提供网络服务。而客户端组件总是向服务器端组件请求服务。在 Hyper-V 中，分别实施了名为 VSP（Virtualization Service Provider）和 VSC（Virtualization Service Client）的服务器端组件和客户端组件。VSP 代表虚拟化服务提供者， VSC 代表虚拟化服务客户机，VSP 和相应的 VSC 都可以使用一种名为 VMBUS 的沟通渠道，与对方进行通信。结合 VMBUS，VSP 组件和 VSC 组件就能提升在 Hyper-V 上运行的虚拟机的整体性能。

由于 Hyper-V 底层的 Hypervisor 代码量很小，不包含任何第三方驱动程序，非常精简，所以安全性更高。Hyper-V 采用基于 VMBUS 的高速内存总线架构，来自虚拟机的硬件请求包括显卡、鼠标、磁盘、网络等的请求，可以直接经过 VSC，通过 VMBUS 总线发送到根分区的 VSP，VSP 调用对应的设备驱动，直接访问硬件，中间不需要 Hypervisor 的帮助。

这种架构效率很高，不再像以前的虚拟服务器，每个硬件请求都需要经过用户模式、内核模式的多次切换转移。Hyper-V 可以支持 Virtual SMP、Windows Server 2008 虚拟机，最多可以支持 4 个虚拟 CPU，而 Windows Server 2003 最多可以支持 2 个虚拟 CPU。每个虚拟机最多可以使用 64 GB 内存，而且还可以支持 64 位操作系统。

目前，Hyper-V 可以很好地支持 Linux，用户可以安装支持 Xen 的 Linux 内核，这样 Linux 就可以知道自己运行在 Hyper-V 之上。此外，还可以安装专门为 Linux 设计的 Integrated Components，其中包含磁盘和网络适配器的 VMBUS 驱动程序，这样 Linux 虚拟机也能获得高性能。

Hyper-V 可以采用半虚拟化和全虚拟化两种模拟方式创建虚拟机。半虚拟化方式要求虚拟机与物理主机的操作系统（通常是版本相同的 Windows）相同，以使虚拟机达到高的性能。全虚拟化方式要求 CPU 支持全虚拟化功能，如 Intel-VT 或 AMD-V，以便能够创建使用不同的操作系统，例如 Linux 和 Mac OS 的虚拟机。

从架构上讲，Hyper-V 只有“硬件 – Hyper-V – 虚拟机”三层，本身非常小巧，代码简单，且不包含任何第三方驱动程序，所以安全可靠、执行效率高，能充分利用硬件资源，使虚拟机系统性能更接近真实系统性能。

2012 年 2 月发布的 Windows Server 2012 Hyper-V 需要一个 64 位处理器，其中硬件要求如下：

（1）硬件协助的虚拟化。具体来说是处理器包含虚拟化选项，能够提供虚拟化功能。例如，Intel 的虚拟化技术 Intel VT、AMD 的虚拟化技术 AMD-V 都能提供虚拟化功能。

（2）硬件强制实施的数据执行保护（DEP）必须可用且已启用。具体来讲就是必须启用 Intel XD 位（执行禁用位）或 AMD NX 位（无执行位）。

软件要求（针对支持的客户操作系统）：Hyper-V 包括支持客户操作系统的软件包，从而改进了物理计算机与虚拟机之间的集成。该程序包称为集成服务，一般情况下，先设置虚拟机中的操作系统，之后再将此数据包作为单独的程序安装在客户操作系统中。不过，一些操作系统内置了集成系统，无须单独安装。有关安装集成服务的说明，有兴趣的读者可参阅安装 Hyper-V 角色和配置虚拟机。

Hyper-V 的优点如下：

（1）Hyper-V 提供了基础结构，可以虚拟化应用程序和工作负载，旨在提高效率和降低成本的各种商业目标。

（2）Hyper-V 可帮助企业接触或扩展共享资源的用途，并随着需求的变化而调整利用率，以根据需要提供更灵活的 IT 服务，提高硬件利用率。通过将服务器和工作负载合并到数量更少但功能更强大的物理计算机上，可以减少对资源（如电力资源和物理空间）的消耗。

（3）Hyper-V 可以改进业务连续性，可帮助企业将计划和非计划停机对工作负载的影响降到最低限度。

（4）Hyper-V 能够建立或扩展虚拟机基础结构（VDI），包含 VDI 的集中式桌面策略，可帮助企业提高业务灵活性和数据安全性，还可简化法规遵从性以及对桌面操作系统和应用程序的管理。在同一物理计算机上部署 Hyper-V 和远程桌面虚拟化主机（RD 虚拟化主机），以制作向用户提供的个人虚拟机或虚拟机池。

2.5.5 VirtualBox 虚拟化方案

VirtualBox 简单易用，是一款免费的开源虚拟机软件，可在 Linux、Mac 和 Windows 主机中运行，并支持在其中安装 Windows（NT 4.0、2000、XP、Server 2003、Vista、7/8/10）、DOS、Windows 3.x、Linux（2.4 和 2.6）、OpenBSD 等系列的客户操作系统。VirtualBox 支持克隆虚拟机，将 64 位主机的内存限制提高到 1 TB，支持 Direct3D，支持 SATA 硬盘的热插拔等。

VirtualBox 是由德国 InnoTek 公司出品的虚拟机软件，现在由 Oracle 公司进行开发，是 Oracle 公司 xVM 虚拟化平台技术的一部分。最新的 VirtualBox 还支持运行 Android 4.0 等系统。

在与同性质的 VMware 及 Virtual PC 相比，VirtualBox 独到之处包括远端桌面协定（RDP）、iSCSI 及 USB 的支持。VirtualBox 在客户机操作系统上已可以支持 USB 3.0 的硬件装置。此外，VirtualBox 还支持在 32 位宿主操作系统上运行 64 位的客户机操作系统。

VirtualBox 既支持纯软件虚拟化，也支持 Intel VT-x 与 AMD AMD-V 硬件虚拟化技术。为了方便其他虚拟机用户向 VirtualBox 迁移，VirtualBox 可以读/写 VMware VMDK 格式与 VirtualPC VHD 格式的虚拟磁盘文件。

小　　结

本章从系统可虚拟化架构入手，首先介绍了虚拟机监控器实现中的一些基本概念；然后，从处理器虚拟化、内存虚拟化、I/O 虚拟化几方面介绍了虚拟化的实现技术，有助于读者了解虚拟化技术；最后，介绍了 5 种常见虚拟化方案。

习 题

1. 如何应用客户机特权指令（敏感指令）使用物理机资源？

2. 在虚拟环境下，VMM 与客户机操作系统在对物理内存的认识上冲突有哪些？解决方案是什么？

3. I/O 虚拟化、“设备模拟”和“类虚拟化”，各自的优缺点是什么？

4. 网卡虚拟化有几类情况？各自虚拟化解决方法有哪些？

5. 简述主流虚拟化方案和特征。

第3章 QEMU核心模块配置

一台完整的计算机系统，一定会包含处理器（CPU）、内存、存储、网络和显示等几个核心部分。本章将会重点介绍在KVM环境中，客户机的这些核心模块的基本原理、日常管理和配置。

3.1 QEMU概述

QEMU 是一个开源的模拟器项目，能够模拟整个系统的硬件，在 GNU/Linux 平台上使用广泛，而且并不像 VMWare 那样仅仅针对 x86 体系架构。QEMU 可以运行于多种操作系统中和不同的 CPU 体系架构中，允许在虚拟机运行时保存虚拟机的状态，进行实时迁移，进行操作系统级别的调试。QEMU 的安装包中提供了 qemu-img 这个强大的工具来创建、转换或者加密虚拟机映像，也支持从其他虚拟机格式中启动。qemu-nbd 能够将 QEMU 的映像文件通过 NBD（Network Block Device）协议共享给其他机器。Linux 系统中，QEMU 支持用户态模拟，即允许某一个应用程序的 API 调用其他版本的动态链接库。

3.1.1 QEMU 实现原理

QEMU 采用动态翻译技术，先将目标代码翻译成一系列等价的被称为“微操作”（Micro-Operations）的指令，然后再对这些指令进行复制、修改、连接，最后产生一些本地代码。这些微操作排列复杂，从简单的寄存器转换模拟到整数/浮点数学函数模拟再到 load/store 操作模拟，其中 load/store 操作的模拟需要目标操作系统分页机制的支持。

QEMU 对客户代码的翻译是按块进行的，并且翻译后的代码被缓存以便将来重用。在没有中断的情况下，翻译后的代码仅仅是被链接到一个全局的链表上，目的是保证整个控制流保持在目标代码中。当异步的中断产生时，中断处理函数就会遍历串连翻译后代码的全局链表来在主机上执行翻译后的代码，这就保证了控制流从目标代码跳转到 QEMU 代码。简单概括为：指定某个中断来控制翻译代码的执行，即每当产生这个中断时才会去执行翻译后的代码，没有中断时仅仅只是个翻译过程而已。这样做的好处就是，代码是按块翻译，按块执行的，不像 Bochs 翻译一条指令，马上就执行一条指令。Bochs 是一个 x86 硬件平台的开源模拟器，可以模拟各种硬件的配置。Bochs 模拟的是整个 PC 平台，包括 I/O 设备、内存和 BIOS 等。

3.1.2 QEMU 源码结构

QEMU 是一个模拟器，它能够动态模拟特定架构的 CPU 指令，如 x86、PowerPC、ARM 等。QEMU 模拟的架构称为客户机架构，运行 QEMU 的系统架构称为宿主机架构，QEMU 中有一个模块叫作微型代码生成器（TCG），用来将客户机代码翻译成宿主机代码。QEMU 指令动态翻译过程如图 3-1 所示。

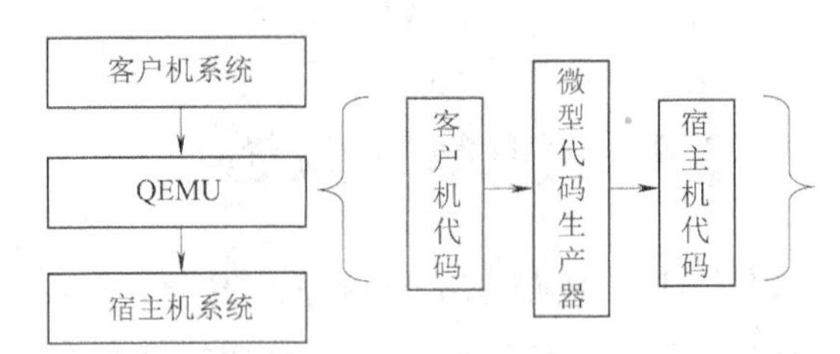

图 3-1 QEMU 指令动态翻译过程

运行在虚拟 CPU 上的代码称为客户机代码，QEMU 的主要功能是不断提取客户机代码并且转化成宿主机指定架构的代码。整个翻译任务分为两部分：第一部分将客户机代码转化成 TCG 中间代码；第二部分将中间代码转化成宿主机代码。

3.1.3 libkvm 模块

libkvm 模块是 QEMU 和 KVM 内核模块中间的通信模块。虽然 KVM 的应用程序编程接口比较稳定，同时也提供了/dev/kvm 设备文件作为 KVM 的 API 接口，但是，考虑到未来的扩展性，KVM 开发小组提供了 libkvm 模块。此模块包装了针对设备文件/dev/kvm 的具体的 ioctl 操作，同时还提供了关于 KVM 的相关初始化函数，这样就使 libkvm 模块成为一个可复用的用户空间的控制模块，供其他程序开发包使用，例如 libvirt 等。

3.2 QEMU 命令的基本格式

QEMU 命令的基本格式为

```
qemu-kvm [options] [disk_image]
```

其选项非常多，大致可分为如下几类：标准选项、USB 选项、显示选项、i386 平台专用选项、网络选项、字符设备选项、蓝牙相关选项、Linux 系统引导专用选项、调试/专家模式选项、PowerPC 专用选项、Sparc32 专用选项。

这里主要介绍一下 QEMU 的标准选项。标准选项主要涉及指定主机类型、CPU 模式、NUMA、软驱设备、光驱设备及硬件设备等。QEMU 的标准选项如下：

（1）-name name：设定客户机名称。

（2）-M machine：指定要模拟的主机类型，例如 Standard PC、ISA-only PC 和 Ubuntu 14.04 PC 等，可以使用命令“qemu-system-x86_64 -M ?”获取所支持的所有类型。

（3）-m megs：设定客户机的 RAM 大小。

（4）-cpu model：设定 CPU 模型，例如 qemu32、qemu64 等，可以使用命令“qemu-system-x86_64-cpu ?”来获取所支持的所有模型。

（5）smp[cpus=]n[,maxcpus=cpus][,cores=cores][,threads=threads][,sockets=sockets]：设定模拟的 SMP 架构中 CPU 的个数、每个 CPU 的 core 个数及 CPU 的 socket 个数等；PC 上最多可以模拟 255 个 CPU；maxcpus 用于指定热插入的 CPU 个数上限。

（6）-numa opts：指定模拟多结点的 numa 设备。

（7）-fda file：使用指定文件作为软盘镜像，如果文件为/dev/fd0 表示使用物理软驱。

（8）-fdb file：使用指定文件作为软盘镜像。

（9）-hda file：使用指定文件作为硬盘镜像，file 为/dev/had 或者/dev/sda 表示使用物理硬盘。

（10）-hdb file：使用指定文件作为硬盘镜像 b。

（11）-hdc file：使用指定文件作为硬盘镜像 c。

（12）-hdd file：使用指定文件作为硬盘镜像 d。

（13）-cdrom file：使用指定文件作为 CD-ROM 镜像，需要注意的是-cdrom 和-hdc 不能同时使用；将 file 指定为/dev/cdrom 可以直接使用物理光驱。

（14）-drive option[,option[,option[,...]]]：定义一个硬盘设备；可用的子选项很多。

（15）file=/path/to/somefile：硬件映像文件路径。

（16）if=interface：指定硬盘设备所连接的接口类型，即控制器类型，如 ide、scsi、sd、mtd、floppy、pflash 及 virtio 等。

（17）index=index：设定同一种控制器类型中不同设备的索引号，即标识号。

（18）media=media：定义介质类型为硬盘还是光盘。

（19）snapshot=snapshot：指定当前硬盘设备是否支持快照功能：on 或 off。

（20）cache=cache：定义如何使用物理机缓存来访问块数据，其可用值有 none、writeback、unsafe 和 writethrough 四个。

（21）format=format：指定映像文件的格式。

例如：qemu -dirver file=file,index=2,media=cdrom

（22）-boot [order=drives][,once=drives][,menu=on|off]：定义启动设备的引导次序，每种设备使用一个字符表示；不同的架构所支持的设备及其表示字符不尽相同，在 x86 PC 架构上，a、b 表示软驱、c 表示第一块硬盘，d 表示第一个光驱设备，n 表示网络适配器；默认为硬盘设备。

3.3 CPU 配置

CPU 是计算机的核心，负责处理、运算计算机内部的所有数据。QEMU 负责模拟客户机中的 CPU，使得客户机显示出指定数目的 CPU 和相关的 CPU 特性。而当打开 KVM 时，客户机中 CPU 指令的执行将由硬件处理器的模拟化功能（如 Intel VT-x 和 AMD SVM）来辅助执行。本节主要介绍 KVM 中 CPU 的基本配置和 CPU 的基本模型。

3.3.1 CPU 设置基本参数

随着科技的快速发展，多核、多处理器以及超线程技术相继出现，SMP（Symmetric Multi-Processor，对称多处理器）系统越来越被广泛使用。QEMU 不但可以模拟客户机中的 CPU，也可以模拟 SMP 架构，让客户机在运行时充分利用物理硬件来实现并行处理。

在 QEMU 中，“-smp”参数是为了配置客户机的 SMP 系统。在命令行中，关于配置 SMP 系统的参数如下：

```
-smp[cpus=]n[,maxcpus=cpus][,cores=cores][,threads=threads][,sockets=
sockets]
```

主要参数说明：

（1）cpus：用来设置客户机中使用的逻辑 CPU 的数量（默认值是 1）。

（2）maxcpus：用来设置客户机的最大 CPU 的数量，最多支持 255 个 CPU。其中，包含启动时处于下线状态的 CPU 数目。

（3）cores：用来设置在一个 socket 上 CPU core 的数量。

（4）threads：用来设置在一个 CPU core 上线程的数量。

（5）sockets：用来设置客户机中看到的总 socket 的数量。

下面通过几个命令行例子来演示一下如何在客户机中使用 SMP 技术。

【例 3-1】不加 smp 参数，使用其默认值 1，模拟只有一个逻辑 CPU 的客户机系统。

```
#root@kvm-host:~#qemu-system-x86_64./IMG-HuiSen/ubuntu14.04.img
```

在宿主机中，可以用 ps 命令来查看 QEMU 进程和线程，具体如下：

```
#root@kvm-host:~#ps-efL|grep qemu
root  2915 2884 2915 1  2 13:39 pts/1   00:00:06 qemu-system-x86_64 -drive
file=./IMG-HuiSen/ubuntu14.04.img -m 1024 -net nic -net tap,ifname=tap1
--enable-kvm
root  2915 2884 2942 5  2 13:39 pts/1   00:00:18 qemu-system-x86_64 -drive
file=./IMG-HuiSen/ubuntu14.04.img -m 1024 -net nic -net tap,ifname=tap1
--enable-kvm
root  3008 2974 3008 0  1 13:44 pts/5   00:00:00 grep --color=auto qemu
```

从上面的输出可以看出，客户机的进程 ID 是 2915，它产生了一个线程作为客户机的 vCPU 运行在宿主机中，这个线程 ID 是 2942。其中，ps 命令主要用于监控后台进程的工作情况；-e 参数指定选择所有进程和环境变量；-f 参数指定选择打印出完全的各列；-L 参数指定打印出线程的 ID 和线程的个数。

在客户机中，可使用两种常用的方式查看 CPU 情况，具体操作如下：

```
#root@kvm-guest:~# cat /proc/cpuinfo
processor  : 0
vendor_id  : GenuineIntel
cpu family : 6
model      : 6
model name : QEMU Virtual CPU version 2.0.0
stepping   : 3
microcode  : 0x1
cpu MHz    : 3 292.522
cache size : 4 096 KB
physical id: 0
siblings   : 1
core id    : 0
cpu cores  : 1
apicid     : 0
initial apicid  : 0
fpu             : yes
fpu_exception   : yes
cpuid level     : 4
wp     : yes
flags  : fpu de pse tsc msr pae mce cx8 apic sep mtrr pge mca cmov pse36
clflush mmx fxsr sse sse2 syscall nx lm rep_good nopl pni vmx cx16 x2apic
popcnt hypervisor lahf_lm vnmi ept
bogomips   : 6 585.04
clflush size    : 64
cache_alignment : 64
address sizes   : 40 bits physical,48 bits virtual
power management:
```

从上面的输出可以看出，客户机系统识别到一个 QEMU 模拟的 CPU。

```
#root@kvm-guest:~# ls sys/devices/system/cpu/
cpu0  kernel_max  modalias  online  power   uevent
```

```
Cpuidld  microcode offline   possible  present
```

从上面的输出可以看出，客户机系统识别到一个 QEMU 模拟的 CPU（cpu0）。

在 QEMU monitor 中，用 info cpus 命令可以看到客户机中 CPU 的状态，具体如下：

```
Info cpus
*CPU #0: pc=0xffffffff8104f596 (halted) thread_id=2942
(qemu)
```

从上面的输出可以看出，只有一个 CPU，线程的 ID 是 2942。

3.3.2 CPU 模型

每一种虚拟机监视器都定义了自己的策略，让客户机有一个默认的 CPU 模型。有的 VMM 会简单地将宿主机中的 CPU 类型和特性直接传递给客户机使用。在默认情况下，QEMU 会为客户机提供一个名为 qemu64 或 qemu32 的基本 CPU 模型。虚拟机监视器的这种策略不但可以为 CPU 特性提供一些高级的过滤功能，还可以将物理平台根据基本 CPU 模型进行分组，使得客户机在同一组硬件平台上的动态迁移更加平滑和安全。

【例 3-2】通过如下命令来查看当前的 QEMU 支持的所有 CPU 模型。

```
#root@kvm-host:~#      qemu-system-x86_64 -cpu ?
x86     qemu64         QEMU Virtual CPU version 2.0.0
x86     phenom         AMD Phenom (tm) 9550 Quad-Core Processor
x86     core2duo       Intel (R) Core (TM) 2 Duo CPU  T7700  @ 2.40GHz
x86     kvm64          Common KVM processor
x86     qemu32         QEMU Virtual CPU version 2.0.0
x86     kvm32          Common 32-bit KVM processor
x86     coreduo        Genuine Intel (R) CPU          T2600  @ 2.16GHz
x86     486
x86     pentium
x86     pentium2
x86     pentium3
x86     athlon         QEMU Virtual CPU version 2.0.0
x86     n270           Intel (R) Atom (TM) CPU N270   @ 1.60GHz
x86     Conroe         Intel Celeron_4x0 (Conroe/Merom Class Core 2)
x86     Penryn         Intel Core 2 Duo P9xxx  (Penryn Class Core 2)
x86     Nehalem        Intel Core i7 9xx (Nehalem Class Core i7)
x86     Westmere       Westmere E56xx/L56xx/X56xx (Nehalem-C)
x86     SandyBridge    Intel Xeon E312xx (Sandy Bridge)
x86     Haswell        Intel Core Processor (Haswell)
x86     Opteron_G1     AMD Opteron 240 (Gen 1 Class Opteron)
x86     Opteron_G2     AMD Opteron 22xx (Gen 2 Class Opteron)
x86     Opteron_G3     AMD Opteron 23xx (Gen 3 Class Opteron)
x86     Opteron_G4     AMD Opteron 62xx class CPU
x86     Opteron_G5     AMD Opteron 63xx class CPU
x86     host  KVM      processor with all supported host features  (only
available in KVM mode)
```

CPU模型是在源代码qemu-kvm.git/target-i386/cpu.c中的结构体数组builtin_x86_defs[]中定义的。

在x86-64平台上编译和运行的QEMU，如果不加“-cpu”参数启动，默认采用qemu64作为CPU模型。

【例3-3】在启动客户机时指定了CPU模型为Penryn。

```
#root@kvm-host:~#qemu-system-x86_64 ./IMG-HuiSen/ubuntu14.04.img -cpu Penryn
```

在客户机上，查看到的CPU信息如下：

```
#root@kvm-guest :~# cat/proc/cpuinfo
processor       : 0
vendor_id       : GenuineIntel
cpu family      : 6
model           : 23
model name      : Intel Core 2 Duo P9xxx (Penryn Class Core 2)
stepping        : 3
microcode       : 0x1
cpu MHz         : 3 292.520
cache size      : 4 096 KB
fpu             : yes
fpu_exception   : yes
cpuid level     : 4
wp              : yes
flags           : fpu de pse tsc msr pae mce cx8 apic sep mtrr pge mca
cmov pat pse36 clflush mmx fxsr sse sse2 syscall nx lm constant_tsc up
rep_good nopl pni ssse3 cx16 sse4_1 x2apic hypervisor lahf_lm
bogomips        : 6 585.04
clflush size    : 64
cache_alignment : 64
address sizes   : 40 bits physical, 48 bits virtual
power management:
```

从上面的输出可知，客户机中的CPU模型的名称为Intel Core 2 Duo P9xxx（Penryn Class Core 2），这是“Penryn”CPU模型的名称。

3.4 内存配置

内存是计算机的主要部件，在计算机系统中，占据着非常重要的地位。内存作为一种存储设备是程序中所必不可少的，因为所有的程序都要通过内存将代码和数据提交到CPU中处理和执行。由于CPU与内存之间进行数据交换的速度是最快的，所有CPU在工作时都会从硬盘调用数据存放在内存中，然后再从内存中读取数据供自己使用。简单地说，内存是计算机的一个缓冲区，其大小和访问速度会直接影响计算机的运行速度。所以，在客户机中，对内存的配置也非常重要。

下面将重点介绍在 KVM 中内存的配置。

启动客户机时，设置内存大小的参数如下：

```
-m [size=]megs
```

设置客户机虚拟内存的大小为 megs。默认情况下，单位为 MB，内存大小的默认值为 128 MB。也可以加上“M”或者“G”为后缀，指定使用 MB 或者 GB 作为内存分配的单位。

下面通过两个例子进一步说明设置内存的基本方法。

【例 3-4】不加内存参数，模拟一个默认大小内存的客户机系统。

```
#root@kvm-host:~# qemu-system-x86_64./IMG-HuiSen/ubuntu14.04.img
```

在客户机中，可以通过两种常用的方式来查看内存信息，具体如下：

```
#root@kvm-guest:~# free -m
      total       used       free      shared    buffers      cached
Mem:   113         111         2          0          0            7
-/+ buffers/cache:            103         10
Swap:              0           0          0
```

free 命令通常用来查看内存的使用情况，“-m”参数是指内存大小以 MB 为单位来显示。在上面示例中，使用了默认大小的内存，值为 128 MB，而根据上面输出可知，总的内存为 113 MB，这个值比 128 MB 小，这是因为 free 命令显示的内存是实际能够使用的内存，已经除去了内核执行文件占用内存和一些系统保留的内存。

```
#root@kvm-guest:~#      cat /proc/meminfo
MemTotal:               116412 KB
MemFree:                2588 KB
Buffers:                788 KB
Cached:                 7948 KB
SwapCached:             0 KB
Active:                 73532 KB
Inactive:               4348 KB
Active(anon):           69660 KB
Inactive(anon):         368 KB
Active(file):           3872 KB
Inactive(file):         3980 KB
Unevictable:            0 KB
Mlocked:                0 KB
SwapTotal:              0 KB
SwapFree:               0 KB
Dirty:                  0 KB
Writeback:              0 KB
AnonPages:              69172 KB
Mapped:                 4640 KB
Shmem:                  868 KB
Slab:                   19516 KB
SReclaimable:           7944 KB
```

```
SUnreclaim:              11572 KB
KernelStack:             1632 KB
PageTables:              8836 KB
NFS_Unstable:            0 KB
Bounce:                  0 KB
WritebackTmp:            0 KB
CommitLimit:             58204 KB
Committed_AS:            616684 KB
VmallocTotal:            34359738367 KB
VmallocUsed:             4748 KB
VmallocChunk:            34359730676 KB
HardwareCorrupted:       0 KB
AnonHugePages:           0 KB
HugePages_Total:         0
HugePages_Free:          0
HugePages_Rsvd:          0
HugePages_Surp:          0
Hugepagesize:            2048 KB
DirectMap4k:             28664 KB
DirectMap2M:             102400 KB
```

使用 cat 命令查看/proc/meminfo 看到的 MemTotal 大小是 116 412 KB，这个值比 128 MB × 1 024=131 071 KB 小，其原因也是因为此处显示的内存是实际能够使用的内存。

同样，也可以使用 dmesg 命令来显示内核信息。

3.5　存储器配置

在计算机系统中，存储器（Memory）是记忆设备，主要用来存放程序和数据，是计算机的重要组成部分。随着计算机硬件系统和软件系统的不断发展、计算机应用领域的日益扩大，对存储器的要求也越来越高，既要求存储容量大，又要求存取速度快。与内存相比，磁盘存储容量大，存取速度慢，但是磁盘上的数据可以永久存储，不像内存一样断电就会消失。

在 QEMU 命令行工具中，常见的存储配置的参数说明如下：

（1）-hda file：此为默认选项，指定 file 镜像作为客户机中的第一个 IDE 设备（序号 0）/dev/hda（如果客户机使用 PIIX_IDE 驱动）或者/dev/sda（如果客户机使用 ata_piix）设备。

（2）-cdrom file：指定 file 作为 CD-ROM 镜像/dev/cdrom。也可以将 host 的/dev/cdrom 作为-cdrom 的 file 参数来使用。注意，-cdrom 不能和-hdc 同时使用，因为-cdrom 就是客户机中的第三个 IDE 设备。

常见的存储驱动器配置，具体形式如下：

```
-drive option[,option[,option[,...]]]
```

主要参数说明如下：

（1）file=/path/to/somefile：硬件镜像文件路径。

（2）if=interface：指定硬盘设备所连接的接口类型，即控制器类型。常见的有 ide、scsi、sd、mtd、floppy、pflash 和 virtio 等。

（3）cache=none|writeback|writethrough|unsafe：设置对客户机块设备（包括镜像文件或一个磁盘）的缓存 cache 方式，可以为 none（或 off）、writeback、writethrough 或 unsafe。其默认值是 writethrough，称为直写模式，这种写入方式同时向磁盘缓存（Disk Cache）和后端块设备（Block Device）执行写入操作。而 writeback 为回写模式，只将数据写入到磁盘缓存后就返回，只有数据被换出缓存时才将修改过的数据写到后端块设备中。显然，writeback 写入数据速度较快，但在系统掉电等异常发生时，会导致未写回后端的数据无法恢复。writethrough 和 writeback 在读取数据时都尽量使用缓存。当设置为 none 时，将关闭缓存功能。

3.6 启动顺序配置

在 QEMU 中，可以使用-boot 参数指定客户机的启动顺序：

```
-boot [order=drives][,once=drives][,menu=on|off][,splash=splashfile]
[,splash-time=sp-time]
```

主要参数说明如下：

（1）order=drives：在 QEMU 模拟的 x86_64 平台中，用“a”和“b”表示第一和第二个软驱，用“c”表示第一个硬盘，用“d”表示 CD-ROM 光驱，用“n”表示从网络启动。默认情况下，从硬盘启动，假如要从网络启动可以设置“-boot order=n”。

（2）once=drives：表示设置第一次启动的启动顺序，重启后恢复为默认值。例如，“-boot once=n”，表示本次从网络启动，但系统重启后从默认的硬盘启动。

（3）menu=on|off：用于设置交互式的启动菜单选项，需要客户机的 BIOS 支持。默认情况下，menu=off，表示不开启交互式的启动菜单。例如，使用“-boot order=dc, menu=on”后，在客户机启动窗口中按【F12】键进入启动菜单，菜单第一个选项为光盘，第二个选项为硬盘。

（4）splash=splashfile：在 menu=on 时，设置 BIOS 的 splash 的 logo 图片为 splashfile。

（5）splash-time=sp-time：在 menu=on 时，设置 BIOS 的 splash 图片的显示时间，单位为毫秒。

下面通过例子演示一下如何进行存储配置。

【例 3-5】打开交互式的启动菜单，选择在客户机启动窗口中菜单的第一个选项为光盘，第二个选项为硬盘。

```
#root@kvm-host:~# qemu-system-x86_64 -m 1024 -smp 2./IMG-HuiSen/
ubuntu14.04.img -boot order=dc,menu=on
```

在客户机中，按【F12】键进入启动菜单，如图 3-2 所示。

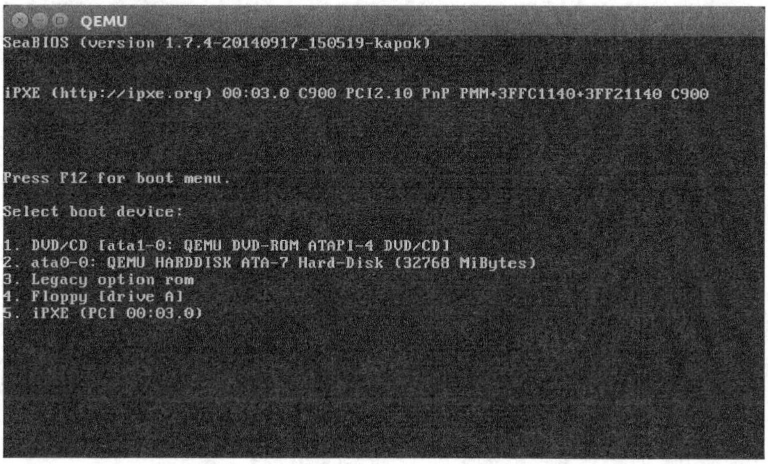

图 3-2　客户机中启动菜单示意图

3.7　QEMU 支持的镜像文件格式

目前，QEMU 支持的镜像文件格式非常多，可以通过命令来查看。

【例 3-6】查看 QEMU 支持的镜像文件格式。

```
#root@kvm-host:~# qemu-img -h
Supported formats: vvfat vpc vmdk vhdx vdi sheepdog sheepdog sheepdog
rbd raw host_cdrom host_floppy host_device file qed qcow2 qcow parallels
nbd nbd nbd dmg tftp ftps ftp https http cow cloop bochs blkverify blkdebug
```

表 3-1 中列出了常用的虚拟机及其支持的镜像格式。

表 3-1　常见虚拟机及其支持的镜像格式

虚　拟　机	raw	qcow2	vmdk	qed	vdi	vhd
KVM	√	√	√	√	√	
XEN	√	√	√			√
VMware			√			
VirtualBox			√		√	√

下面针对比较常见的文件格式进行简单的介绍：

1.raw

raw 是 qemu-img 默认创建的格式，是原始的磁盘镜像格式，它直接将文件系统的存储单元分配给客户机使用，采取了直读直写的策略。它的优势在于可以非常简单、容易地移植到其他模拟器上使用。

默认情况下，qemu-img 的 raw 格式的文件是稀疏文件，如果客户机文件系统支持

“空洞”，那么镜像文件只有在被写有数据的扇区才会真正占用磁盘空间，从而有节省磁盘空间的作用。但当使用 dd 命令来创建 raw 格式时，dd 一开始就让镜像实际占用了分配的空间，而没有使用稀疏文件的方式对待空洞而节省磁盘空间。虽然一开始就实际占用磁盘空间的方式，不过它在写入新的数据时不需要宿主机从现有磁盘空间中分配，因此在第一次写入数据时性能会比稀疏文件的方式更好一点。简而言之，raw 有以下几个优点：

（1）寻址简单，访问效率较高。

（2）可以通过格式转换工具方便地转换为其他格式。

（3）可以方便地被宿主机挂载，不用开虚拟机即可在宿主机和虚拟机间进行数据传输。

（4）raw 格式实现简单，也存在很多缺点：不支持压缩、快照、加密和写时复制等特性。

2.cow

cow 和 raw 一样简单，也是创建时分配所有空间，但 cow 有一个 bitmap 表记录当前哪些扇区被使用，所以 cow 可以使用增量镜像，也就是说可以对其做外部快照。目前，由于历史遗留原因不支持窗口模式，因而目前使用较少。

3.qcow

qcow 是一种比较老的 QEMU 镜像格式，它在 cow 的基础上增加了动态增加文件大小的功能，并且支持加密和压缩。但是，一方面其优化和功能不及 qcow2，另一方面，读/写性能又没有 cow 和 raw 好，因而目前 qcow 使用较少。

4.qcow2

qcow2 是 qcow 的一种改进，是 QEMU 0.8.3 版本引入的镜像文件格式。它是 QEMU 目前推荐的镜像格式，也是一种集各种技术为一体的超级镜像格式。它有以下几大优点：

（1）占用更小的空间，支持写时复制，镜像文件只反映底层磁盘的变化。

（2）支持快照，镜像文件能够包含多个快照的历史。

（3）支持基于 zlib 的压缩方式。

（4）支持 AES 加密以提高镜像文件的安全性。

（5）访问性能也很高，接近了 raw 格式的性能。

5.vdi

vdi（Virtual Disk Image）是兼容 Oracle 的 VirtualBox1.1 的镜像文件格式。

6.vmdk

vmdk（Virtual Machine Disk Format）是 VMware 实现的虚拟机镜像格式，兼容 VMWare4 版本以上。支持写时复制、快照、压缩等特性，镜像文件的大小随着数据写入操作的增长而增长，数据块的寻址也需要通过两次查询。在实现上，基本上和 qcow2 类似。

7.qed

qed（QEMU enhanced disk）是从 QEMU 0.14 版开始加入的增强磁盘文件格式，为了避免 qcow2 格式的一些缺点，也为了提高性能，但目前还不够成熟。

【例 3-7】通过创建 qcow2 和 raw 文件来对比这两种镜像。

```
#root@kvm-host:~# qemu-img create -f qcow2 test.qcow2 10G
Formatting 'test.qcow2',fmt=qcow2 size=10737418240 encryption=off
cluster_size=65536 lazy_refcounts=off
#root@kvm-host:~# qemu-img create -f raw test.raw 10G
Formatting 'test.raw', fmt=raw size=10737418240
```

对比两种格式文件的实际大小以及占用空间大小如下：

```
#root@kvm-host:~# ll -sh test.*
196K -rw-r--r-- 1 root root 193 K  3月 24 12:12 test.qcow2
0 -rw-r--r-- 1 root root  10 G  3月 24 12:13 test.raw
#root@kvm-host:~# stat test.raw
File: 'test.raw'
Size: 10737418240    Blocks: 0         IO Block: 4096   regular file
Device: 802h/2050d   Inode: 18489967    Links: 1
Access: (0644/-rw-r--r--) Uid: (0/root)   Gid: (0/root)
Access: 2017-03-24 12:13:08.407107872 +0800
Modify: 2017-03-24 12:13:08.407107872 +0800
Change: 2017-03-24 12:13:08.407107872 +0800
Birth: -
#root@kvm-host:~#  stat test.qcow2
File: 'test.qcow2'
Size: 197120        Blocks: 392        IO Block: 4096   regular file
Device: 802h/2050d Inode: 18489966    Links: 1
Access: (0644/-rw-r--r--)  Uid: (0/root)   Gid: (0/root)
Access: 201703-24 12:12:51.735108394 +0800
Modify: 201703-24 12:12:51.735108394 +0800
Change: 201703-24 12:12:51.735108394 +0800
Birth: -
```

从上述输出可以看出，qcow2 格式的镜像文件大小为 197 120 B，占用 392 块 Blocks。而 raw 格式的文件是一个稀疏文件，没有占用磁盘空间。

在 QEMU 中，客户机镜像文件可以由很多种方式来构建，常见的有以下几种：

（1）本地存储：本地存储是客户机镜像文件最常见的构建方式，它有多种镜像文件格式可供选择，在对磁盘 I/O 要求不是很高时，通常使用 qcow2。

（2）网络文件系统（Network File System，NFS）：可以将客户机挂载到 NFS 服务器中的共享目录，然后像使用本地文件一样使用 NFS 远程文件。

（3）物理磁盘：采用这种方式，移动性不如镜像文件方便。

除此之外，还可以采用逻辑分区（LVM）、iSCSI（Internet Small Computer System Interface）等方式来构建。

3.8 qemu-img 命令

qemu-img 是 QEMU 的磁盘管理工具，下面将介绍 qemu-img 的基本命令及语法。

1.check 命令

check 命令的格式如下：

```
check [-f fmt] filename
```

check 命令用来对磁盘镜像文件进行一致性检查，查找镜像文件中的错误。其中，参数-f fmt 用于指定文件的格式，如果不指定格式，qemu-img 会自动检测；filename 是磁盘镜像文件的名称（包括路径），目前仅支持对 qcow2、qed、vdi 格式文件的检查。

【3-8】查看一下 qcow2 格式文件支持的选项。

```
#root@kvm-host:~# qemu-img create -f qcow2 -o?
Supported options:
Size                  Virtual disk size
compat                Compatibility level(0.10 or 1.1)
backing_file          File name of a base image
backing_fmt           Image format of the base image
encryption            Encrypt the image
cluster_size          qcow2 cluster size
preallocation         Preallocation mode(allowed values: off, metadata)
lazy_refcounts        Postpone refcount updates
```

其中，size 选项用于指定镜像文件的大小，其默认单位是字节，也支持 k（或 K）、M、G、T 来分别表示 KB、MB、GB、TB。size 不但可以写在命令最后，也可以写在“-o”选项中作为其中的一个选项。此时，size 参数也可以不用设置，其值默认为后端镜像文件的大小。而 backing_file 选项用来指定其后端镜像文件，如果使用这个选项，那么这个创建的镜像文件仅记录与后端镜像文件的差异部分。通常情况下，后端镜像文件不会被修改，除非在 QEMU monitor 中使用 commit 命令或者使用 qemu-img commit 命令去手动提交改动。另外，直接使用“-b backfile”参数与“-o backing_file=backfile”效果相同。

2.commit 命令

commit 命令的格式如下：

```
commit [-f fmt][-t cache] filename
```

如果在创建镜像文件时，通过 backing_file 指定了后端镜像文件，可通过 commit 命令提交 filename 文件中的更改到后端支持镜像文件中。

3.convert 命令

convert 命令的格式如下：

```
convert  [-c][-p][-f  fmt][-t  cache][-O  output_fmt][-o  options][-s
snapshot_name][-S sparse_size] filename [filename2 [...]] output_filename
```

通过 convert 命令，可以实现不同格式的镜像文件之间的转换。可以将格式为 fmt 名为 filename 的镜像文件根据 options 选项转换为格式为 output_fmt 的名为 output_filename 的镜像文件。其中，“-c”参数是对输出的镜像文件进行压缩，只有 qcow 和 qcow2 格式的镜像文件才支持压缩。同样可以使用“-o options”来指定各种选项，例如，后端镜像文件、文件大小和是否加密等。

一般来说，输入文件格式 fmt 可以由 qemu-img 工具自动检测到，而输出文件格式 output_fmt 根据自己需要来指定，默认会被转换为 raw 文件格式（且默认使用稀疏文件的方式存储以节省存储空间）。

当 raw 格式的镜像文件（非稀疏文件格式）被转换成 qcow2、qcow、cow 等作为输出格式的文件时，通过镜像转换还可以将空的扇区删除，减小镜像文件的大小。

【例 3-9】将一个 qcow2 格式的镜像文件转换为 raw 格式的文件。

```
#root@kvm-host:~# qemu-img convert ubuntu14.04.img utuntu.raw
```

4.info 命令

Info 命令的格式如下：

```
info [-f fmt] filename
```

info 命令主要用来展示 filename 镜像文件的信息。如果文件使用稀疏文件的存储方式，则会显示出其本来分配的大小以及实际已占用的磁盘空间大小。如果磁盘映像中存放有客户机快照，则快照的信息也会被显示出来。

【例 3-10】以例 3-9 中 qcow2 格式的镜像文件和被转换为 raw 格式的文件为例，查看镜像文件的相关信息。

```
#root@kvm-host:~# qemu-img info ubuntu.raw
image: ubuntu.raw
file format: raw
virtual size: 30 G（32 212 254 720 bytes）
disk size: 285 M
#root@kvm-host:~# qemu-img info ubuntu14.04.img
gimage: ubuntu14.04.img
file format: qcow2
virtual size: 30 G（32 212 254 720 bytes）
disk size: 6.0 G
cluster_size: 65 536
Format specific information:
compat: 1.1
lazy refcounts: false
```

从以上输出结果可以看出，qcow2 格式的文件 disk size 为 6.0 GB，而 raw 格式的文件，使用稀疏文件的方式来存储文件，disk size 仅为 285 MB。

5.snapshot 命令

snapshot 命令的格式如下：

```
snapshot [-l | -a snapshot | -c snapshot | -d snapshot] filename
```

snapshot 命令主要用来操作镜像文件中的快照，快照这个功能只支持 qcow2 格式，不支持 raw 格式。主要参数说明如下：

（1）-l：查询并列出镜像文件中的所有快照。

（2）-a snapshot：让镜像文件使用某个快照。

（3）-c snapshot：创建一个快照。

（4）-d：删除一个快照。

注意：创建磁盘快照时客户机需要处理关闭的状态。

【例 3-11】针对 qcow2 格式的文件，先创建一个快照，使用后删除这个快照。

```
#root@kvm-host:~# qemu-img snapshot -c base ubuntu14.04.img
#root@kvm-host:~# qemu-img snapshot -l ubuntu14.04.img
Snapshot list:
ID        TAG          VM SIZE            DATE             VM CLOCK
1         base            0       201703-23 15:41:44   00:00:00.000
#root@kvm-host:~# qemu-img snapshot -a 1 ubuntu14.04.img
#root@kvm-host:~# qemu-img snapshot -l ubuntu14.04.img
Snapshot list:
ID        TAG          VM SIZE            DATE             VM CLOCK
1         base            0       201703-23 15:41:44   00:00:00.000
#root@kvm-host:~# qemu-img snapshot -d 1 ubuntu14.04.img
#root@kvm-host:~# qemu-img snapshot -l ubuntu14.04.img
```

6. rebase 命令

rebase 命令的格式如下：

```
rebase [-f fmt] [-t cache] [-p] [-u] -b backing_file [-F backing_fmt]
filename
```

rebase 命令主要用来改变镜像文件的后端镜像文件，只有 qcow2 和 qed 格式才支持 rebase 命令。使用“-b backing_file”中指定的文件作为后端镜像，后端镜像也被转化为“-F backing_fmt”中指定的后端镜像格式。

它可以工作于两种模式之下；一种是安全模式，也是默认的模式，qemu-img 会去比较原来的后端镜像与现在的后端镜像的不同并进行合理的处理；另一种是非安全模式，可以通过“-u”参数来指定，这种模式主要用于将后端镜像进行重命名或者移动位置之后对前端镜像文件的修复处理，由用户去保证后端镜像的一致性。

7. resize 命令

resize 命令的格式如下：

```
resize filename [+|-]size
```

resize 命令主要用来改变镜像文件的大小。“+”用于增加镜像文件的大小，“-”用于减少镜像文件的大小，而 size 也支持 K、M、G、T 等单位。注意，在缩小镜像文件的大小之前，需要确保客户机中的文件系统有空余空间，否则会丢失数据。在增加了镜像文件大小后，也需要启动客户机去应用分区工具进行相应的操作才能真正让客户机使用增加后的镜像空间。使用 resize 命令之前最好做好备份，否则，如果失败，可能会导致镜像文件无法正常使用而造成数据丢失。另外，qcow2 格式的文件不支持缩小镜像的操作。

【例 3-12】使用 resize 命令增加和减少镜像文件的大小。

原来的镜像信息：

```
#root@kvm-host:~# qemu-img info ubuntu14.04.img
image: ubuntu14.04.img
file format: qcow2
virtual size: 30 G (32 212 254 720 bytes)
disk size: 6.0 G
cluster_size: 65 536
Format specific information:
compat: 1.1
lazy refcounts: false
```

为一个 30 GB 的 qcow2 镜像增加 2 GB 空间。

```
#root@kvm-host:~# qemu-img resize ubuntu14.04.img +2G
mage resized.
#root@kvm-host:~# qemu-img info ubuntu14.04.img
image: ubuntu14.04.img
file format: qcow2
virtual size: 32 G (34 359 738 368 bytes)
disk size: 6.0 G
cluster_size: 65 536
Format specific information:
compat: 1.1
lazy refcounts: false
```

将一个 32 GB 的 qcow2 镜像减少 1 GB 空间。

```
#root@kvm-host:~# qemu-img resize ubuntu14.04.img -1G
qemu-img: qcow2 doesn't support shrinking images yet
qemu-img: This image does not support resize
```

由于 qcow2 格式的文件不支持缩小镜像的操作，因此无法减少空间。

小　　结

本章主要介绍了 QEMU 中关于处理器、内存、磁盘、网络和图形显示等核心模块的基本原理和详细配置，同时还介绍了一些命令行工具（例如，ps、brctl 等）和几个配置脚本。希望通过本章的学习，读者可根据需求自己动手创建一个客户机，并成功配置核心模块。

习　　题

1. 简述 QEMU 的概念、实现原理和结构。
2. 如何使用 QEMU 设置 CPU 参数？
3. 如何使用 QEMU 设置内存参数？

第 4 章
构建 KVM 环境

前面章节介绍了虚拟化概念、虚拟化目的、虚拟化类型，以及几种常见的虚拟机，为用户理解什么是虚拟机提供了理论支撑。本章将通过构建 KVM 环境进行开发设计。

4.1　KVM 硬件基础配置

KVM 可以在多种不同的处理器架构之上使用，但在 x86-64 架构上的功能支持最完善。由于 Intel 和 AMD 的 x86-64 架构在桌面和服务器市场上的主导地位，这里也以 x86 处理器架构为例介绍 KVM 环境的构建方法。

4.1.1　宿主机 BIOS 设置

Intel 公司在 2005 年 11 月发布的 Pentium 4 处理器（型号：662 和 672）第一次正式支持 VT（Virtualization Technology）技术， 2006 年 5 月 AMD 也发布了支持 AMD-V 的处理器。KVM 需要硬件虚拟化技术的支持，在 x86-64 架构的处理器中，KVM 必需的硬件虚拟化支持分别为：Intel 的虚拟化技术（Intel VT）和 AMD 的 AMD-V 技术。现在比较流行的针对服务器和桌面的 Intel 处理器多数都是支持 VT 技术的,下面主要讲解与 Intel 的 VT 技术相关的硬件设置。

处理器不仅需要在硬件上支持 VT 技术，还需要在 BIOS 中将其功能打开，因为打开后 KVM 才能使用。目前，多数流行的服务器和部分桌面处理器的 BIOS 都默认将 VT 打开。

但是，要开启虚拟化技术支持，需要几方面的条件支持，包括芯片组自身的支持、BIOS 提供的支持、处理器自身的支持、操作系统的支持。操作系统方面，主流操作系统均支持 VMM 管理，因此无须考虑。而芯片组方面，从 Intel 945 时代开始均已经支持虚拟化技术，因此也无须考虑。CPU 方面，通过 Intel 官方网站进行查询即可判断。因此，更多的是从 BIOS 查看是否支持 WMM 管理。

用户可以直接在 BIOS 中查看 CPU 是否支持 Intel VT-d 虚拟化技术，也可以使用软件工具检测 CPU 是否支持 Intel VT 虚拟化技术，例如使用 CPU-Z 和 SecurAble 工具。

使用 CPU-Z 检测是否支持 VT，如图 4-1 所示，这里以 Intel 的 core 2 处理器为例，查看其是否支持虚拟化。在“指令集”中如果有 VT-x，则 CPU 支持 VT 虚拟化技术。

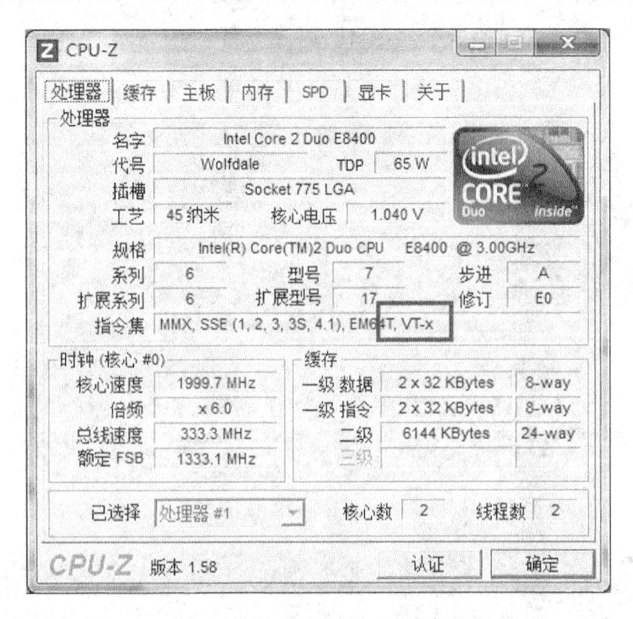

图 4-1　CPU-Z 中查看处理器虚拟化支持

如果 CPU 支持虚拟化技术，接下来就要检查 BIOS 是否支持（开启）VT 技术。VT 的选项，一般在 BIOS 的 Advanced—Processor Configuration 中进行查看和设置，它的标识一般为 Intel(R) Virtualization Technology 或者 Intel VT 等类似的文字说明(不同的 BIOS，有可能有不同的选项和不同的标识，读者需具体对待)。

本书给出几种不同的 BIOS 中开启 VT-d 的例子。

（1）以一台 HP 主机的 Intel 的 Core i3 平台的服务器为例来说明在 BIOS 中设置 VT 的方式。在图 4-2 中显示的是 BIOS 的各类选项，选择 Security 中的 System Security，即可看到如图 4-3 所示的 Virtualization Technology 选项，将该选项设置为开启状态，即 Enable 状态，然后保存退出即可。

（2）以华硕主板 BIOS UEFI BIOS 为例，开启 VT 的步骤如下：开机时按【F2】键进入 BIOS 设置，进入 Advanced（高级菜单）→CPU Configuration（处理器设置），将 Intel Virtualization Technology（Intel 虚拟化技术）改为 Enabled（启用），按【F10】键保存设置，按【Esc】键退出 BIOS 设置即可，如图 4-4 所示。

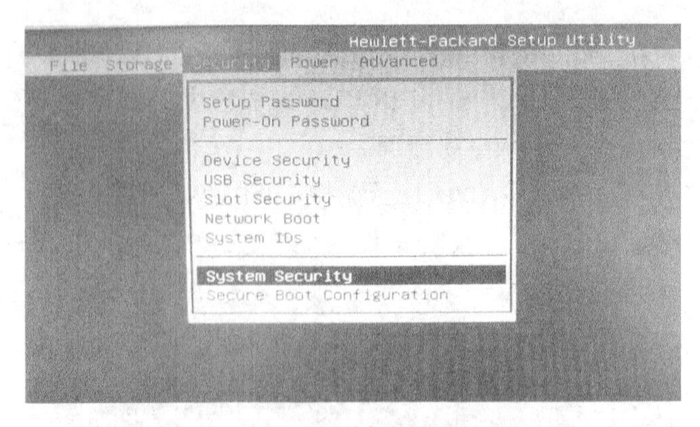

图 4-2　BIOS 选项

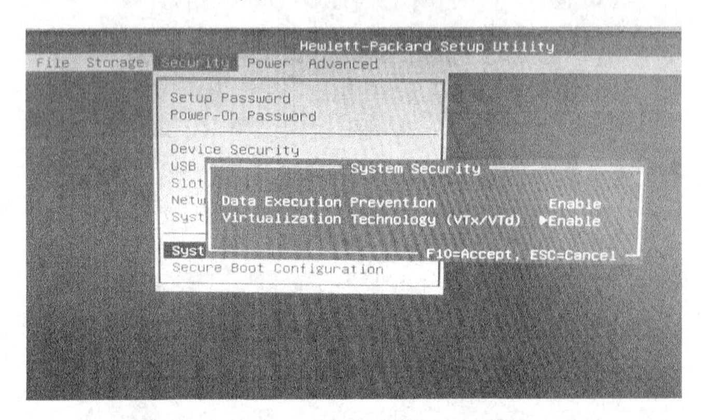

图 4-3　BIOS 中的 VT 选项

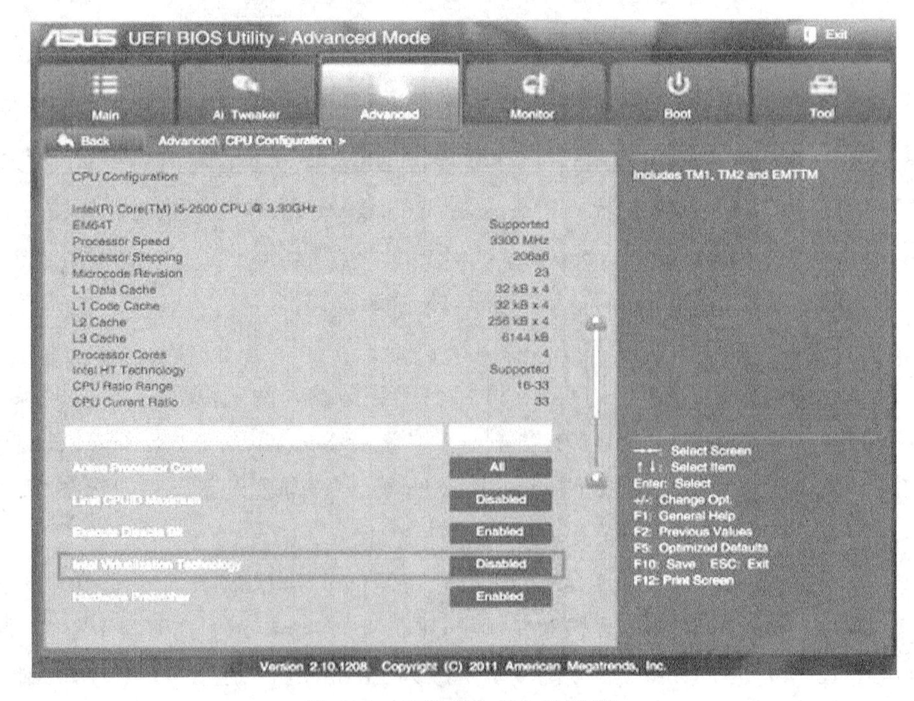

图 4-4　BIOS 中的 VT 设置

不同平台和不同厂商的 BIOS 设置各有不同，读者可在具体设置时根据实际的硬件情况和不同的 BIOS 选项具体查找并进行配置。

4.1.2　宿主机操作系统设置

运行 KVM，必须安装一个宿主机的 Linux 操作系统。KVM 作为一个流行的虚拟化技术方案，可以在绝大多数流行的 Linux 系统上编译和运行。这里以 Ubuntu 14.04 版本为例进行讲解。当然，也可以选择 RHEL、Fedora 等其他的 Linux 操作系统。

安装宿主机 Linux 就是一个普通的 Linux 系统的安装过程，读者可以根据具体的使用方式选择是在物理机上安装 Linux 操作系统，还是在 VMWare 环境下搭建宿主机操作系统。VMWare 及 Ubuntu 14.04 安装的具体细节这里不再赘述。

1. 宿主机网络配置

宿主机 Ubuntu 安装完毕后，需配置网络，使用命令 ifconfig　-a 确定虚拟机网卡名称，如图 4-5 所示。

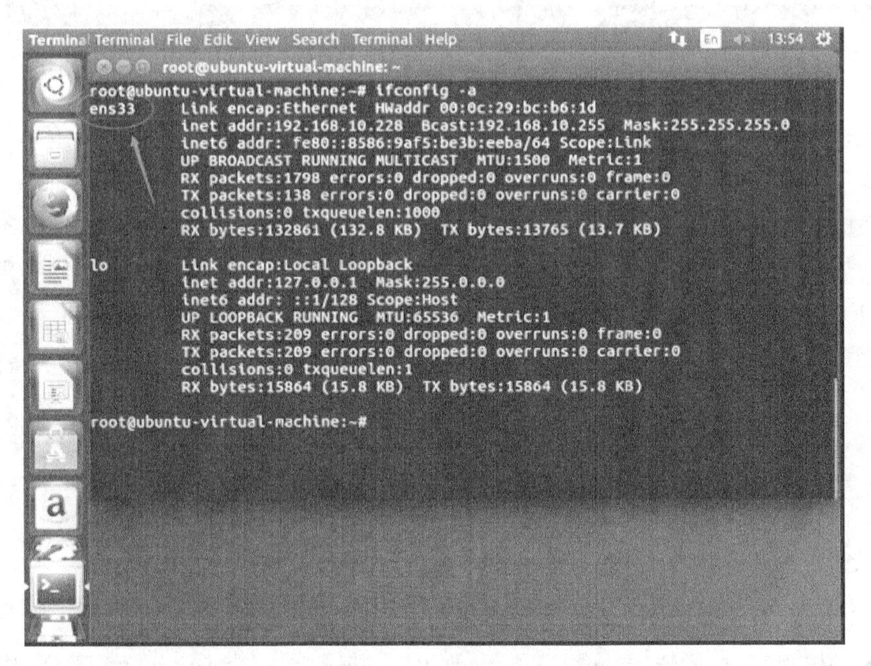

图 4-5　查看宿主机网络

然后，根据实际的网络环境配置宿主机对应网卡的 IP，执行 vi/etc/network/interfaces 命令修改配置文件，内容修改如图 4-6 所示。

修改成功后，重启系统，网络配置成功。

2. 宿主机软件源配置

为保证宿主机能快速正确地下载软件并进行软件更新，修改 Ubuntu 系统中的默认软

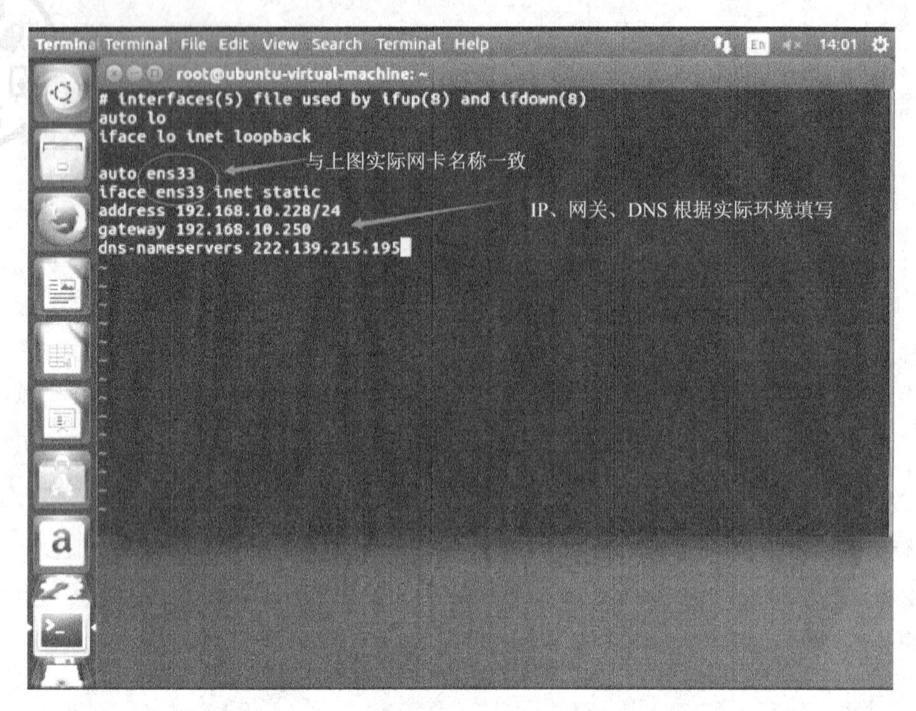

图 4-6　修改宿主机网络配置

件源，更新为国内源，提高软件下载的速度。执行 vi/etc/apt/sources.list 命令，将文件中的所有内容注释掉（用符号“#”注释），在文件末尾添加如下内容：

```
deb http://mirrors.aliyun.com/ubuntu/ xenial main restricted universe multiverse
deb http://mirrors.aliyun.com/ubuntu/ xenial-security main restricted universe multiverse
deb http://mirrors.aliyun.com/ubuntu/ xenial-updates main restricted universe multiverse
deb http://mirrors.aliyun.com/ubuntu/ xenial-backports main restricted universe multiverse
deb http://mirrors.aliyun.com/ubuntu/ xenial-proposed main restricted universe multiverse
```

修改完毕后，保存退出，执行命令 apt-get update 进行更新。

3. 在宿主机中查看 CPU 是否支持虚拟化

这里采用的宿主机操作系统为 Ubuntu 14.04，并以此为例进行 KVM 环境的搭建。查看 Ubuntu 版本可以在终端输入 cat /etc/issue 命令，得到下面结果。具体操作如下：

```
root@kvm-host:~# cat/etc/issue
Ubuntu 14.04 LTS \n \l
```

在 Ubuntu 中查看 CPU 是否支持 kvm，即查看硬件是否支持虚拟化，可以使用命令 grep-E-o 'vmx|svm' /proc/cpuinfo，在该命令中，vmx 是针对 Intel 平台，svm 是针对 AMD 平台。具体操作如下：

```
root@ kvm-host:~# grep -E -o 'vmx|svm' /proc/cpuinfo
vmx
vmx
vmx
vmx
```

如果显示结果有 vmx 或者是 svm，则表示 CPU 支持虚拟化功能，这时就可进行下一步编译安装 KVM 的操作。

4.2　编译安装 KVM

4.2.1　下载 KVM 源码

KVM 是 Linux 的一个内核模块，从 Linux 内核的 2.6.20 版本后 KVM 已被加入到内核的正式发布代码中，所以如果宿主机安装的 Linux 内核的版本高于 2.6.20 即可直接使用 KVM。学习 KVM 时，建议使用最新的正式发布版本。如果是实际部署到生产环境中，建议使用比较合适的稳定版本并进行详尽的功能和性能测试。

在 Ubuntu 中查看 Linux 内核版本，具体操作如下：

```
root@ kvm-host:~# uname -r
3.13.0-24-generic
```

如果查看到的内核版本低于 2.6.20，则需要下载 KVM 进行编译和安装。

下载 KVM 源码有多种不同的方式：

（1）进入 KVM 的官网 http://www.linux-kvm.org/page/Downloads 下载。

（2）到 http://sourceforge.net/projects/kvm/files/页面，选择最新版本下载。

（3）到 Git 代码仓库 http://git.kernel.org 中进行下载。

进入 KVM 的官网 http://www.linux-kvm.org/page/Downloads 下载 KVM 时，在该页面上有明确的说明，大多数 Linux 的发行版本都已经包含了 KVM 模块和用户空间工具，推荐直接使用 KVM。如果想要具体某个版本的 KVM，可以到地址 http://sourceforge.net/projects/kvm/ files/进行下载。

查看内核中是否已经安装 kvm 内核模块，使用如下命令：

```
root@ kvm-host:~# lsmod|grep kvm
kvm_intel                143060  0
kvm                      451511  1 kvm_intel
```

如果能看到 kvm_intel 和 kvm（本书以 Intel 的处理器为例）两个模块，则说明 KVM 已经是 Linux 操作系统的一个组件，不必再安装。如果 KVM 已安装，读者可直接跳过此章节，到后续小节查看 QEMU 的安装即可。

要下载 KVM 最新源代码，也可到 Git 代码仓库中进行下载，KVM 项目的代码托管在 Linux 内核官方源码网站 http://git.kernel.org 中。在使用 Git 进行版本控制时，为了复制一个项目，需要知道这个项目仓库的地址（Git URL）。Git 能在许多协议下使用，所以 Git URL 可能以 ssh://、http(s)://、git://或者只是以一个用户名（git 会认为这是一个 SSH 地址）为前缀。

最新处于开发中的 KVM 代码的网页链接为 http://git.kernel.org/cgit/virt/kvm/kvm.git，如图 4-7 所示。

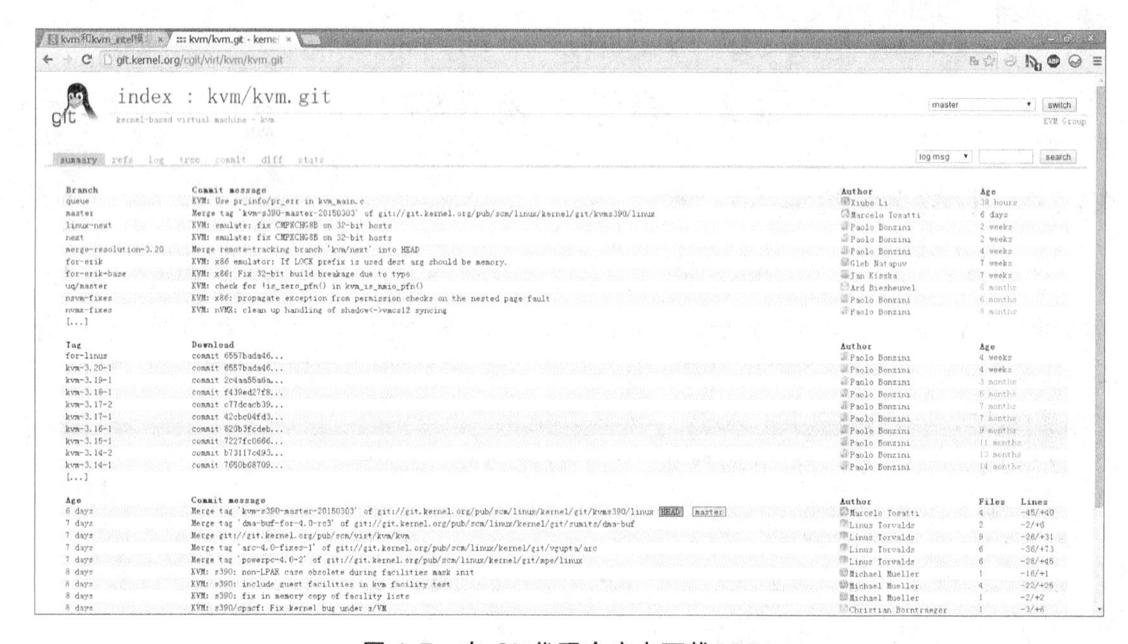

图 4-7　在 Git 代码仓库中下载 KVM

在图 4-7 页面的最下端，有下载 kvm.git 的 git clone 的地址，如图 4-8 所示。

```
Clone
git://git.kernel.org/pub/scm/virt/kvm/kvm.git
https://git.kernel.org/pub/scm/virt/kvm/kvm.git
https://kernel.googlesource.com/pub/scm/virt/kvm/kvm.git
```

图 4-8　下载 KVM 代码的链接

在图 4-8 中给出了使用 git clone 命令下载 KVM 代码的 URL 地址。

下载 KVM 的步骤如下：

```
root@kvm-host:~/xjy# git clone git://git.kernel.org/pub/scm/virt/kvm/kvm.git
Cloning into 'kvm'...
remote: Counting objects: 3924734, done.
remote: Compressing objects: 100% (722579/722579), done.
remote: Total 3924734 (delta 3218312), reused 3858632 (delta 3169716)
Receiving objects: 100% (3924734/3924734), 880.54 MiB | 1.35 MiB/s, done.
Resolving deltas: 100% (3218312/3218312), done.
Checking connectivity... done.
Checking out files: 100% (47986/47986), done.
```

完成后，在当前目录下，可以看到刚下载的 kvm 的相关文件。

```
root@kvm-host:~/xjy# pwd
/root/xjy
root@kvm-host:~/xjy# ls
kvm
root@kvm-host:~/xjy# cd kvm
root@kvm-host:~/xjy/kvm# ls
arch     Documentation  init     lib          README          sound
block    drivers        ipc      MAINTAINERS  REPORTING-BUGS  tools
COPYING  firmware       Kbuild   Makefile     samples         usr
CREDITS  fs             Kconfig  mm           scripts         virt
crypto   include        kernel   net          security
```

4.2.2　配置 KVM

在对 KVM 进行配置时常用的 make menuconfig 命令是基于终端的一种配置方式，提供了文本模式的图形用户界面，用户可以通过光标和键盘来浏览选择各种特性。另外，在使用这种配置方式时，宿主机必须有 ncurses 库，否则会报 fatal error: curses.h: No such file or director 错误。

进入 4.2.1 节中下载 KVM 的目录（笔者放置在~/xjy/kvm 中），在该目录下执行 make menuconfig 命令进行 KVM 的配置。

在使用配置命令 make menuconfig 时出现如下错误：

```
root@kvm-host: ~/xjy/kvm# make menuconfig
make menuconfig
HOSTCC  scripts/kconfig/mconf.o
In file included from scripts/kconfig/mconf.c:23:0:
scripts/kconfig/lxdialog/dialog.h:38:20:  fatal  error:  curses.h:  No
such file or directory
#include CURSES_LOC
compilation terminated.
make[1]: *** [scripts/kconfig/mconf.o] Error 1
make: *** [menuconfig] Error 2
```

可以通过 apt-cache search curse 命令搜索找到 libncurses5-dev，然后使用 apt-get install libncurses5-dev 命令安装 libncurses5-dev 解决。具体操作如下：

```
root@kvm-host: ~/xjy/kvm # apt-get install libncurses5-dev
Reading package lists... Done
Building dependency tree
Reading state information... Done
The following extra packages will be installed:
<!--省略其余内容-->
```

安装完成后在 KVM 的下载目录下再次执行 make menuconfig 命令，将出现如图 4-9 所示界面。

```
.config - Linux/x86 3.18.0-rc6 Kernel Configuration
qqqqqqqqqqqqqqqqqqqqqqqqqqqqqqqqqqqqqqqqqqqqqqqqqqqqqqqqqqqqqqqqqqqqqqqqqqqq
                 Linux/x86 3.18.0-rc6 Kernel Configuration                 k
  Arrow keys navigate the menu.  <Enter> selects submenus ---> (or empty   x
  submenus ----).  Highlighted letters are hotkeys.  Pressing <Y>          x
  includes, <N> excludes, <M> modularizes features.  Press <Esc><Esc> to   x
  exit, <?> for Help, </> for Search.  Legend: [*] built-in  [ ]           x
 lqqqqqqqqqqqqqqqqqqqqqqqqqqqqqqqqqqqqqqqqqqqqqqqqqqqqqqqqqqqqqqqqqqqqqq   x
 x    [*] 64-bit kernel                                                    x
 x        General setup  --->                                              x
 x    [*] Enable loadable module support  --->                             x
 x    [*] Enable the block layer  --->                                     x
 x        Processor type and features  --->                                x
 x        Power management and ACPI options  --->                          x
 x        Bus options (PCI etc.)  --->                                     x
 x        Executable file formats / Emulations  --->                       x
 x    [*] Networking support  --->                                         x
 x        Device Drivers  --->                                             x
 x        Firmware Drivers  --->                                           x
 x        File systems  --->                                               x
 x        Kernel hacking  --->                                             x
 x        Security options  --->                                           x
 x    -*- Cryptographic API  --->                                          x
 x    -*- Virtualization  --->                                             x
 m    v(+)                                                                 x
                                                                           u
        <Select>    < Exit >    < Help >    < Save >    < Load >           x
 qqqqqqqqqqqqqqqqqqqqqqqqqqqqqqqqqqqqqqqqqqqqqqqqqqqqqqqqqqqqqqqqqqqqqqqqqqj
```

图 4-9　KVM 的配置界面

在图 4-9 所示的配置方式中，对某一个特性，如果选择<Y>，表示把该特性编译进内核；如果选择<N>，表示不对该特性进行支持；如果选择<M>，表示把该特性作为模块进行编译；如果选择<?>，则表示显示该特性的帮助信息。

在图 4-9 中选择最后一项 Virtualization，然后按【Enter】键进入 Virtualization 的详细配置界面，选中前两项 Kernel-based Virtual Machine(KVM) support 和 KVM for Intel processors support 为<M>即可，如图 4-10 所示。

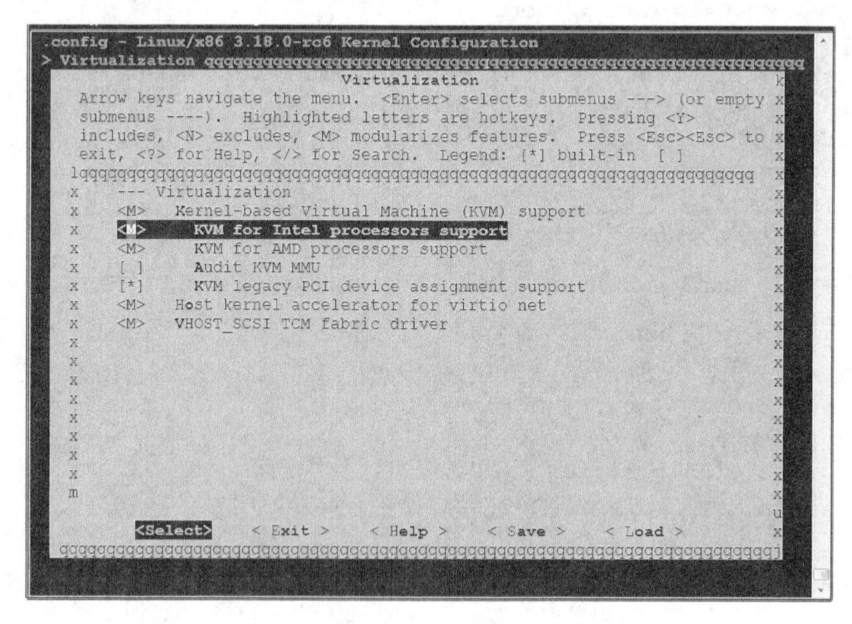

图 4-10　KVM 的虚拟化配置界面

在配置完成并保存后，会在 KVM 的安装目录/root/xjy/kvm 下，生成一个.config 文件，该文件中放置着和 KVM 相关的所有配置信息，如图 4-11 所示。

```
root@xjy-HP-Pro-3330-MT:~/xjy/kvm# ls -a
.               crypto          init        Makefile        sound
..              Documentation   ipc         mm              tools
arch            drivers         Kbuild      net             usr
block           firmware        Kconfig     README          virt
.config         fs              kernel      REPORTING-BUGS
.config.swp     .git            lib         samples
COPYING         .gitignore      .mailmap    scripts
CREDITS         include         MAINTAINERS security
```

图 4-11　配置后生成.config 文件

使用 vi 命令打开.config 文件，文件内容（未完全显示）如图 4-12 所示。

```
root@xjy-HP-Pro-3330-MT: ~/xjy/kvm
#
# Automatically generated file; DO NOT EDIT.
# Linux/x86 3.18.0 Kernel Configuration
#
CONFIG_64BIT=y
CONFIG_X86_64=y
CONFIG_X86=y
CONFIG_INSTRUCTION_DECODER=y
CONFIG_PERF_EVENTS_INTEL_UNCORE=y
CONFIG_OUTPUT_FORMAT="elf64-x86-64"
CONFIG_ARCH_DEFCONFIG="arch/x86/configs/x86_64_defconfig"
CONFIG_LOCKDEP_SUPPORT=y
CONFIG_STACKTRACE_SUPPORT=y
CONFIG_HAVE_LATENCYTOP_SUPPORT=y
CONFIG_MMU=y
CONFIG_NEED_DMA_MAP_STATE=y
CONFIG_NEED_SG_DMA_LENGTH=y
CONFIG_GENERIC_ISA_DMA=y
CONFIG_GENERIC_BUG=y
CONFIG_GENERIC_BUG_RELATIVE_POINTERS=y
CONFIG_GENERIC_HWEIGHT=y
CONFIG_ARCH_MAY_HAVE_PC_FDC=y
CONFIG_RWSEM_XCHGADD_ALGORITHM=y
CONFIG_GENERIC_CALIBRATE_DELAY=y
CONFIG_ARCH_HAS_CPU_RELAX=y
CONFIG_ARCH_HAS_CACHE_LINE_SIZE=y
CONFIG_HAVE_SETUP_PER_CPU_AREA=y
CONFIG_NEED_PER_CPU_EMBED_FIRST_CHUNK=y
CONFIG_NEED_PER_CPU_PAGE_FIRST_CHUNK=y
CONFIG_ARCH_HIBERNATION_POSSIBLE=y
".config" 7696L, 174148C                              1,1           Top
```

图 4-12　.config 文件的配置信息

其中，与 KVM 相关的配置如下：

```
CONFIG_HAVE_KVM=y
CONFIG_HAVE_KVM_IRQCHIP=y
CONFIG_HAVE_KVM_IRQFD=y
CONFIG_HAVE_KVM_IRQ_ROUTING=y
CONFIG_HAVE_KVM_EVENTFD=y
CONFIG_KVM_APIC_ARCHITECTURE=y
CONFIG_KVM_MMIO=y
CONFIG_KVM_ASYNC_PF=y
CONFIG_HAVE_KVM_MSI=y
CONFIG_HAVE_KVM_CPU_RELAX_INTERCEPT=y
CONFIG_KVM_VFIO=y
CONFIG_VIRTUALIZATION=y
CONFIG_KVM=m
CONFIG_KVM_INTEL=m
```

4.2.3 编译 KVM

配置好 KVM 后，就可以进行编译。编译 KVM 时，直接在 KVM 的安装目录使用 make 命令编译即可。为了使编译速度更快，可以在 make 命令后加“-j”参数，让 make 工具启用多进程进行编译。例如，“make –j 10”的含义是使用 make 工具最多创建 10 个进程来同时执行编译任务。在一个比较空闲的系统上面，一般使用一个两倍于系统上 CPU 的 core 的数量来作为-j 常用的一个参数。

KVM 编译时间有点长，使用“make –j 10”编译 KVM，结果如下：

```
root@kvm-host:~/xjy/kvm# make -j 10
  CHK       include/config/kernel.release
  CHK       include/generated/uapi/linux/version.h
  CHK       include/generated/utsrelease.h
  CALL      scripts/checksyscalls.sh
  CHK       include/generated/compile.h
  CERTS     kernel/x509_certificate_list
  -Including cert signing_key.x509
  AS        kernel/system_certificates.o
  LD        kernel/built-in.o
make[2]: *** [drivers/media/v4l2-core] Interrupt
make[3]: *** [drivers/media/usb/dvb-usb] Interrupt
make[2]: *** [drivers/media/usb] Interrupt
make[1]: *** [drivers/media] Interrupt
make[3]: *** [drivers/gpu/drm/nouveau] Interrupt
make[2]: *** [drivers/gpu/drm] Interrupt
make[1]: *** [drivers/gpu] Interrupt
make[1]: *** [fs/squashfs] Interrupt
make[2]: *** [drivers/platform/x86] Interrupt
make[1]: *** [drivers/platform] Interrupt
make[1]: *** [drivers/power] Interrupt
make[4]: *** [drivers/net/ethernet/dec/tulip] Interrupt
make[3]: *** [drivers/net/ethernet/dec] Interrupt
make[2]: *** [drivers/net/ethernet] Interrupt
make[2]: *** [drivers/net/phy] Interrupt
make[1]: *** [drivers/net] Interrupt
<!--省略其余内容-->
```

4.2.4 安装 KVM

KVM 的安装可分为 module 的安装，以及 kernel 和 initramfs 的安装两步。安装 module 时使用 make modules_install 命令，该命令可以将编译好的 KVM 的 module 安装到相应的目录，在默认情况下将安装到目录/lib/modules/$kernel_version/kernel 下， $kernel_version 表示根据内核版本的不同分别为不同的内核目录。进入到 KVM 目录，然后具体操作如下：

```
root@kvm-host:~/xjy/kvm# make modules_install
  INSTALL arch/x86/crypto/aes-x86_64.ko
  INSTALL arch/x86/crypto/aesni-intel.ko
  INSTALL arch/x86/crypto/blowfish-x86_64.ko
  INSTALL arch/x86/crypto/camellia-aesni-avx-x86_64.ko
  INSTALL arch/x86/crypto/camellia-aesni-avx2.ko
  INSTALL arch/x86/crypto/camellia-x86_64.ko
  INSTALL arch/x86/crypto/cast5-avx-x86_64.ko
  INSTALL arch/x86/crypto/cast6-avx-x86_64.ko
  INSTALL arch/x86/crypto/crc32-pclmul.ko
  INSTALL arch/x86/crypto/crct10dif-pclmul.ko
  INSTALL arch/x86/crypto/ghash-clmulni-intel.ko
  INSTALL arch/x86/crypto/glue_helper.ko
  INSTALL arch/x86/crypto/salsa20-x86_64.ko
  INSTALL arch/x86/crypto/serpent-avx-x86_64.ko
  INSTALL arch/x86/crypto/serpent-avx2.ko
  INSTALL arch/x86/crypto/serpent-sse2-x86_64.ko
<!--省略其余内容-->
```

KVM 的 module 安装好后，查看/lib/modules/$kernel_version/kernel 目录，在本例中，KVM 模块将安装在/lib/modules/3.13.0-24-generic/kernel/arch/x86/kvm 目录下。在该目录下，可以看到 kvm 的内核驱动文件 kvm.ko 和分别支持 Intel 和 AMD 类型 CPU 的内核驱动文件 kvm-intel.ko 和 kvm-amd.ko。具体操作如下：

```
root@kvm-host:~# ls -l /lib/modules/3.13.0-24-generic/kernel
total 36
drwxr-xr-x  3 root root 4096  4月 17  2014 arch
drwxr-xr-x  3 root root 4096  4月 17  2014 crypto
drwxr-xr-x 77 root root 4096  4月 17  2014 drivers
drwxr-xr-x 55 root root 4096  4月 17  2014 fs
drwxr-xr-x  6 root root 4096  4月 17  2014 lib
drwxr-xr-x  2 root root 4096  4月 17  2014 mm
drwxr-xr-x 51 root root 4096  4月 17  2014 net
drwxr-xr-x 13 root root 4096  4月 17  2014 sound
drwxr-xr-x  4 root root 4096  4月 17  2014 ubuntu
root@kvm-host:~# ls -l /lib/modules/3.13.0-24-generic/kernel/arch/x86/kvm/
total 1028
-rw-r--r-- 1 root root  97188  4月 11  2014 kvm-amd.ko
-rw-r--r-- 1 root root 220028  4月 11  2014 kvm-intel.ko
-rw-r--r-- 1 root root 731076  4月 11  2014 kvm.ko
```

接下来，使用 make install 命令进行 KVM 的 kernel 和 initramfs 的安装，执行 make install 命令后会将内核和模块的相关文件复制到正确的地方，并且修改引导程序的配置以启用新内核。具体操作如下：

```
root@kvm-host:~/xjy/kvm# make install
sh ./arch/x86/boot/install.sh 3.18.0+ arch/x86/boot/bzImage\
System.map "/boot"
run-parts: executing /etc/kernel/postinst.d/apt-auto-removal 3.18.0+
/boot/vmlinuz-3.18.0+
```

```
    run-parts: executing /etc/kernel/postinst.d/initramfs-tools 3.18.0+
/boot/vmlinuz-3.18.0+
    update-initramfs: Generating /boot/initrd.img-3.18.0+
    run-parts: executing /etc/kernel/postinst.d/pm-utils 3.18.0+
/boot/vmlinuz-3.18.0+
    run-parts: executing /etc/kernel/postinst.d/update-notifier 3.18.0+
/boot/vmlinuz-3.18.0+
    run-parts: executing /etc/kernel/postinst.d/zz-update-grub 3.18.0+
/boot/vmlinuz-3.18.0+
    Generating grub configuration file ...
    Warning: Setting GRUB_TIMEOUT to a non-zero value when GRUB_HIDDEN_TIMEOUT
is set is no longer supported.
    Found linux image: /boot/vmlinuz-3.18.0+
    Found initrd image: /boot/initrd.img-3.18.0+
    Found linux image: /boot/vmlinuz-3.18.0+.old
    <!--省略其余内容-->
```

该命令执行完毕后，会在/boot 目录下生成 vmlinuz 等内核启动所需的文件。这时，重新启动系统，选择编译安装了 KVM 的内核启动。通常情况下，系统启动后自动加载 kvm 和 kvm_intel 这两个模块。如果没有自动加载，可使用 modprobe 命令手动加载。加载后，可以通过 lsmod 命令查看已加载的模块。具体操作如下：

```
    root@kvm-host:~/xjy/kvm# modprobe kvm
    root@kvm-host:~/xjy/kvm# modprobe kvm_intel
    root@kvm-host:~/xjy/kvm# lsmod|grep kvm
    kvm_intel              143060    0
    kvm                    451511    1 kvm_intel
```

KVM 模块加载成功后，会在/dev 目录下生成一个名为 kvm 的设备文件，该文件即 KVM 模块提供给用户空间 QEMU 的程序控制接口。QEMU 使用该设备文件就可以提供客户机操作系统运行所需的硬件设备环境的模拟。具体操作如下：

```
    root@kvm-host:~# ls -l /dev/kvm
    crw-rw----+ 1 root kvm 10, 232  1月 27 10:05 /dev/kvm
```

4.3 编译安装 QEMU

最新的 QEMU 版本在 Ubuntu 操作系统上可以直接使用命令 apt-get install qemu 进行安装。

在编译安装 QEMU 时，可以进入 KVM 官方网站查看安装教程，网址为 http://www.linux-kvm.org/page/HOWTO，也可在 QEMU 的官网 https://wiki.qemu.org/ Main_Page 上下载源代码进行编译安装。

在编译安装 QEMU 时，需要以下内容的支持：

（1）qemu-kvm-release.tar.gz 文件。

（2）支持 VT 技术的 Intel 处理器，或者是 SVM 支持的 AMD 处理器。

（3）QEMU 需要以下依赖内容：zlib 库和头文件、SDL 库和头文件、alsa 库和头文件、guntls 库和头文件、内核头文件。

在 Ubuntu 系统中，可以使用命令 apt-get install gcc libsdl1.2-dev zlib1g-dev libasound2-dev linux-kernel-headers pkg-config libgnutls-dev libpci-dev 安装 QEMU 的依赖包。

如果系统是 2.6.20 以上的 Linux 内核，且已安装 KVM 模块，可按照以下命令完成 QEMU 的安装。

```
tar xzf qemu-kvm-release.tar.gz
cd qemu-kvm-release
./configure --prefix=/usr/local/kvm
make
sudo make install
sudo /sbin/modprobe kvm-intel
# or: sudo /sbin/modprobe kvm-amd
```

在本节后续内容中将对这些命令进行详细说明。

4.3.1　下载 QEMU 源码

在内核空间安装加载 KVM 模块后，需要用户空间的 QEMU 程序来模拟硬件环境并启动客户机操作系统。QEMU 通过直接在宿主 CPU 上执行客户代码的方式可以获得接近本地的性能。QEMU 支持 Xen 作为 Hypervisor 的虚拟化，也支持使用 KVM 内核模块的虚拟化。在使用 KVM 时，QEMU 能虚拟化 x86、服务器和嵌入式 PowerPC 等。

下载 QEMU 的方法有很多种，例如，到 QEMU 的官网下载，使用 git 代码仓库下载，下面分别说明这两种下载方式。

1. 到 QEMU 官网下载

在 QEMU 的官网 https://wiki.qemu.org/Main_Page 上，单击 Download 选项，进入下载页面，该页面提供了 QEMU 的源代码下载，如图 4-13 所示。

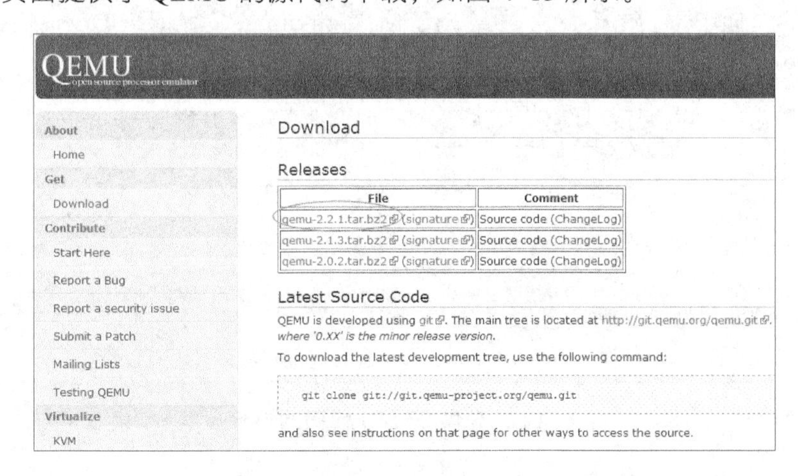

图 4-13　QEMU 官网下载页面

单击 Releases 区域部分的任何一个发布版本下载即可。下载完成后会在当前目录下生成 qemu-2.2.0.tar.bz2 格式的源代码文件，将该文件放置到合适的目录然后解压缩即可。具体操作如下：

```
root@kvm-host:~/xjy/qemu/qemu2.2.0# ls
qemu-2.2.0.tar.bz2
root@kvm-host:~/xjy/qemu/qemu2.2.0# tar xvf qemu-2.2.0.tar.bz2 |more
qemu-2.2.0/
qemu-2.2.0/aio-win32.c
qemu-2.2.0/qemu-tech.texi
qemu-2.2.0/kvm-all.c
qemu-2.2.0/savevm.c
qemu-2.2.0/vl.c
qemu-2.2.0/qemu-seccomp.c
qemu-2.2.0/migration-tcp.c
qemu-2.2.0/linux-user/
qemu-2.2.0/linux-user/x86_64/
qemu-2.2.0/linux-user/x86_64/target_cpu.h
qemu-2.2.0/linux-user/x86_64/termbits.h
qemu-2.2.0/linux-user/x86_64/syscall.h
qemu-2.2.0/linux-user/x86_64/target_signal.h
<!--省略其余内容-->
root@kvm-host:~/xjy/qemu/qemu2.2.0# ls
qemu-2.2.0  qemu-2.2.0.tar.bz2
```

解压缩完成后，会在当前目录生成 qemu-2.2.0 的目录，其中放置着 qemu2.2.0 版本的源代码，然后进行配置安装即可。

2. 使用 git 代码仓库下载

QEMU 项目针对 KVM 的 QEMU 源代码是由 Git 代码仓库托管，因此，可以使用 git clone 的方式来下载 QEMU。在图 4-13 的下面给出了 git clone git://git.qemu-project.org/qemu.git 命令，使用该命令可以下载 QEMU 的最新版本。也可以到 http://git.qemu.org/qemu.git 下载 QEMU 的其他版本。在图 4-14 中给出了使用 git clone 命令下载 QEMU 代码的 URL 地址。

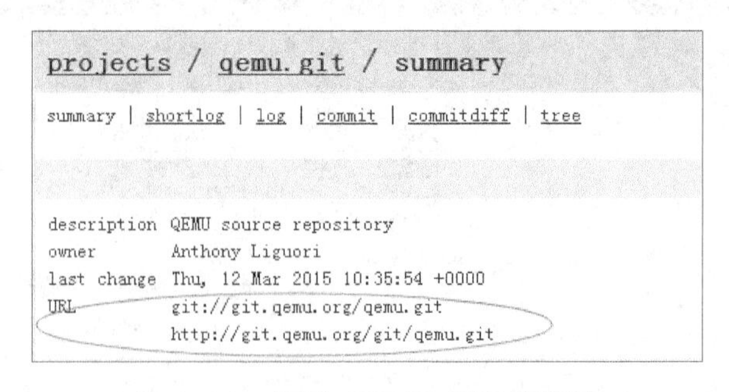

图 4-14　下载 QEMU 代码的链接

下载 QEMU 的步骤如下：

```
root@kvm-host:~/xjy/qemu/qemu-2.2.1# pwd
/root/xjy/qemu/qemu-2.2.1
root@kvm-host:~/xjy/qemu/qemu-2.2.1# git clone git://git.qemu-project.org/
qemu.git
Cloning into 'qemu'...
remote: Counting objects: 221360, done.
remote: Compressing objects: 100% (47755/47755), done.
remote: Total 221360 (delta 177517), reused 215683 (delta 172969)
Receiving objects: 100% (221360/221360), 72.42 MiB | 17.00 KiB/s, done.
Resolving deltas: 100% (177517/177517), done.
Checking connectivity... done.
```

在~/xjy/qemu/qemu-2.2.1 目录下，能够看到刚下载的 QEMU 的文件放在指定的qemu-2.2.1 目录。

```
root@kvm-host:~/xjy/qemu/qemu-2.2.1# pwd
/root/xjy/qemu/qemu-2.2.1
root@kvm-host:~/xjy/qemu/qemu-2.2.1# ls
qemu
root@kvm-host:~/xjy/qemu/qemu-2.2.1# cd qemu/
root@kvm-host:~/xjy/qemu/qemu-2.2.1/qemu# ls
accel.c             libcacard          qmp-commands.hx
aio-posix.c         libdecnumber       qobject
aio-win32.c         LICENSE            qom
arch_init.c         linux-headers      qtest.c
async.c             linux-user         README
audio               main-loop.c        roms
backends            MAINTAINERS        rules.mak
balloon.c           Makefile           savevm.c
block               Makefile.objs      scripts
block.c             Makefile.target    slirp
blockdev.c          memory.c           softmmu_template.h
<!--省略其余内容-->
```

源代码下载完成后，即可进行 QEMU 的配置。

4.3.2　配置 QEMU

配置 QEMU 并不复杂，如果对配置参数不熟悉可以使用“./configure --help”命令来查看配置的帮助选项。

执行“./configure”文件进行 QEMU 的配置：

```
root@kvm-host: ~/xjy/qemu/qemu-2.2.1 # ls configure
configure
```

笔者在 Ubuntu 下去配置 QEMU 时，结果出错（如读者也出现同样的错误，可参考解决）。显示出现 Error: zlib check failed 错误，可以通过安装相应库来解决。

```
root@kvm-host: ~/xjy/qemu/qemu-2.2.1# ./configure
Error: zlib check failed
```

```
Make sure to have the zlib libs and headers installed.
root@kvm-host: ~/xjy/qemu/qemu-2.2.1# apt-get install zlib zlib1g zlib1g-dev
root@kvm-host: ~/xjy/qemu/qemu-2.2.1# ./configure
glib-2.12 required to compile QEMU
```

当继续使用“./configure”进行配置时，出现 glib-2.12 required to compile QEMU 错误的意思是缺少 glib2 库，可以通过 apt-cache search glib2 搜索找到 libglib2.0-dev，然后安装解决。搜索的操作如下：

```
root@kvm-host: ~/xjy/qemu/qemu-2.2.1# apt-cache search glib2
libcglib-java - code generation library for Java
libglib2.0-0 - GLib library of C routines
libglib2.0-0-dbg - Debugging symbols for the GLib libraries
libglib2.0-bin - Programs for the GLib library
libglib2.0-cil - CLI binding for the GLib utility library 2.12
libglib2.0-cil-dev - CLI binding for the GLib utility library 2.12
libglib2.0-data - Common files for GLib library
libglib2.0-dev - Development files for the GLib library
libglib2.0-doc - Documentation files for the GLib library
libpackagekit-glib2-16 - Library for accessing PackageKit using GLib
libpackagekit-glib2-dev - Library for accessing PackageKit using GLib
(development files)
libpulse-mainloop-glib0 - PulseAudio client libraries (glib support)
libdbus-glib2.0-cil - CLI implementation of D-Bus (GLib mainloop
integration)
libdbus-glib2.0-cil-dev - CLI implementation of D-Bus (GLib mainloop
integration) - development files
libfso-glib2 - freesmartphone.org GLib-based DBus bindings
libglib2.0-0-refdbg - GLib library of C routines - refdbg library
libglib2.0-tests - GLib library of C routines - installed tests
libntrack-glib2 - glib API for ntrack
libtaglib2.1-cil - CLI library for accessing audio and video files
metadata
ruby-glib2 - GLib 2 bindings for the Ruby language
ruby-glib2-dbg - GLib 2 bindings for the Ruby language (debugging
symbols)
ruby-taglib2 - Ruby interface to TagLib, the audio meta-data library
```

通过命令 apt-get install 进行安装，具体操作如下：

```
root@kvm-host: ~/xjy/qemu/qemu-2.2.1# apt-get install libglib2.0-dev
Reading package lists... Done
Building dependency tree
Reading state information... Done
The following extra packages will be installed:
  libpcre4-dev libpcrecpp0
Suggested packages:
  libglib2.0-doc
<!--省略其余内容-->
```

执行“./configure”进行配置时，可以看到安装前缀是/usr/local，库文件存放在

/usr/local/lib 中，头文件存放在/usr/local/include 中（在进行配置时，经常遇到缺少包的问题，可根据具体的提示逐步安装），具体操作如下：

```
root@kvm-host: ~/xjy/qemu/qemu-2.2.1# ./configure
Install prefix /usr/local
BIOS directory/usr/local/share/qemu
binary directory/usr/local/bin
library directory/usr/local/lib
libexec directory/usr/local/libexec
include directory/usr/local/include
config directory/usr/local/etc
Manual directory/usr/local/share/man
ELF interp prefix/usr/gnemul/qemu-%M
Source path/root/qemu-kvm
C compiler gcc
Host C compiler gcc
Objective-C compiler gcc
CFLAGS -O2 -D_FORTIFY_SOURCE=2 -g
QEMU_CFLAGS -Werror -fPIE -DPIE -m64 -D_GNU_SOURCE -D_FILE_OFFSET_BITS=
64 -D_LARGEFILE_SOURCE -Wstrict-prototypes -Wredundant-decls -Wall -Wundef
-Wwrite-strings -Wmissing-prototypes -fno-strict-aliasing  -fstack-protector-
all -Wendif-labels -Wmissing-include- dirs-
```

如果配置时想指定安装路径，可以使用“./configure”命令加上“--prefix”前缀指定，例如“./configure --prefix=/usr/local/qemu”。

4.3.3　编译 QEMU

配置 QEMU 后，编译很简单，直接在 QEMU 的源代码目录下执行 make 命令即可。如果不出现错误，即编译成功。成功后，即可进行 QEMU 的安装。编译 QEMU 的具体操作如下：

```
root@kvm-host: ~/xjy/qemu/qemu-2.2.1# make -j 10
  GEN   aarch64-softmmu/config-devices.mak
  GEN   alpha-softmmu/config-devices.mak
  GEN   arm-softmmu/config-devices.mak
  GEN   i386-softmmu/config-devices.mak
  GEN   cris-softmmu/config-devices.mak
  GEN   lm32-softmmu/config-devices.mak
  GEN   m68k-softmmu/config-devices.mak
  GEN   microblaze-softmmu/config-devices.mak
  GEN   microblazeel-softmmu/config-devices.mak
  GEN   mips-softmmu/config-devices.mak
  GEN   mips64-softmmu/config-devices.mak
  GEN   mips64el-softmmu/config-devices.mak
  GEN   mipsel-softmmu/config-devices.mak
  GEN   moxie-softmmu/config-devices.mak
  GEN   ppc-softmmu/config-devices.mak
```

```
    GEN    or32-softmmu/config-devices.mak
    GEN    ppc64-softmmu/config-devices.mak
    GEN    ppcemb-softmmu/config-devices.mak
    GEN    s390x-softmmu/config-devices.mak
   <!--省略其余内容-->
```

在编译时，可以在 make 命令后添加“-j”参数使用多进程编译。

4.3.4 安装 QEMU

编译完成之后，即可进行 QEMU 的安装，在 QEMU 的源代码目录执行命令 make install 即可。QEMU 在安装过程中的几个主要任务包括：创建 QEMU 的一些目录，复制一些配置文件到相应目录，复制 QEMU 的可执行文件到相应的目录。具体操作如下：

```
   root@kvm-host:~/xjy/qemu/qemu-2.2.1/qemu# make install
   install -d -m 0755 "/usr/local/share/qemu"
   install -d -m 0755 "/ usr/local/etc/qemu"
   install -c -m 0644 /root/xjy/qemu/qemu-2.2.1/qemu/sysconfigs/target/
target-x86_64.conf "/ usr/local/etc/qemu"
   install -d -m 0755 "/usr/local/var"/run
   install -d -m 0755 "/usr/local/bin"
   install -c -m 0755 qemu-ga qemu-nbd qemu-img qemu-io  "/usr/local/bin"
   strip "/usr/local/bin/qemu-ga" "/usr/local/bin/qemu-nbd" "/usr/local/
bin/qemu-img" "/usr/local/bin/qemu-io"
   install -d -m 0755 "/usr/local/libexec"
   install -c -m 0755 qemu-bridge-helper "/usr/local/libexec"
   strip "/usr/local/libexec/qemu-bridge-helper"
   set  -e;  for  x  in  bios.bin  bios-256k.bin  sgabios.bin  vgabios.bin
vgabios-cirrus.bin vgabios-stdvga.bin vgabios-vmware.bin vgabios-qxl.bin
acpi-dsdt.aml  q35-acpi-dsdt.aml  ppc_rom.bin  openbios-sparc32  openbios-
sparc64
   <!--省略中间大部分内容-->
   install -d -m 0755 "/usr/local/bin"
   install -c -m 0755 qemu-sparc64  "/usr/local/bin"
   strip "/usr/local/bin/qemu-sparc64"
   install -d -m 0755 "/usr/local/bin"
   install -c -m 0755 qemu-unicore32  "/usr/local/bin"
   strip "/usr/local/bin/qemu-unicore32"
   install -d -m 0755 "/usr/local/bin"
   install -c -m 0755 qemu-x86_64  "/usr/local/bin"
   strip "/usr/local/bin/qemu-x86_64"
```

在 4.3.2 节执行“./configure”进行配置时，可以看到安装前缀是/usr/local，因此在本节安装时可以看到，安装的文件都放置在/usr/local 目录下。

安装完毕后，会有 QEMU 的命令行工具 qemu-system-i386 和 qemu-system-x86。具体

操作如下：

```
root@kvm-host:~/xjy/qemu/qemu-2.2.1# qemu-system-（按两次【Tab】键给出以 qemu-system-开头的命令）
qemu-system-i386    qemu-system-x86_64
```

可以使用 which 命令查看安装的 QEMU 所存放的目录。

```
root@kvm-host:~# which qemu-system-x86_64
/usr/local/bin/qemu-system-x86_64
```

QEMU 是一个软件应用程序，安装完毕后即可使用 QEMU 提供的工具 qemu-system-x86_64 进行虚拟化的操作。

本节主要讲解了通过 QEMU 源代码进行安装的方式。如果使用 apt-get 的方式进行安装，可以首先使用 apt-cache search 命令搜索相应的包名称，找到合适的包安装即可。

```
root@kvm-host:~# apt-cache search qemu
autopkgtest - automatic as-installed testing for Debian packages
ipxe-qemu - PXE boot firmware - ROM images for qemu
libvirt-bin - programs for the libvirt library
libvirt-dev - development files for the libvirt library
libvirt-doc - documentation for the libvirt library
libvirt0 - library for interfacing with different virtualization systems
libvirt0-dbg - library for interfacing with different virtualization systems
python-libvirt - libvirt Python bindings
qemu-common - dummy transitional package from qemu-common to qemu-keymaps
qemu-keymaps - QEMU keyboard maps
qemu-kvm - QEMU Full virtualization on x86 hardware (transitional package)
qemu-system - QEMU full system emulation binaries
qemu-system-arm - QEMU full system emulation binaries (arm)
qemu-system-common - QEMU full system emulation binaries (common files)
qemu-system-mips - QEMU full system emulation binaries (mips)
qemu-system-misc - QEMU full system emulation binaries (miscelaneous)
qemu-system-ppc - QEMU full system emulation binaries (ppc)
qemu-system-sparc - QEMU full system emulation binaries (sparc)
qemu-system-x86 - QEMU full system emulation binaries (x86)
qemu-utils - QEMU utilities
<!--省略其余内容-->
```

可以看出，QEMU 针对不同的应用给出了很多不同的包，如果想在 x86 系统上进行虚拟化操作，可使用 apt-get 的方式安装 qemu-system-x86。具体操作如下：

```
root@kvm-host:~# apt-get install qemu-system-x86
Reading package lists... Done
Building dependency tree
Reading state information... Done
qemu-system-x86 is already the newest version.
0 upgraded,0 newly installed,0 to remove and 553 not upgraded.
root@kvm-host:~# qemu-
```

```
qemu-img                    qemu-make-debian-root    qemu-system-i386
qemu-io                     qemu-nbd                 qemu-system-x86_64
root@kvm-host:~# which qemu-system-x86_64
/usr/bin/qemu-system-x86_64
```

4.4　启动第一个 KVM 客户机

虚拟化环境搭建起来以后，就可以使用 QEMU 安装和启动客户机操作系统。如同在实体机上安装一个普通的操作系统一样，安装客户机操作系统的第一步是必须有一个所需的操作系统的 ISO 文件。

本节以 Ubuntu 14.04 为例制作镜像，以 Ubuntu 14.04 为例安装系统，来介绍如何安装并启动客户机。

4.4.1　安装客户机步骤

安装一个客户机之前，需要指定一个客户机使用的镜像文件（用做客户机的硬盘）来存储客户机的系统和文件。在本例中，首先在本地创建一个镜像文件，让该镜像文件用作客户机的硬盘来存储系统和文件，然后将客户机操作系统安装在其中。

制作镜像文件的方式有很多种，在后续章节中将详细说明如何制作磁盘镜像文件，本节只介绍如何使用镜像文件来安装客户机。

（1）创建一个客户机的虚拟硬盘（镜像文件），用来存放客户机虚拟操作系统，这个虚拟硬盘是利用 Linux 文件系统来进行模拟的。

可以使用多种方式来创建镜像文件，可以使用 Linux 提供的 dd 命令，也可以使用 qemu-img 命令。使用 dd 命令创建镜像文件的具体操作如下：

```
root@kvm-host:~/xjy/mkimg# dd if=/dev/zero of=ubuntu.img bs=1M count=8192
8192+0 records in
8192+0 records out
8589934592 bytes (8.6 GB) copied, 76.0412 s, 113 MB/s
root@kvm-host:~/xjy/mkimg# ls -l
total 8388612
-rw-r--r-- 1 root root 8589934592  1月 28 10:24 ubuntu.img
```

以上命令使用 dd 工具创建了一个名为 ubuntu.img 的镜像文件。if 参数指明从哪个文件读出内容；设备文件/dev/zero 是一个特殊的文件，主要用处是用来创建一个指定长度用于初始化的空文件。在类 UNIX 操作系统中，/dev/zero 是一个特殊的文件，当读它的时候，它会提供无限的空字符（NULL、ASCII NUL、0x00）。它有两个典型的用法：一是用它提供的字符流来覆盖信息；二是产生一个特定大小的空白文件，本例就是使用它来创建空白文件。dd 命令的 of 参数指定输出的文件，该命令执行成功后，会在当前目录生成一个名为 ubuntu.img 的文件。bs 参数指定每次读/写的字节数，这里设为 1M；count 参数指定读取的块数，设为 8192，因此，ubuntu.img 文件的大小为 8192×1MB=8 GB。以上 dd 命令的全部含义为把 if 参数指定的文件内容读取到 of 参数指定的文件，实际上是使用/dev/zero 特殊文件产生了一个 8 GB 大小的空白文件 ubuntu.img 文件作为客户机的镜像文件。

也可以使用 qemu-img 命令来创建镜像文件，具体操作如下：

```
root@kvm-host:~/xjy/mkimg# qemu-img create -f qcow2 win7.img 10G
Formatting 'win7.img', fmt=qcow2 size=10737418240 encryption=off cluster_size=65536 lazy_refcounts=off
root@kvm-host:~/xjy/mkimg# ls -l
total 8388808
-rw-r--r-- 1 root root 8589934592  1月 28 10:24 ubuntu.img
-rw-r--r-- 1 root root     197120  1月 28 10:48 win7.img
```

在该命令中，create 参数的意思是使用 qemu-img 命令创建镜像文件，“-f” 参数指定镜像文件的格式为 qcow2（qcow2 是一种硬盘的格式），镜像文件名为 win7.img，大小为 10 GB。

该命令执行成功后，会在当前目录生成 win7.img 文件。

（2）准备要安装系统的 ISO 文件。本例中以 Ubuntu 12.04 为例，以下是系统的 ISO 文件：

```
root@kvm-host:~/xjy/iso# ls
ubuntu-12.04.2-desktop-amd64.iso  win7-x86.iso
```

（3）使用 ISO 文件安装系统并启动。使用 qemu-system-x86_64 命令安装 Ubuntu 系统，具体操作如下：

```
root@kvm-host:~/xjy/mkimg# qemu-system-x86_64 -enable-kvm -m 1024 -smp 4 -boot order=cd -hda ubuntu.img -cdrom /root/xjy/iso/ubuntu-12.04.2-desktop-amd64.iso
```

在该命令中，“-enable-kvm” 表示使用 kvm 内核，不用 QEMU 的内核开启虚拟机加速；“-m 1024” 表示给客户机分配 1024 MB 内存；“-smp 4” 表示给客户机分配 4 个 CPU；“-boot order=cd” 表示指定系统的启动顺序为光驱(CD-ROM)而不是硬盘(hard Disk)；“-hda ubuntu.img” 表示使用第一步中创建的 ubuntu.img 镜像文件作为客户机的硬盘；“-cdrom /root/xjy/iso/ubuntu-12.04.2-desktop-amd64.iso” 表示分配给客户机的光驱，并在光驱中使用第二步中准备的 ISO 文件作为系统的启动文件。

该命令执行后，会出现 Ubuntu 系统的安装界面，根据命令行中指定的启动顺序，系统从光盘引导，启动后进入客户机的安装界面。图 4-15～图 4-21 所示为对 Ubuntu 安装步骤的截图，在图 4-19 中，Ubuntu 系统在安装成功后，会给出提示，让用户重启系统，这时重启系统进入到安装的客户机 Ubuntu 系统，如图 4-20 和图 4-21 所示。

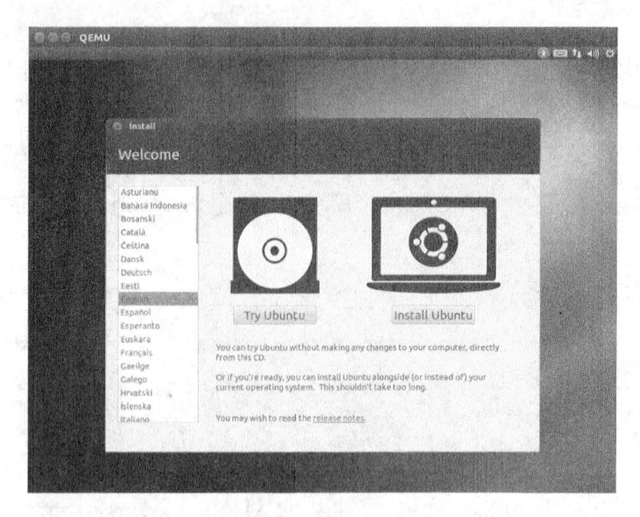

图 4-15　客户机 Ubuntu 的安装界面 1

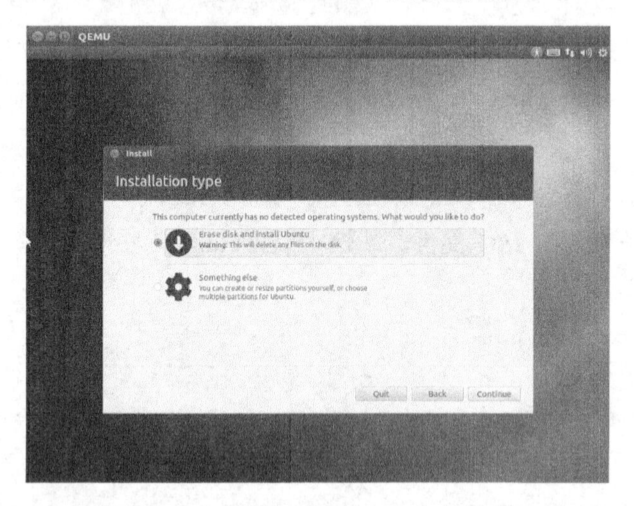

图 4-16　客户机 Ubuntu 的安装界面 2

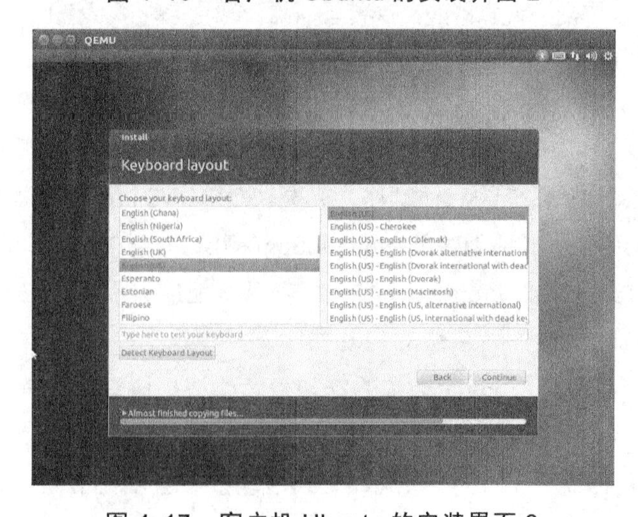

图 4-17　客户机 Ubuntu 的安装界面 3

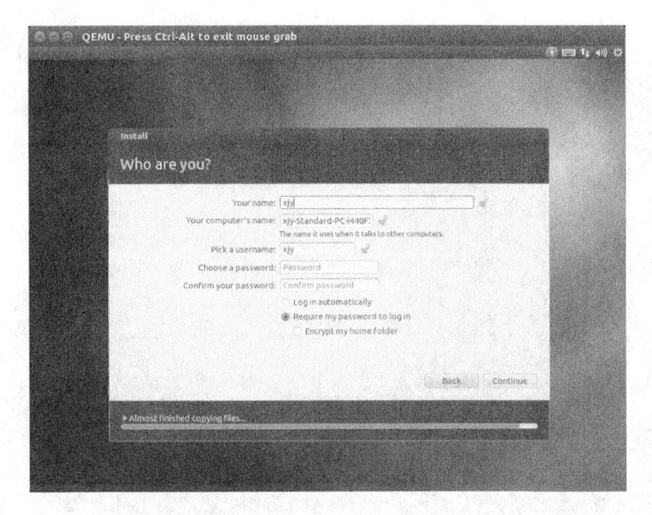

图 4-18 、客户机 Ubuntu 的安装界面 4

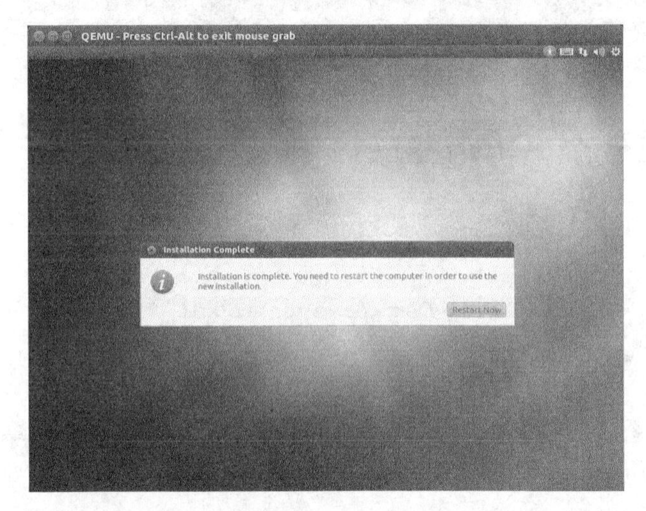

图 4-19　客户机 Ubuntu 的安装界面 5

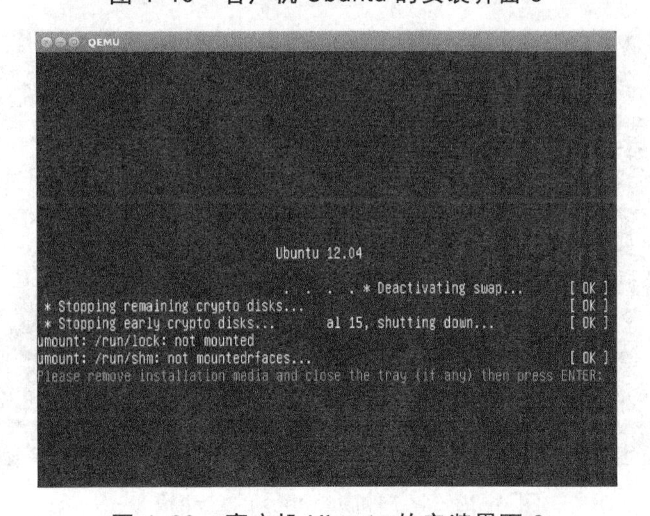

图 4-20　客户机 Ubuntu 的安装界面 6

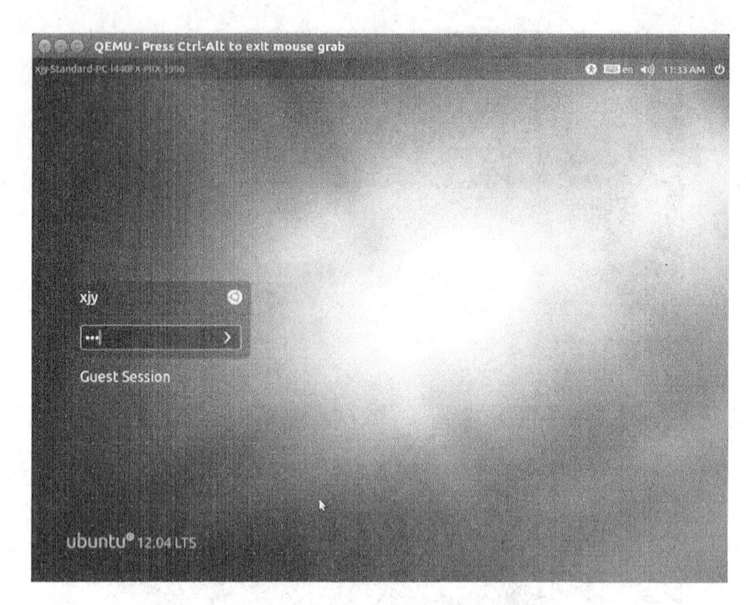

图 4-21　客户机 Ubuntu 的安装界面 7

4.4.2　启动第一个 KVM 客户机

安装好 Ubuntu 客户机后，就可以使用 ubuntu.img 镜像文件启动的第一个客户机。具体操作如下：

```
root@kvm-host:~/xjy/mkimg#  qemu-system-x86_64-enable-kvm-m  1024-smp 4-hda ubuntu.img
```

该命令执行后，即进入如图 4-22 所示的客户机 Ubuntu 的启动状态。客户机 Ubuntu 启动并登录后如图 4-23 所示。客户机 Ubuntu 的使用和普通 Ubuntu 完全一样，图 4-24（本例中宿主机也为 Ubuntu）所示为在客户机 Ubuntu 中查看 Ubuntu 版本号，在图 4-25 中选择 shut down 命令可关闭客户机。

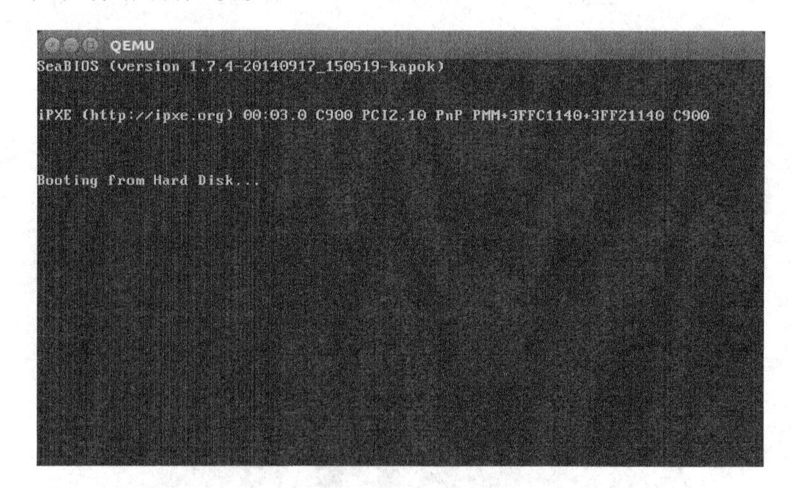

图 4-22　客户机 Ubuntu 的启动状态

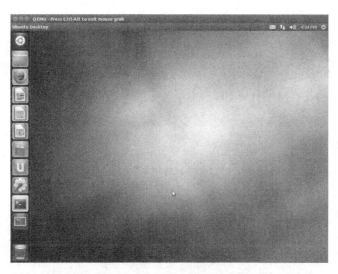

图 4-23　客户机 Ubuntu 启动完毕

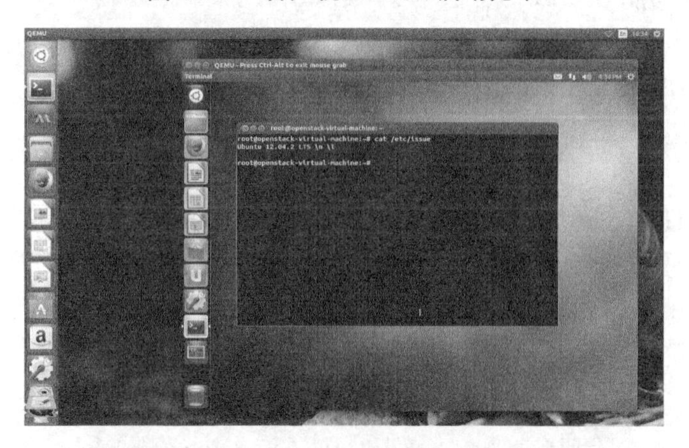

图 4-24　在客户机 Ubuntu 中查看其版本号

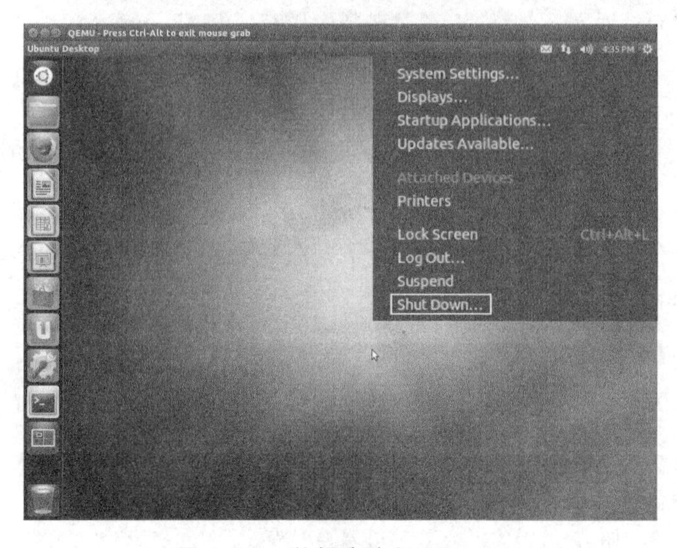

图 4-25　关闭客户机 Ubuntu

4.5 网络配置

在互联网技术飞速发展的今天，网络在人类生活的各个领域起着越来越重要的影响。而在虚拟化技术中，QEMU 对客户机也提供了多种类型的网络支持。在 QEMU 中，主要给客户机提供了以下 4 种不同模式的网络配置方案：

（1）基于网桥（Bridge）的虚拟网卡模式。

（2）基于 NAT（Network Address Translation）的虚拟网络模式。

（3）QEMU 内置的用户模式网络。

（4）直接分配网络设备模式（例如，VT-d）。

网桥和 NAT 是基于 Linux-Bridge 实现的软件虚拟网络模式，QEMU 是 QEMU 软件虚拟的网络模式。第四种模式是直接将物理网卡分配给客户机使用，比如，有 eth0 和 eth1 两块网卡，直接把 eth0 这块网卡给某一客户机使用。

在 QEMU 命令行中，采用前 3 种网络配置方案对客户机网络的配置都是用“-net”参数来进行配置的。QEMU 命令行中基本的“-net”参数如下：

```
    -net nic[,vlan=n][,macaddr=mac][,model=type][,name=name][,addr=addr]
[,vectors=v]
```

主要参数说明：

（1）-net nic：这个是必需的参数，表明为客户机创建客户机网卡。

（2）vlan=n：表示将建立一个新的网卡，并把网卡放入到编号为 n 的 VLAN，默认为 0。

（3）macaddr=mac：设置网卡的 MAC 地址，默认会根据宿主机中网卡的地址来分配；若局域网中客户机太多，建议自己设置 MAC 地址以防止 MAC 地址冲突。

（4）model=type：设置模拟的网卡类型，默认为 rtl8139。

（5）name=name：设置网卡的名字，该名称仅在 QEMU monitor 中可能用到，一般由系统自动分配。

（6）addr=addr：设置网卡在客户机中的 PCI 设备地址为 addr。

（7）vectors=v：设置该网卡设备的 MSI-X 向量的数量为 v，该选项仅对使用 virtio 驱动的网卡有效，设置 vectors=0 表示关闭 virtio 网卡的 MSI-X 中断方式。

如果没有配置任何 net 参数，则默认用“-net nic -net user”参数，即指示 QEMU 使用一个 QEMU 内置的用户模式网络，这种模式是默认的。因此，这些命令行是等价的：

```
    qemu-system-x86_64 -drive file=./IMG-HuiSen/ubuntu14.04.img -net nic
-net user
    qemu-system-x86_64 -drive file=./IMG-HuiSen/ubuntu14.04.img
```

如果想要使用客户机去访问外部网络资源，这种模式非常有用。由于在默认情况下，数据传入是不被允许的，因此，客户机对于网络上的其他计算机而言是不可见的。但这种模式性能差，不常用，因此本书不重点讲解。

本节具体介绍了网络设置的基本参数，如果想要虚拟化的网卡在客户机中连接上外部网络，需要详细配置其网络工作模式。下面将详细介绍网桥模式和 NAT 模式这两种比较常用的网络工作模式的原理和配置方法。

4.5.1　网桥模式

在 QEMU 中，网桥模式是一种比较常见的网络连接模式。在这种模式下，客户机和宿主机共享一个物理网络，客户机的 IP 是独立的，它和宿主机是在同一个网络中。客户机可以访问外部网络，外部网络也可以访问这台客户机。

在 QEMU 命令行中，关于网桥模式的网络参数如下：

```
-net tap[,vlan=n][,name=str][,fd=h][,ifname=name][,script=file][,downscript=dfile]
[,helper=helper][,sndbuf=nbytes][,vnet_hdr=on|off][,vhost=on|off][,vhostfd=h][,vhostforce=on| off]
```

主要参数说明如下：

（1）-net tap：这个参数是必需的，表示创建一个 TAP 设备。

（2）vlan=n：设置该设备的 VLAN 编号，默认值为 0。

（3）name=str：设置网卡的名字。在 QEMU monitor 中用到，一般由系统自动分配。

（4）fd=h：连接到现在已经打开的 TAP 接口的文件描述符，一般 QEMU 会自动创建一个 TAP 接口。

（5）ifname=name：表示 TAP 设备接口名字。

（6）script=file：表示主机在启动客户机时自动执行的脚本，默认为/etc/qemu-ifup；如果不需要执行脚本，则设置为 script=no。

（7）downscript=dfile：表示主机在关闭客户机时自动执行的脚本，默认值为/etc/qemu-ifdown；如果不需要执行，则设置为 downscript=no。

（8）helper=helper：设置启动客户机时在宿主机中运行的辅助程序，包括建立一个 TAP 虚拟设备，其默认值为/usr/local/libexec/qemu-bridge-helper，一般不用自定义，采用默认值即可。

（9）sndbuf=nbytes：限制 TAP 设备的发送缓冲区大小为 n 字节，当需要进行流量控制时可以设置该选项。其默认值为 sndbuf=0，即不限制发送缓冲区的大小。

下面通过一个例子来说明如何在宿主机中通过配置来实现网桥方式。

（1）采用网桥模式的网络配置。在宿主机中，要安装两个配置网络所需的软件包，uml-utilities 和 bridge-utils，前者是建立虚拟网络设备的工具，后者是虚拟网桥桥接工具，可以使用 apt-get 工具进行安装：

```
#root@kvm-host:~#apt-get install uml-utilities   #建立虚拟网络设备的工具
#root@kvm-host:~#apt-get install bridge-utils    #虚拟网桥桥接工具
```

（2）使用 lsmod 命令查看 KVM 相关模块和 tun 的模块是否加载。

```
#root@kvm-host:~# lsmod | grep kvm
kvm_intel                143060  0
kvm                      451511  1 kvm_intel
```

如果 tun 模块没有加载，可通过运行如下命令来加载：

```
#root@kvm-host:~# modprobe tun
```

如果 tun 模块已经被编译到内核中，可以查看 config 文件中 CONFIG_TUN=y 选项。如果内核中完全没有配置 tun 模块，则需要重新编译内核。

（3）检查/dev/net/tun，查看当前用户是否用于可读/写权限。

```
#root@kvm-host:~# ll /dev/net/tun
crw-rw-rw- 1 root root 10, 2015  3月 16 09:11 /dev/net/tun
```

（4）建立一个网桥，并将其绑定在一个可以正常工作的网络接口上，同时让网桥成为连接本机和外部网络的接口。主要配置命令如下：

```
#root@kvm-host:~# brctl addbr br0          #增加一个虚拟网桥 br0
#root@kvm-host:~# brctl addif br0 eth0     #在 br0 中添加一个接口 eth0
#root@kvm-host:~# brctl stp br0 on         #打开 STP 协议，否则可能造成环路
#root@kvm-host:~# ifconfig eth0 0          #将 eth0 的 IP 设置为 0
#root@kvm-host:~# dhclient br0             #设置动态给 br0 配置 ip、route 等
#root@kvm-host:~# route                    #显示路由表信息
Kernel IP routing table
Destination     Gateway     Genmask          Flags  Metric  Ref   UseIface
default         bogon       0.0.0.0           UG       0      0     0 br0
192.168.10.0      *         255.255.255.0     U        0      0     0 br0
192.168.122.0     *         255.255.255.0     U        0      0     0 virbr0
```

如果想要删除某个虚拟网桥和接口，可以使用 delbr 和 delif 命令。

当然，也可以持久化地配置网桥，把配置直接写入文件（etc/network/interfaces），如下所示：

```
#root@kvm-host:~# cat /etc/network/interfaces
# interfaces(5) file used by ifup(8) and ifdown(8)
auto lo
iface lo inet loopback
auto br0
iface br0 inet static
bridge_ports eth0
address 192.168.10.239
netmask 255.255.255.0
gateway 192.168.10.250
dns-nameservers 8.8.8.8 222.139.215.195
```

（5）准备启动脚本 qemu_ifup，功能是在启动时创建和打开指定的 TAP 接口，并将该接口添加到虚拟网桥中。/etc/qemu-ifup 脚本代码如下：

```
#! /bin/sh
# Script to bring a network (tap) device for qemu up.
```

```
    # The idea is to add the tap device to the same bridge
    # as we have default routing to.
    # in order to be able to find brctl
    PATH=$PATH:/sbin:/usr/sbin
    ip=$(which ip)
    if [ -n "$ip" ]; then
          ip link set "$1" up
    else
          brctl=$(which brctl)
          if [ ! "$ip" -o ! "$brctl" ]; then
              echo "W: $0: not doing any bridge processing: neither ip nor
brctl utility not found" >&2
              exit 0
          fi
          ifconfig "$1" 0.0.0.0 up
    fi
    switch=$(ip route ls | \
          awk '/^default / {
                 for(i=0;i<NF;i++) { if ($i == "dev") { print $(i+1); next; } }
                }'
                )
    # only add the interface to default-route bridge if we
    # have such interface (with default route) and if that
    # interface is actually a bridge.
    # It is possible to have several default routes too
    for br in $switch; do
          if [ -d /sys/class/net/$br/bridge/. ]; then
                if [ -n "$ip" ]; then
                    ip link set "$1" master "$br"
                else
                  brctl addif $br "$1"
                fi
                exit    # 退出前面的命令状态
          fi
    done
    echo "W: $0: no bridge for guest interface found" >&2
```

（6）准备结束脚本 qemu_ifdown，主要功能是退出时将该接口从虚拟网桥中移除，然后关闭该接口。一般 QEMU 会自动完成。

（7）用 qemu-kvm 命令启动网桥模式的网络。

在启动客户机之前，在宿主机上，用命令行看一下此时 br0 的状态：

```
#root@kvm-host:~# ls /sys/devices/virtual/net/
br0  lo
#root@kvm-host:~# brctl show
bridge name     bridge id           STP enabled     interfaces
br0             8000.10604b6c2486   yes                   eth0
```

在宿主机中，用命令行启动客户机：

```
#root@kvm-host:~# qemu-system-x86_64 -drive file=./IMG-HuiSen/ubuntu
14.04.img -m 1024 -smp 2 -net nic -net tap,ifname=tap1,script=/etc/qemu-
ifup,downscript=no --enable-kvm
```

在启动客户机之后，在宿主机上，用命令行看一下此时的 br0 状态：

```
#root@kvm-host:~# brctl show
bridge name     bridge id           STP enabled   interfaces
br0          8000.0207404730de        yes            eth0
                                                     Tap1
```

在创建客户机之后，添加了一个名为 tap1 的 TAP 虚拟网络设备，将其绑定在 br0 这个网桥上。

```
#root@kvm-host:~# ls /sys/devices/virtual/net/
br0  lo  tap1
```

有三个虚拟网络设备，依次为：前面建立好的网桥设备 br0，网络回路设备 lo（就是一般 IP 为 127.0.0.1 的设备）和给客户机提供网络的 TAP 设备 tap1。

在客户机中，可以用以下几个命令查看网络是否配置好。

```
#root@kvm-guest:~#ifconfig
eth0      Link encap:Ethernet  HWaddr 52:54:00:12:34:56
          inet addr:192.168.10.242  Bcast:192.168.10.255  Mask:255.255.255.0
          inet6 addr: fe80::5054:ff:fe12:3456/64 Scope:Link
          UP BROADCAST RUNNING MULTICAST  MTU:1500  Metric:1
          RX packets:1005 errors:0 dropped:0 overruns:0 frame:0
          TX packets:110 errors:0 dropped:0 overruns:0 carrier:0
          collisions:0 txqueuelen:1000
          RX bytes:108246 (108.2 KB)  TX bytes:16215 (16.2 KB)

lo        Link encap:Local Loopback
          inet addr:127.0.0.1  Mask:255.0.0.0
          inet6 addr: ::1/128 Scope:Host
          UP LOOPBACK RUNNING  MTU:65536  Metric:1
          RX packets:46 errors:0 dropped:0 overruns:0 frame:0
          TX packets:46 errors:0 dropped:0 overruns:0 carrier:0
          collisions:0 txqueuelen:0
          RX bytes:4202 (4.2 KB)  TX bytes:4202 (4.2 KB)
     #root@kvm-guest:~# route
     Kernel IP routing table
     Destination        Gateway       Genmask          Flags Metric Ref  Use
     Iface
     default            bogon         0.0.0.0           UG      0        0
     0 eth0
     192.168.10.0       *             255.255.255.0     U       1        0
     0 eth0
```

当客户机关闭后，再次在宿主机中查看 br0 和虚拟设备的状态：

```
#root@kvm-host:~# brctl show
bridge     namebridge id        STP enabled   interfaces
br0         8000.10604b6c2486       yes           eth0
```

由上面的输出信息可知，tap1 设备已被删除。

4.5.2 NAT 模式

使用 NAT 模式，就是让客户机借助 NAT 功能，通过宿主机所在的网络来访问互联网。由于 NAT 模式下的客户机 TCP/IP 配置信息是由 DHCP 服务器提供的，无法进行手工修改，因此客户机也就无法和本局域网中的其他真实主机进行通信。使用 NAT 模式进行网络连接，支持宿主机和客户机之间的互访，也支持客户机访问网络。与网桥方式不同的是，当外界访问客户机时 NAT 就表现出局限性，需要在拥有 IP 的宿主机上实现端口映射，让宿主机 IP 的一个端口被重新映射到 NAT 内网的客户机相应端口上。

采用 NAT 模式最大的优势是客户机接入互联网非常简单，不需要进行任何其他的配置，只需要宿主机能访问互联网即可。

此处通过一个例子来说明如何在宿主机中通过配置来实现 NAT 方式。

（1）检查宿主机，将网络配置选项中与 NAT 相关的选项配置好。通过/boot/config 查看宿主机网络配置中与 NAT 相关的选项。配置如下：

```
# IP: Netfilter Configuration
CONFIG_NF_DEFRAG_IPV4=m
CONFIG_NF_CONNTRACK_IPV4=m
CONFIG_NF_TABLES_IPV4=m
CONFIG_NFT_REJECT_IPV4=m
CONFIG_NFT_CHAIN_ROUTE_IPV4=m
CONFIG_NFT_CHAIN_NAT_IPV4=m
CONFIG_NF_TABLES_ARP=m
CONFIG_IP_NF_IPTABLES=m
CONFIG_IP_NF_MATCH_AH=m
CONFIG_IP_NF_MATCH_ECN=m
CONFIG_IP_NF_MATCH_RPFILTER=m
CONFIG_IP_NF_MATCH_TTL=m
CONFIG_IP_NF_FILTER=m
CONFIG_IP_NF_TARGET_REJECT=m
CONFIG_IP_NF_TARGET_SYNPROXY=m
CONFIG_IP_NF_TARGET_ULOG=m
CONFIG_NF_NAT_IPV4=m
CONFIG_IP_NF_TARGET_MASQUERADE=m
CONFIG_IP_NF_TARGET_NETMAP=m
CONFIG_IP_NF_TARGET_REDIRECT=m
CONFIG_NF_NAT_SNMP_BASIC=m
CONFIG_NF_NAT_PROTO_GRE=m
CONFIG_NF_NAT_PPTP=m
CONFIG_NF_NAT_H323=m
CONFIG_IP_NF_MANGLE=m
CONFIG_IP_NF_TARGET_CLUSTERIP=m
CONFIG_IP_NF_TARGET_ECN=m
```

```
CONFIG_IP_NF_TARGET_TTL=m
CONFIG_IP_NF_RAW=m
CONFIG_IP_NF_SECURITY=m
CONFIG_IP_NF_ARPTABLES=m
CONFIG_IP_NF_ARPFILTER=m
CONFIG_IP_NF_ARP_MANGLE=m
```

（2）在宿主机中，可以通过 apt-get install 命令安装必要的软件包：bridge-utils、iptables 和 dnsmasq。其中，bridge-utils 是一个桥接工具，里面包含管理 Bridge 的工具 brctl。iptables 是一个对数据包进行检测的访问控制工具。dnsmasq 是用于配置 DNS 和 DHCP 的工具。在宿主机中，查看所需软件包的情况如下：

```
#root@kvm-host:~# dpkg -l | grep iptables
ii iptables   1.4.21-1ubuntu1
amd64   administration tools for packet filtering and NAT
#root@kvm-host:~# dpkg -l | grep bridge-utils
Ii  bridge-utils   1.5-6ubuntu2
amd64   Utilities for configuring the Linux Ethernet bridge
#root@kvm-host:~# dpkg -l | grep dnsmasq
Ii  dnsmasq-base   2.68-1
amd64   Small caching DNS proxy and DHCP/TFTP server
```

（3）准备一个为客户机建立 NAT 用的 qemu-ifup-NAT 脚本，主要功能是：建立网桥（Bridge），设置网桥的内网 IP，并且将客户机的网络接口与之绑定。打开系统中的网络 IP 包转发功能，设置 iptables 的 NAT 规则，最后启动 dnsmasq 作为一个简单的 DHCP 服务器。具体代码如下：

```
#!/bin/bash
# qemu-ifup script for QEMU/KVM with NAT netowrk mode
# set bridge name
BRIDGE=virt0
# Network information
NETWORK=192.168.122.0
NETMASK=255.255.255.0
# GATEWAY for internal guests is the bridge in host
GATEWAY=192.168.122.1
DHCPRANGE=192.168.122.2,192.168.122.254
TFTPROOT=
BOOTP=
#检查 bridge
function check_bridge()
{
   if `brctl show | grep "^$BRIDGE" &> /dev/null`; then
     return 1
   else
     return 0
   fi
}
#建立 bridge，设置 bridge 的内网 IP（此处为 192.168.122.1），并且将客户机的网络
```

```
#接口与之绑定
function create_bridge()
{
   brctl addbr "$BRIDGE"
   brctl stp "$BRIDGE" on
   brctl setfd "$BRIDGE" 0
   ifconfig "$BRIDGE" "$GATEWAY" netmask "$NETMASK" up
}
#打开系统中的网络 IP 包转发功能
function enable_ip_forward()
{
   echo 1 > /proc/sys/net/ipv4/ip_forward
}
#设置 iptables 的 NAT 规则
function add_filter_rules()
{
   iptables -t nat -A POSTROUTING -s "$NETWORK"/"$NETMASK" \
   ! -d  "$NETWORK"/"$NETMASK" -j MASQUERADE
}
#启动 dnsmasq 作为一个简单的 DHCP 服务器
function start_dnsmasq()
{
   ps -ef | grep "dnsmasq" | grep -v "grep" &> /dev/null
   if [ $? -eq 0 ]; then
      echo "Warning:dnsmasq is already running. No need to run it again."
      return 1
   fi
   dnsmasq \
   --strict-order \
   --except-interface=lo \
   --interface=$BRIDGE \
   --listen-address=$GATEWAY \
   --bind-interfaces \
   --dhcp-range=$DHCPRANGE \
   --conf-file="" \
   --pid-file=/var/run/qemu-dnsmasq-$BRIDGE.pid \
   --dhcp-leasefile=/var/run/qemu-dnsmasq-$BRIDGE.leases \
   --dhcp-no-override \
   ${TFTPROOT:+"--enable-tftp"} \
   ${TFTPROOT:+"--tftp-root=$TFTPROOT"} \
   ${BOOTP:+"--dhcp-boot=$BOOTP"}
}
function setup_bridge_nat()
{
   check_bridge "$BRIDGE"
   if [ $? -eq 0 ]; then
      create_bridge
   fi
      enable_ip_forward
```

```
        add_filter_rules "$BRIDGE"
        start_dnsmasq "$BRIDGE"
}
#  check $1 arg before setup
if [ -n "$1" ]; then
    setup_bridge_nat
    ifconfig "$1" 0.0.0.0 up
    brctl addif "$BRIDGE" "$1"
    exit 0
else
    echo "Error: no interface specified."
    exit 1
fi
```

（4）准备一个关闭客户机时调用的网络 qemu-ifdow-NAT 脚本，主要功能是：关闭网络，解除网桥绑定，删除网桥和 iptables 的 NAT 规则。

```
#!/bin/bash
# qemu-ifdown script for QEMU/KVM with NAT network mode
# set bridge name
BRIDGE="virt0"
if [ -n "$1" ]; then
    echo "Tearing down network bridge for $1" > /tmp/temp-nat.log
    ip link set $1 down
    brctl delif "$BRIDGE" $1
    ip link set "$BRIDGE" down
    brctl delbr "$BRIDGE"
    iptables -t nat -F
    exit 0
else
    echo "Error: no interface specified" > /tmp/temp-nat.log
    exit 1
fi
```

（5）启动客户机。

```
#root@kvm-host:~# qemu-system-x86_64 -drive file=./IMG-HuiSen/ubuntu
14.04.img -net nic -net tap,script=/etc/qemu-ifup-NAT,downscript=/etc/
qemu-ifdown-NAT
```

然后，查看宿主机中配置信息。

```
#root@kvm-host:~# brctl show
bridge name    bridge id        STP enabled   interfaces
br0            8000.000000000000   no
virt0          8000.1ea0ce0d8ce3yes                tap0
```

由上可见，这里有一个 NAT 方式的桥 virbr0，它没有绑定任何物理网络接口，只绑定了 tap0 这个客户机使用的虚拟网络接口。此时，可以用 iptables 命令列出所有的规则，也可以查看 virt0 的 IP，如下所示：

```
#root@kvm-host:~# ifconfig virt0
virt0    Link encap:Ethernet  HWaddr 1e:a0:ce:0d:8c:e3
```

```
          inet addr:192.168.122.1  Bcast:192.168.122.255  Mask:255.255.255.0
          inet6 addr: fe80::1030:97ff:fe0d:f361/64 Scope:Link
          UP BROADCAST RUNNING MULTICAST  MTU:1500  Metric:1
          RX packets:433 errors:0 dropped:0 overruns:0 frame:0
          TX packets:78 errors:0 dropped:0 overruns:0 carrier:0
          collisions:0 txqueuelen:0
          RX bytes:73282 (73.2 KB)  TX bytes:11072 (11.0 KB)
```

（6）在客户机中，通过 DHCP 动态获得 IP。默认网关是宿主机中网桥的 IP（192.168.122.1）。此刻，客户机已经可以连接到外部网络，但是外部网络（宿主机除外）无法直接连接到客户机中。

（7）为了让外部网络也能访问客户机，可以在宿主机中添加 iptables 规则来进行端口映射。

4.6　图形显示配置

在客户机中，图形显示是非常重要的功能。本节主要介绍 KVM 中图形界面显示相关配置。显示选项用于定义客户机启动后显示接口的相关类型及属性等，常见的选项如下：

（1）-nographic：默认情况下，QEMU 使用 SDL 来显示 VGA 输出，而此选项用于禁止图形接口。此时，QEMU 类似一个简单的命令行程序，其仿真串口设备将被重定向到控制台。

（2）-curses：禁止图形接口，并使用 curses/ncurses 作为交互接口。

（3）-alt-grab：使用【Ctrl+Alt+Shift】组合键抢占和释放鼠标。

（4）-ctrl-grab：使用【Ctrl】键抢占和释放鼠标。

（5）-sdl：启用 SDL。

（6）-spice option[,option[,...]]：启用 spice 远程桌面协议；其中有许多子选项，具体可参照 qemu-kvm 的手册。

（7）-vga type：指定要仿真的 VGA 接口类型。常见类型有以下几个：

- cirrus：Cirrus Logic GD5446 显示卡。
- std：带有 Bochs VBE 扩展的标准 VGA 显卡。
- vmware：VMWare SVGA-II 兼容的显卡。
- qxl：QXL 半虚拟化显卡，与 VGA 兼容。在客户机中安装 qxl 驱动程序后能以很好的方式工作，在使用 spice 协议时推荐使用此类型。
- none：禁用 VGA 卡。

（8）-vnc display[,option[,option[,...]]]：默认情况下，QEMU 使用 SDL 显示 VGA 输出。

使用-vnc 选项，可以让 qemu 监听在 VNC 上，并将 VGA 输出重定向至 VNC 会话。使用此选项时，必须使用-k 选项指定键盘布局类型。其中有许多子选项，具体可参照 QEMU 的手册。

4.7 VNC 的使用

VNC（Virtual Network Console，虚拟网络控制台）是一种图形化的桌面操作系统，它使用 RFB（Remote Frame Buffer）协议来远程操作另外一台计算机操作系统。由 AT&T 实验室所开发的可操控远程计算机的 VNC 软件主要由两部分组成：VNC Server 及 VNC Viewer。

用户需先将 VNC Server 安装在被控端的计算机上，才能在主控端执行 VNC Viewer 控制被控端。VNC Server 与 VNC Viewer 支持多种操作系统，如 UNIX 系列（UNIX、Linux、Solaris 等）、Windows 及 MacOS，因此可将 VNC Server 及 VNC Viewer 分别安装在不同的操作系统中进行控制。如果目前操作的主控端计算机没有安装 VNC Viewer，也可以通过一般的网页浏览器来控制被控端。

整个 VNC 运行的工作流程如下：

（1）VNC 客户端通过浏览器或 VNC Viewer 连接至 VNC Server。

（2）VNC Server 传送一对话窗口至客户端，要求输入连接密码，以及存取 VNC Server 显示装置。

（3）在客户端输入联机密码后，VNC Server 验证客户端是否具有存取权限。

（4）若客户端通过 VNC Server 的验证，客户端即要求 VNC Server 显示桌面环境。

（5）VNC Server 通过 X Protocol 要求 VNC Server 将画面显示控制权交由 VNC Server 负责。

（6）VNC Server 将来由 VNC Server 的桌面环境利用 VNC 通信协议送至客户端，并且允许客户端控制 VNC Server 的桌面环境及输入装置。

下面分别讲述 VNC 在宿主机和客户机中的使用。

4.7.1 在宿主机中 VNC 的使用

下面用一个例子来说明如何在宿主机中配置 VNC，使用户能够通过 VNC 客户端远程连接到 Ubuntu 系统的图形界面。

准备两个系统：一个是 Ubuntu 系统的宿主机 A；另一个是用来远程连接宿主机的 Windows 系统 B。检查 Ubuntu 系统是否安装 VNC Server，在终端窗口输入命令 dpkg -l|grep vnc 查看是否已安装 VNC。

```
#root@kvm-host: ~#rpm -qa |grep vnc
```

（1）在 Ubuntu 上启动 VNC Server，系统会提示设置连接时需要的密码，根据需要设置即可。

```
#root@kvm-host:~# vncserver :1
You will require a password to access your desktops.
Password:
//提示输入密码，这个密码是远程登录时所需要输入的密码，假设密码设置为 password01
Verify:
New 'xjy-HP-Pro-3330-MT:1 (root)' desktop is xjy-HP-Pro-3330-MT:1
Creating default startup script /root/.vnc/xstartup
Starting applications specified in /root/.vnc/xstartup
Log file is /root/.vnc/xjy-HP-Pro-3330-MT:1.log
```

（2）在 Windows 系统 B 上，安装 VNC Viewer 客户端软件。

（3）在 B 系统上使用 VNC 客户端软件远程连接宿主机服务器，基本格式为 IP(hostname)：PORT。如图 4-26 所示，在 Windows 系统中输入要访问的 IP 地址+端口号或者主机名+端口号，也可以直接使用启动 VNC 时使用的端口号，然后单击 OK 按钮即可进行连接。

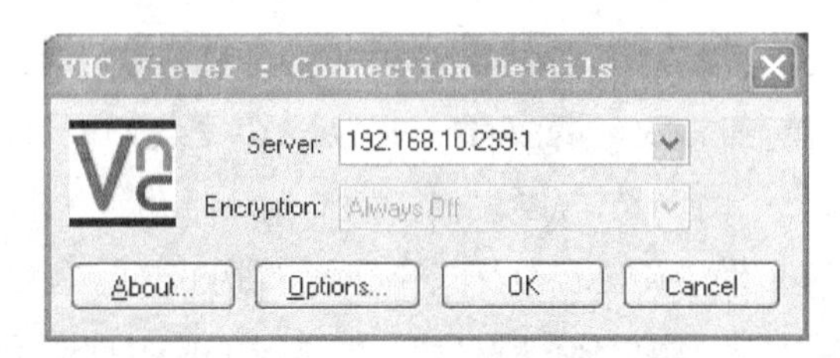

图 4-26　VNC 客户端软件远程连接宿主机服务器界面 1

（4）输入设置的远程登录的密码 password01，单击 OK 按钮，即可远程连接到 Ubuntu 系统上，如图 4-27 所示。

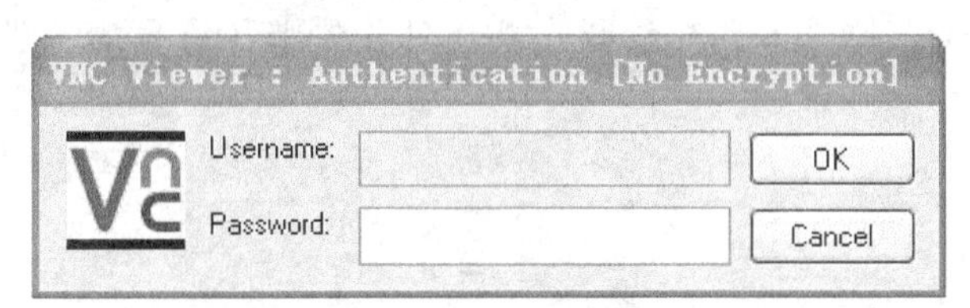

图 4-27　VNC 客户端软件远程连接宿主机服务器界面 2

4.7.2　在客户机中 VNC 的使用

在 QEMU 命令行中，默认情况下，QEMU 使用 SDL 显示 VGA 输出；但使用-vnc 选项，可以让 QEMU 监听在 VNC 上，并将 VGA 输出重定向至 VNC 会话。在 QEMU 命令行的 VNC 参数中，简要介绍以下几个主要的参数：

（1）host:N：表示允许从 host 的 N 号显示窗口来建立 TCP 连接到客户机上。host 表示主机名或者 IP 地址，它是可选的。如果 host 值为空，表示服务器端可以接受来自任何主机的连接。如果设置 host 的值，就可以确保只让某一台主机向服务及发起 VNC 连接请求。一般情况下，QEMU 会根据数字 N 建立对应的 TCP 端口，端口号为 5900+N。

（2）None：表示 VNC 已经被初始化，但是并不在开始时启动。当真正需要启动时，可以通过 QEMU monitor 中的 change 命令来启动。

（3）Password：表示客户端连接时需要采取基于密码的认证机制，但这里只声明它使用密码。具体密码值需要通过 QEMU monitor 中的 change 命令来设置。

小　　结

本章主要讲解如何构建 KVM 环境，硬件和 BIOS 对虚拟化的支持是 KVM 运行的先行条件，因此，在搭建 KVM 环境之前，需要对硬件环境进行查看、对 BIOS 进行配置，打开 BIOS 中对虚拟化的支持，并对宿主机网络、软件源进行必要的配置。

此外，由于从 Linux 内核的版本 2.6.20 开始，KVM 已经嵌入其中，因此，如果使用的宿主机操作系统的 Linux 内核高于 2.6.20 版本，即可直接使用 KVM。

本章中最重要的是如何下载安装 QEMU，并在成功安装 QEMU 后，如何使用 QEMU 安装并启动属于自己的第一个 KVM 客户机。

通过本章的学习，读者可对 KVM 的虚拟化环境有初步的了解，通过自己动手构建一个自己的客户机，也能更加直观地看到 KVM 如何通过 QEMU 进行客户机的虚拟化。

习　　题

总结并简述 KVM 虚拟机的构建过程，具体包括哪些步骤，需要做哪些配置。

第5章 KVM高级功能详解

客户机可以使用的设备大致分为三类：QEMU纯软件模拟、使用virtio API半虚拟化的设备和直接分配设备。在半虚拟化中，客户操作系统和Hypervisor能够共同合作，让模拟更加高效。

5.1 半虚拟化驱动

5.1.1 virtio概述

客户机可以使用的设备大致分为三类：QEMU纯软件模拟、使用virtio API半虚拟化的设备和直接分配设备。

QEMU纯软件模拟的优点是对硬件的平台依赖性低，兼容性高，但是性能比较差。

使用virtio API半虚拟化的设备比普通的I/O模拟效率高，但是需要相关virtio驱动程序的支持。

直接分配设备允许将物理机上的设备直接给虚拟机用，缺点是：主板空间有限，硬件的添加会加大成本。

完全虚拟化：客户操作系统运行在位于物理机器上的Hypervisor之上，如图5-1（a）所示。客户操作系统并不知道它已被虚拟化，并且不需要任何更改就可以工作。

半虚拟化：客户操作系统不仅知道它运行在Hypervisor之上，还包括可以让客户操作系统更高效地过渡到Hypervisor的代码，如图5-1（b）所示。

在完全虚拟化模式中，Hypervisor必须模拟设备硬件，例如，网络驱动程序、磁盘、显卡等。Hypervisor必须捕捉这些请求，然后模拟物理硬件的行为，尽管运行未更改的操作系统能够提供更大的灵活性，但同时也是最低效、最复杂的。

在半虚拟化中，客户操作系统和 Hypervisor 能够共同合作，让模拟更加高效。客户操作系统知道它运行在 Hypervisor 之上，并且包含相应的前端驱动程序。Hypervisor 为特定的设备模拟实现后端驱动程序，通过前端和后端 virtio 驱动程序的结合，为开发模拟设备提供标准化接口，从而增加代码的跨平台重用率并提高效率。缺点是操作系统知道它被虚拟化，并且需要修改才能工作。

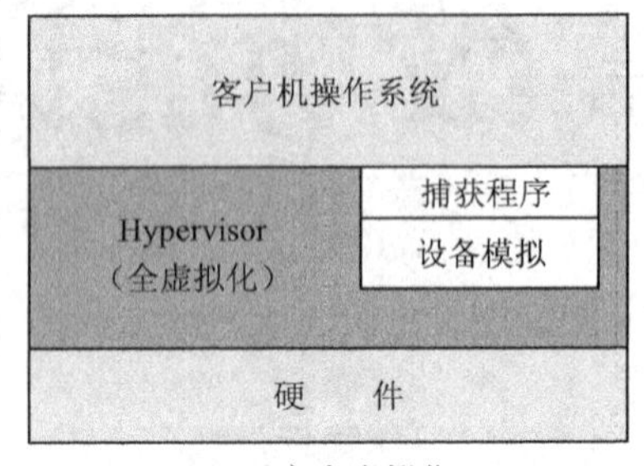

（a）完全虚拟化

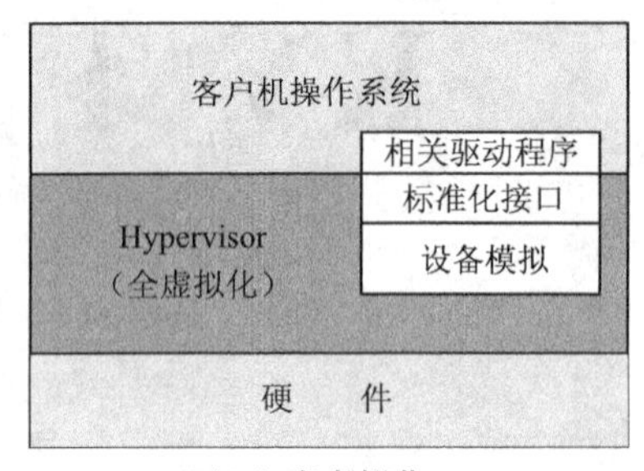

（b）半虚拟化

图 5-1　完全虚拟化与半虚拟化环境下的设备模拟

1. QUEM 模拟 I/O 设备

QUEM 模拟 I/O 设备基本框架，如图 5-2 所示。

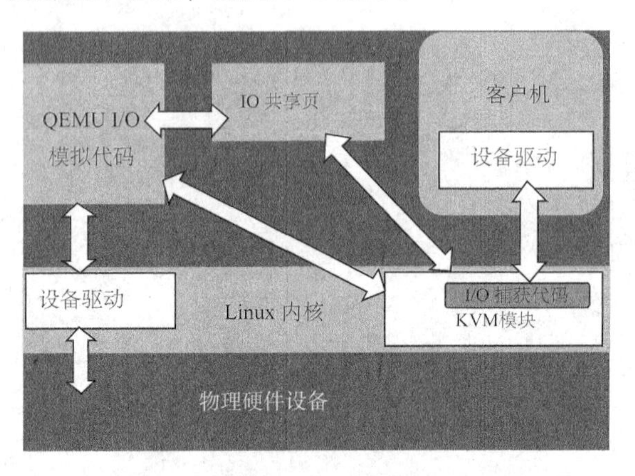

图 5-2　QUEM 模拟 I/O 设备基本框架

使用 QEMU 模拟 I/O 设备的情况下，当客户机中的设备驱动程序发起 I/O 操作请求之时，KVM 模块中的 I/O 操作捕获代码会拦截这次 I/O 请求，然后经过处理后将本次 I/O 请求的信息存放到 I/O 共享页，并通知用户控件的 QEMU 程序。QEMU 模拟程序获得 I/O 操作的具体信息之后，交由硬件模拟代码来模拟出本次的 I/O 操作，完成之后，将结果放回到 I/O 共享页，并通知 KVM 模块中的 I/O 操作捕获代码。最后，由 KVM 模块中的捕获代码读取 I/O 共享页中的操作结果，并把结果返回到客户机中。当然，这个操作过程中客户机作为一个 QEMU 进程在等待 I/O 时也可能被阻塞。另外，当客户机通过 DMA(Direct

Memory Access）访问 I/O 之时，QEMU 模拟程序将不会把操作结果放到 I/O 共享页中，而是通过内存映射的方式将结果直接写到客户机的内存中，然后通过 KVM 模块告诉客户机 DMA 操作已经完成。

QEMU 模拟 I/O 设备的方式，其优点是可以通过软件模拟出各种各样的硬件设备，而且它不用修改客户机操作系统，就可以实现模拟设备在客户机中正常工作。在 KVM 客户机中使用这种方式，对于解决手上没有足够设备的软件开发及调试有非常大的好处。而它的缺点是，每次 I/O 操作的路径比较长，需要多次上下文切换，也需要多次数据复制，所以它的性能较差。

2. virtio 模拟 I/O 设备

在 KVM 中，virtio 模拟 I/O 设备的基本框架如图 5-3 所示。

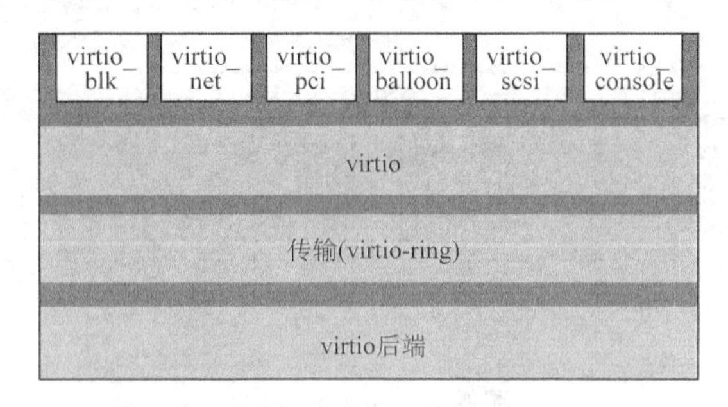

图 5-3　Virtio 模拟 I/O 设备基本框架

其中，前端驱动如 virtio_blk、virtio_net、virtio_scsi 等，是在客户机中存在的驱动程序模块，而后端处理程序是在 QEMU 中实现的。在前后端驱动之间，还定义了两层来支持客户机与 QEMU 之间的通信。其中，virtio 这一层是虚拟队列接口，它在概念上将前端驱动程序附加到后端处理程序。一个前端驱动程序可以使用 0 或多个队列，具体数量取决于需求。例如，virtio_net 网络驱动程序使用两个虚拟队列（一个用于接收，另一个用于发送），而 virtio_blk 块驱动程序仅使用一个虚拟队列。虚拟队列实际上被实现为客户机操作系统和 Hypervisor 的衔接点，但它可以通过任意方式实现，前提是客户机操作系统和 virtio 后端程序都遵循一定的标准，以相互匹配的方式实现。而 virtio-ring 实现了环形缓冲区（Ring Buffer），用于保存前端驱动程序和后端处理程序执行的信息，并且它可以一次性保存前端驱动程序的多次 I/O 请求，并且交由后端处理程序去批量处理，最后实际调用宿主机中设备驱动程序实现物理上的 I/O 操作，就可以根据约定实现批量处理，而不是客户机中每次 I/O 请求都需要处理一次，从而提高客户机与 Hypervisor 信息交换的效率。

virtio 半虚拟化驱动的方式，可以获得很好的 I/O 性能，其性能几乎可以达到和 native（即非虚拟化环境中的原生系统）差不多的 I/O 性能。所以，在使用 KVM 之时，如果宿主机内核和客户机都支持 virtio 的情况下，一般推荐使用 virtio 达到更好的性能。当然，virtio 也有缺点，它必须要客户机安装特定的 virtio 驱动程序使其知道是运行在虚拟化环境中，且按照 virtio 的规定格式进行数据传输，不过客户机中可能有一些老的 Linux 系统不支持 virtio 和主流的 Windows 系统，需要安装特定的驱动程序才支持 virtio。但是，较新的一些 Linux 发行版（如 RHEL 6.3、Fedora 17 等）默认都将 virtio 相关驱动程序编译为模块，可直接作为客户机使用 virtio，而且对于主流 Windows 系统都有对应的 virtio 驱动程序可供下载使用。

virtio 是对半虚拟化 Hypervisor 中的一组通用模拟设备的抽象。该设置还允许 Hypervisor 导出一组通用的模拟设备，并通过一个通用的应用程序接口（API）让它们变得可用。有了半虚拟化 Hypervisor 之后，客户操作系统就能够实现一组通用的接口，在一组后端驱动程序之上采用特定的设备模拟。后端驱动程序不需要是通用的，因为它们只实现前端所需的行为。virtio 架构如图 5-4 所示。

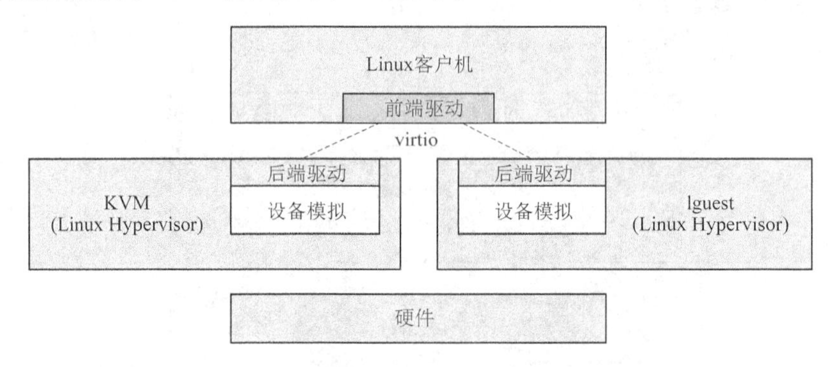

图 5-4 virtio 架构

5.1.2 Linux 下 virtio 的支持

virtio 是一个比较成熟的技术，目前，在 Linux 的 2.6.24 及以上的内核版本中都支持 virtio。virtio 分为前端驱动程序和后端处理程序，前端驱动程序运行在客户机中，后端处理程序在宿主机的 QEMU 中实现。因此，在宿主机上，只需使用比较新的 Linux 内核，安装 QEMU 即可，不需要做特别的与 virtio 相关的编译配置。而在客户机上，需要有特定的 virtio 驱动程序的支持，以便客户机处理 I/O 操作请求时调用 virtio 驱动程序而不是其原生的驱动程序。因此，如果客户机是 Linux 系统，只需要使用较新的 Linux 内核即可。如果客户机是 Windows 系统，因为 Windows 系统不是开源操作系统，微软也没有提供 Windows 下相应的 virtio 的驱动程序，所以需要在宿主机上安装使得 Windows 支持 virtio 的驱动程序。

Linux 作为宿主机时，需要在宿主机上安装 QEMU，在此不再赘述。Linux 作为客户机或宿主机时，都需要内核支持 virtio。目前流行的 Linux 的发行版本中，例如 Ubuntu、Feroda、RHEL 6.x，其自带的内核都带有对 virtio 的支持。

以 Ubuntu 14.04 为例，查看内核配置文件中对 virtio 相关的配置，命令为“grep VIRTIO_ /boot/config-4.12.0-rc5+”，此处“config-4.12.0-rc5+”为所使用的操作系统的内

核配置文件，读者根据自己的操作系统选择不同的文件即可，结果如图 5-5 所示。

```
root@ubuntu:~# grep VIRTIO_ /boot/config-4.12.0-rc5+
CONFIG_VIRTIO_VSOCKETS=m
CONFIG_VIRTIO_VSOCKETS_COMMON=m
CONFIG_VIRTIO_BLK=m
# CONFIG_VIRTIO_BLK_SCSI is not set
CONFIG_VIRTIO_NET=m
CONFIG_VIRTIO_CONSOLE=y
CONFIG_DRM_VIRTIO_GPU=m
CONFIG_VIRTIO_PCI=y
CONFIG_VIRTIO_PCI_LEGACY=y
CONFIG_VIRTIO_BALLOON=y
CONFIG_VIRTIO_INPUT=m
CONFIG_VIRTIO_MMIO=y
CONFIG_VIRTIO_MMIO_CMDLINE_DEVICES=y
```

图 5-5　查看内核文件与 virtio 的相关配置

如果能够显示这些配置，说明使用的 Linux 内核支持 virtio。使用命令“find / -name "virtio*.ko" |grep $ (uname –r)”，查看内核模块中相关的 virtio 的驱动文件，如图 5-6 所示。

```
root@ubuntu:~# find / -name "virtio*.ko" |grep $(uname -r)
/lib/modules/4.12.0-rc5+/kernel/drivers/gpu/drm/virtio/virtio-gpu.ko
/lib/modules/4.12.0-rc5+/kernel/drivers/scsi/virtio_scsi.ko
/lib/modules/4.12.0-rc5+/kernel/drivers/crypto/virtio/virtio_crypto.ko
/lib/modules/4.12.0-rc5+/kernel/drivers/char/hw_random/virtio-rng.ko
/lib/modules/4.12.0-rc5+/kernel/drivers/block/virtio_blk.ko
/lib/modules/4.12.0-rc5+/kernel/drivers/net/virtio_net.ko
/lib/modules/4.12.0-rc5+/kernel/drivers/virtio/virtio_input.ko
root@ubuntu:~#
```

图 5-6　Linux 内核 Virtio 相关的驱动文件

5.1.3　Windows 下的 virtio 驱动

1. 制作 Windows 镜像时使用 virtio 添加磁盘驱动程序

因为 Windows 操作系统本身没有提供 virtio 相关的驱动程序，因此需要额外安装 virtio 驱动程序。在启动 Windows 7 虚拟机时，需要使用 virtio 作为磁盘和网络驱动程序，因此需要下载两个文件 virtio-win-1.1.16.vfd 和 virtio-win-0.1-81.iso。其中，virtio-win-0.1-81.iso 文件中包含了网卡驱动，virtio-win-1.1.16.vfd 文件包含了硬盘驱动。

可以在 KVM 的官网 https://www.linux-kvm.org/page/WindowsGuestDrivers/ Download_Drivers 找到 virtio 的下载地址。如果是 Ubuntu 系统，直接在地址 https://launchpad.net/kvm-guest-drivers-windows/+download 下找合适的版本即可。

virtio-win-1.1.16.vfd 用于在制作 Windows 镜像时为系统提供硬盘驱动程序。virtio-win-0.1-81.iso 用于在启动 Windows 系统后为系统提供网络驱动程序。

可以使用前面章节中创建的 Windows 7 镜像文件，也可以重新制作镜像。首先创建 Windows 7 的镜像文件 win7.img，命令如下：

```
qemu-img create -f qcow2 win7.img 50G
```

创建一个 50 GB 大小的镜像文件 win7.img（qcow2 格式）。其中 create 参数为使用 qemu-img 命令创建镜像文件，“-f”参数指定镜像文件的格式为 qcow2（qcow2 是一种硬盘的格式），镜像文件名为 win7.img，大小为 50 GB。

制作 Windows 7 镜像的命令如下：

```
qemu-system -x86_64 -m1024 -drive file=win7.img,cache=writeback,if=
virtio,boot=on-fda virtio-win-1.1.16.vfd -cdrom win7-x86.iso -net nic -net
user -boot order=d,menu=on --enable-kvm -vnc :1
```

制作的 win7.img 镜像文件，内存设置为 1 024 MB，开启 virtio，“-fda”参数表示以软盘方式加载“virtio-win-1.1.16.vfd”文件，该文件中包含了系统硬盘驱动程序，“-cdrom”表示使用 win7-x86.iso 系统 ISO 文件来制作 Windows 7 镜像，设置默认的网络，以光盘启动系统，开启 KVM 虚拟化支持，使用 VNC 的 1 端口。

命令中“-boot”选项指定系统从哪里进行引导。参数 order=d 表示从 CD-ROM 引导，order=a 表示从软盘引导，order=c 表示从硬盘引导（默认），order=n 表示从网络引导。

命令执行后，使用 VNC Viewer 可以看到 Windows 7 系统的安装界面，如图 5-7 所示。

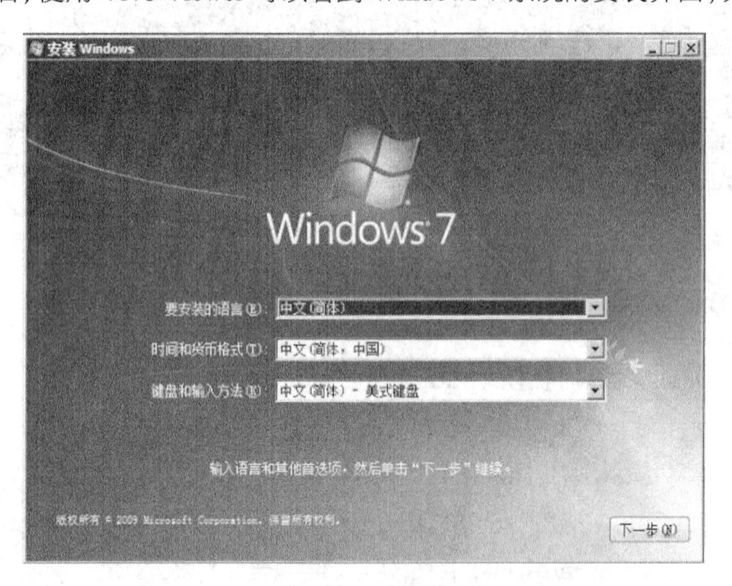

图 5-7　Windows 7 系统的安装界面

在图 5-7 中单击“下一步”按钮，在打开的界面中选择安装的类型为“自定义（高级）”然后在图 5-8 中选择 Windows 7 的安装位置。因为没有相应的硬盘，所以应该首先加载硬盘驱动程序，在图 5-8 中单击“加载驱动程序”后，出现图 5-9 所示的界面，在该界面中可以看到以软盘方式加载的 virtio-win-1.1.16.vfd 文件中提供的硬盘驱动文件，选中第三个 Win7\viostor.inf 后，单击“下一步”按钮，接下来对硬盘进行分区，并安装系统即可。

至此系统安装完毕，接下来使用 virtio 为 Windows 7 系统添加网卡驱动程序，这时需要重新启动虚拟机。

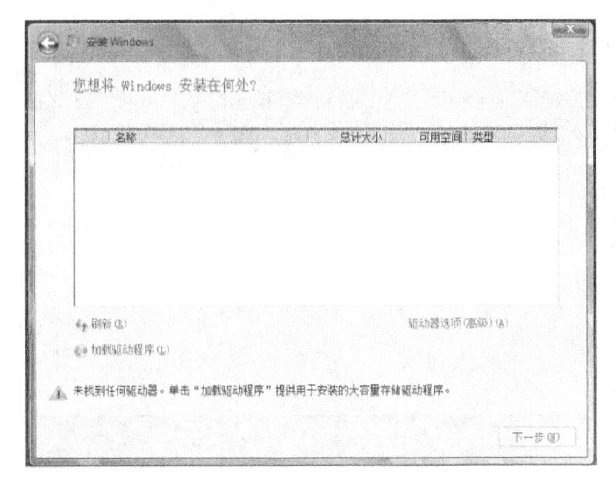

图 5-8　加载硬盘驱动程序

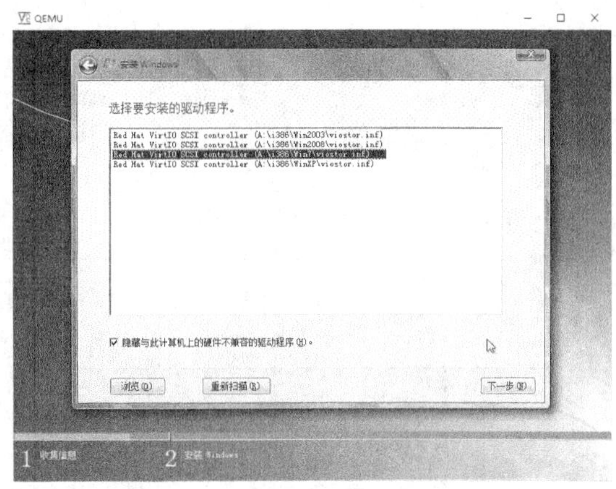

图 5-9　加载 virtio 提供的硬盘驱动程序

2. 使用 virtio 为 Windows 添加网卡驱动程序

重启 Windows 7 虚拟机，将 virtio-win-0.1-81.iso 挂载为客户机的光驱，再从客户机上安装所需的 virtio 驱动程序，命令如下：

```
qemu-system-x86_64 -m 1 024 -drive file=win7.img,cache=writeback,if=virtio,boot=on -cdrom virtio-win-0.1-81.iso -net nic,model=virtio -net user -boot order=c --enable-kvm -vnc :1
```

该命令表示：使用 1 024 MB 内存，win7.img 为镜像文件，开启 virtio。其中，“-cdrom”参数表示将 virtio-win-0.1-81.iso 文件作为系统光驱；“-net nic,model=virtio -net user”表示网络设置为 virtio 模式；“-boot order=c”表示从硬盘引导操作系统；“--enable-kvm”表示开启 KVM 虚拟化支持；“-vnc :1”表示使用 vnc 的 1 端口启动 Windows 7 虚拟机。

命令执行后，使用 VNC Viewer 可以看到 Windows 7 系统的启动界面，如图 5-10 所示。此时，可输入制作镜像时设置的密码，进入系统。

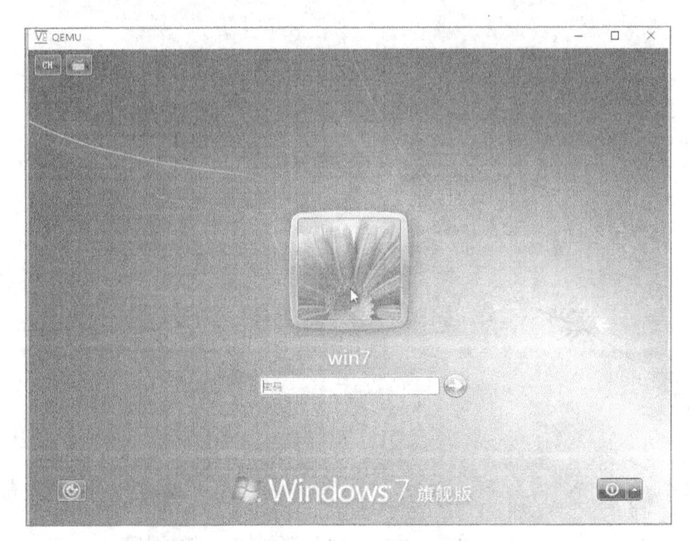

图 5-10　Windows 7 虚拟机启动界面

进入 Windows 7 客户机时，会提示安装 virtio 的网卡驱动程序，如果不提示，也可以手动安装 virtio：右击“计算机”图标，选择“管理”命令，在“计算机管理”窗口中右击“设备管理器”中的“以太网控制器”（见图 5-11），在弹出的快捷菜单中选择“更新驱动程序软件”命令，打开如图 5-12 所示的界面。

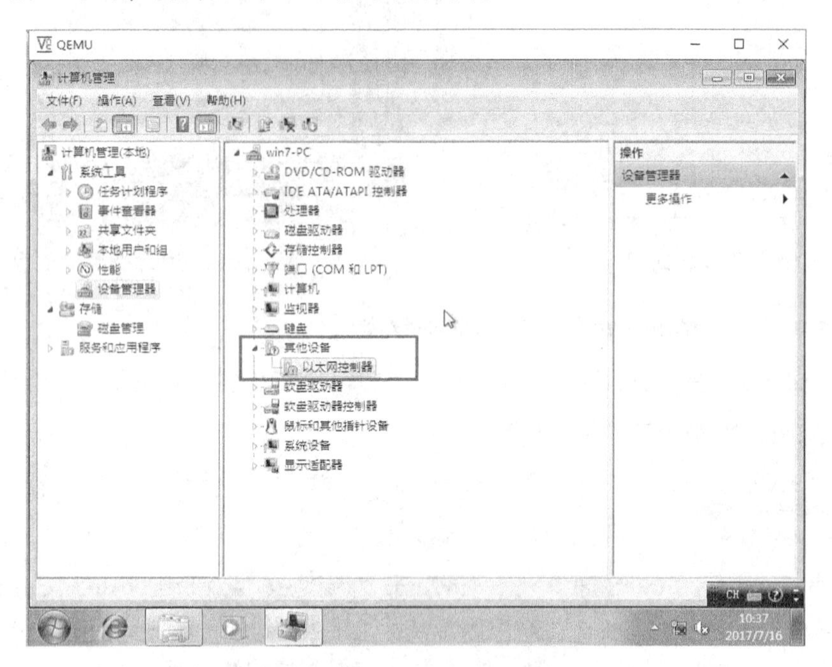

图 5-11　Windows 7 设备管理器

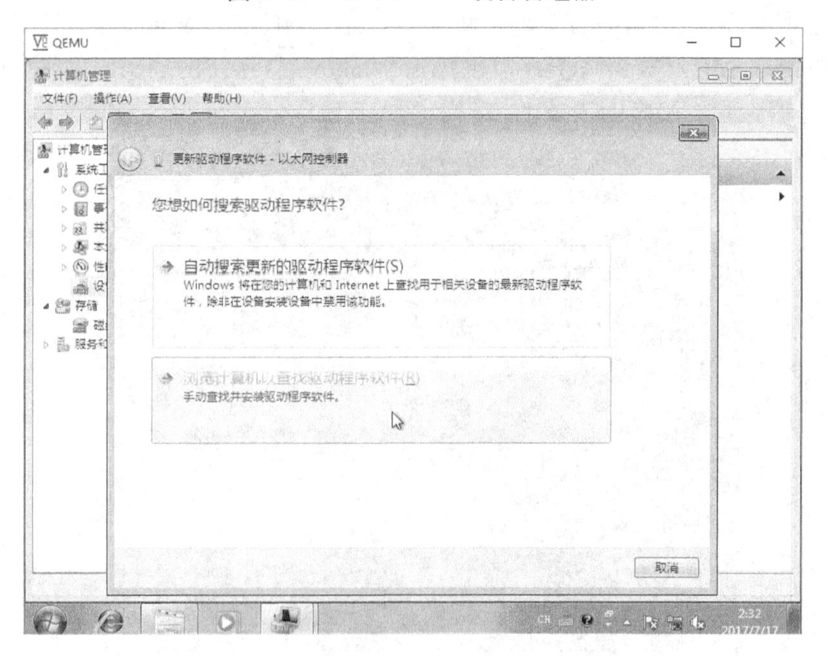

图 5-12　Windows 7 中更新网络驱动程序

在图 5-12 中，选择“浏览计算机以查找驱动程序软件”，选择在使用文件 virtio-win-0.1-81.iso 挂载的光驱中进行查找，单击“确定”按钮后，选择光驱中合适的目录 D:\WIN7\X86（见图 5-13），单击“下一步”按钮，打开如图 5-14 所示的界面。

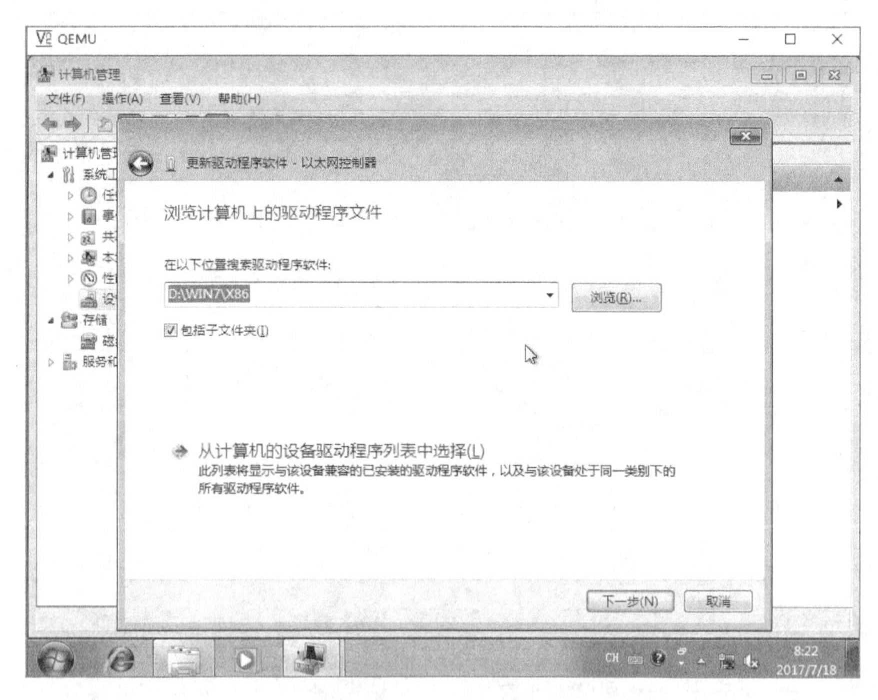

图 5-13　Windows 7 中搜索网络驱动程序

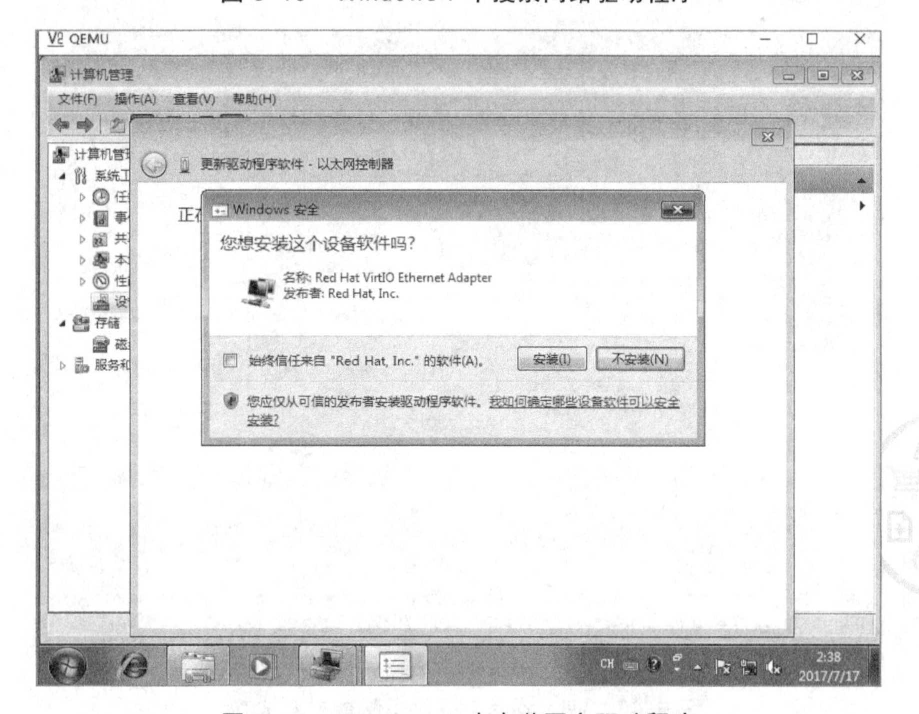

图 5-14　Windows 7 中安装网卡驱动程序

在图 5-14 中，单击“安装”按钮，即可安装由 virtio 提供的 Red Hat VirtIO Ehternet Adapter 网络驱动程序，如图 5-15 所示。网络适配器安装成功界面如图 5-16 所示。

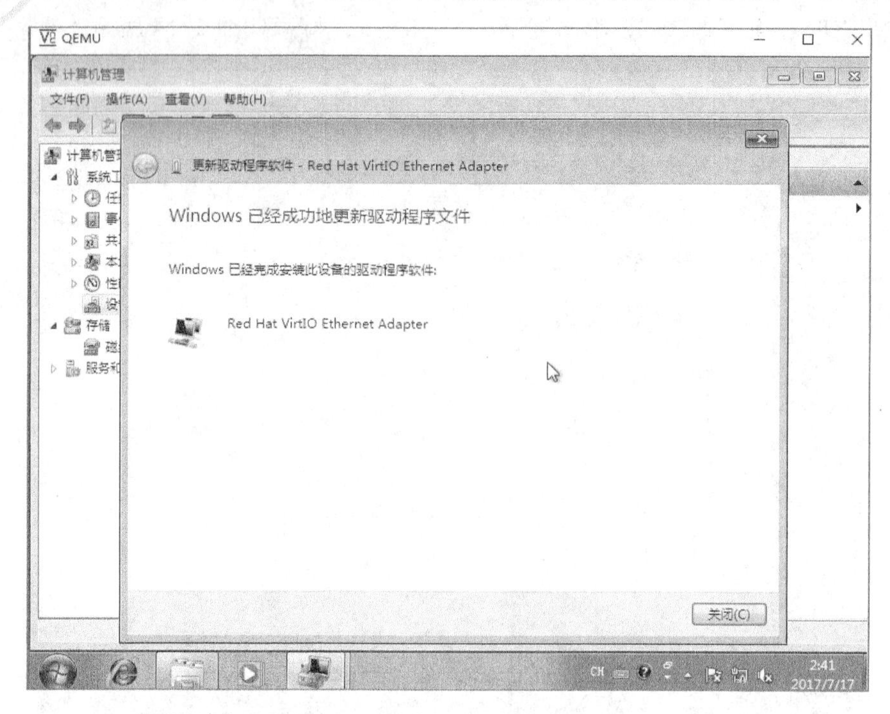

图 5-15　Windows 7 安装 VirtIO Ehternet Adapter 成功

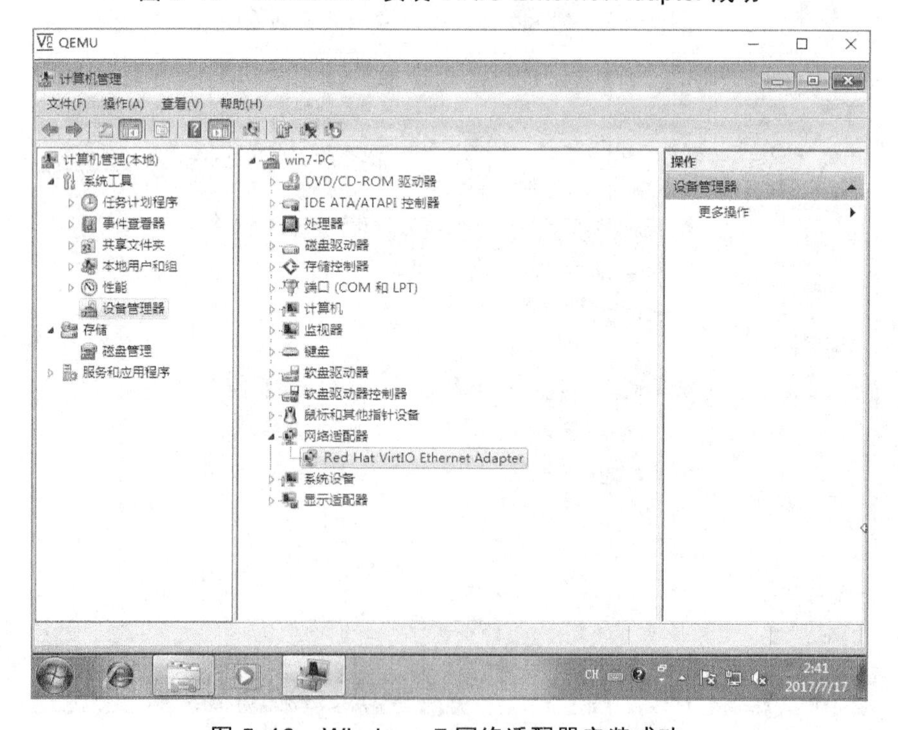

图 5-16　Windows 7 网络适配器安装成功

至此，Windows 7 虚拟机网卡驱动程序安装成功，系统能正常上网，如图 5-17 所示。

图 5-17　Windows 7 虚拟机网络正常

3. 安装 virtio balloon 的驱动程序

使用以下命令启动 Windows 7 虚拟机：

```
qemu-system-x86_64 -m 1 024 -drive file=win7.img,cache=writeback,if=virtio,boot=on -cdrom virtio-win-0.1-81.iso -net nic,model=virtio -net user -balloon virtio -device virtio-serial-pci -boot order=c --enable-kvm -vnc :1
```

该命令中参数“-balloon virtio”表示使用 virtio 的 ballon 气球设备，参数“-device virtio-serial-pci”表示使用 virtio 的控制台设备。虚拟机启动后，打开设备管理器（见图 5-18），在“其他设备”中可以看到“PCI 简易通讯控制器”和“PCI 设备”两项内容。“PCI 设备”是内存 balloon 的 virtio 设备，“PCI 简易通讯控制器”是使用 virtio 的控制台设备。

在未安装驱动程序的“PCI 简易通讯控制器”右击，选择 “更新驱动程序软件”命令，然后选择“浏览计算机以查找驱动程序软件”选项，在 CD 驱动器的 WIN7 目录下的 X86 目录中搜索设备驱动程序，如图 5-19 所示。

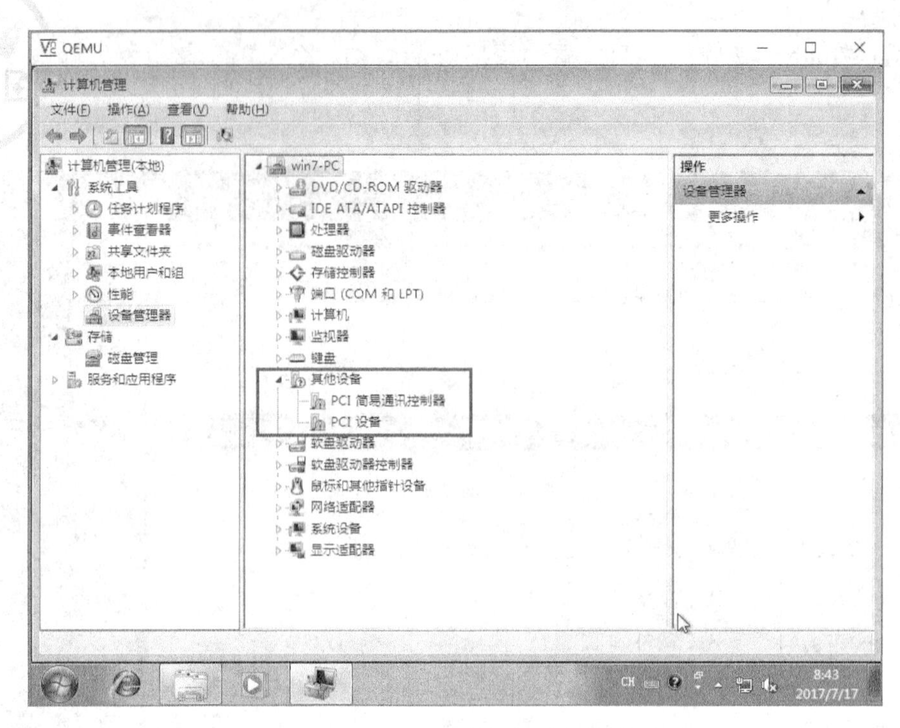

图 5-18　Windows 7 虚拟机的设备管理器

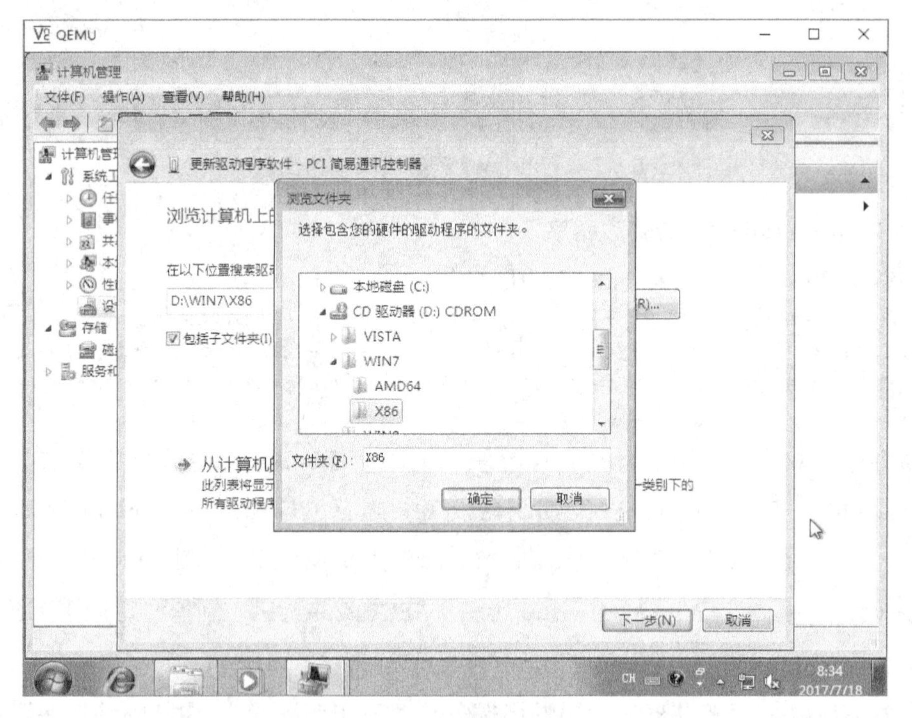

图 5-19　安装“PCI 简易通讯控制器”驱动程序

单击“确定”按钮后，再单击“下一步”按钮，在打开的对话框中单击“安装”按钮进行驱动程序的安装，如图 5-20 所示。

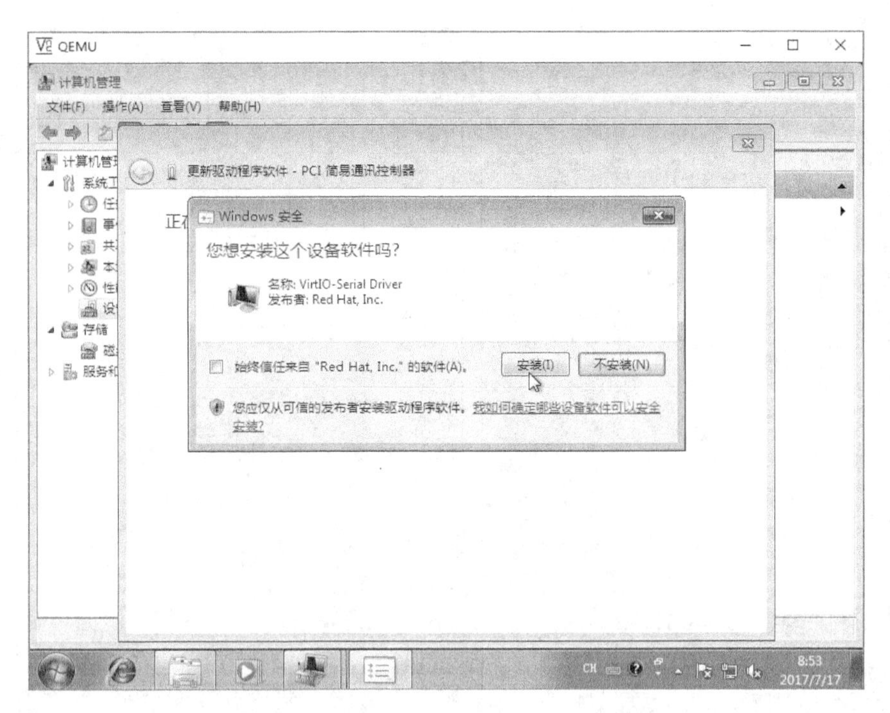

图 5-20　VirtIO-Serial Driver 的驱动安装

看到如图 5-21 所示的界面，就说明 VirtIO-Serial Driver 的驱动程序安装成功，这时在设备管理器的“系统设备”下能看到 VirtIO-Serial Driver，如图 5-22 所示。

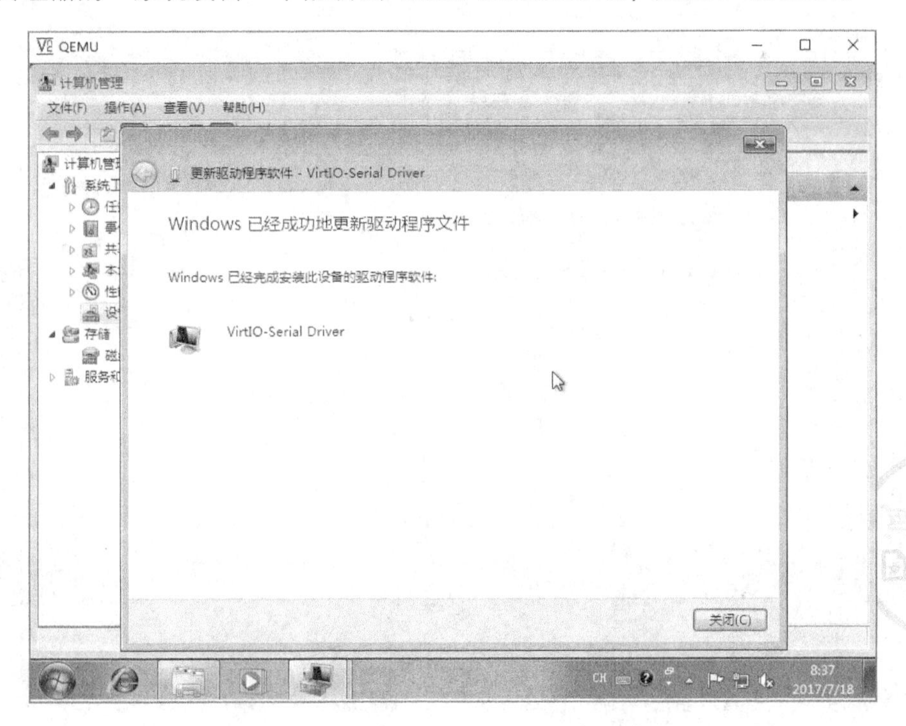

图 5-21　VirtIO-Serial Driver 安装成功

图 5-22 “系统设备”下的 VirtIO-Serial Driver

以同样的方式安装“PCI 设备”的驱动程序，安装成功后，如图 5-23 和图 5-24 所示。

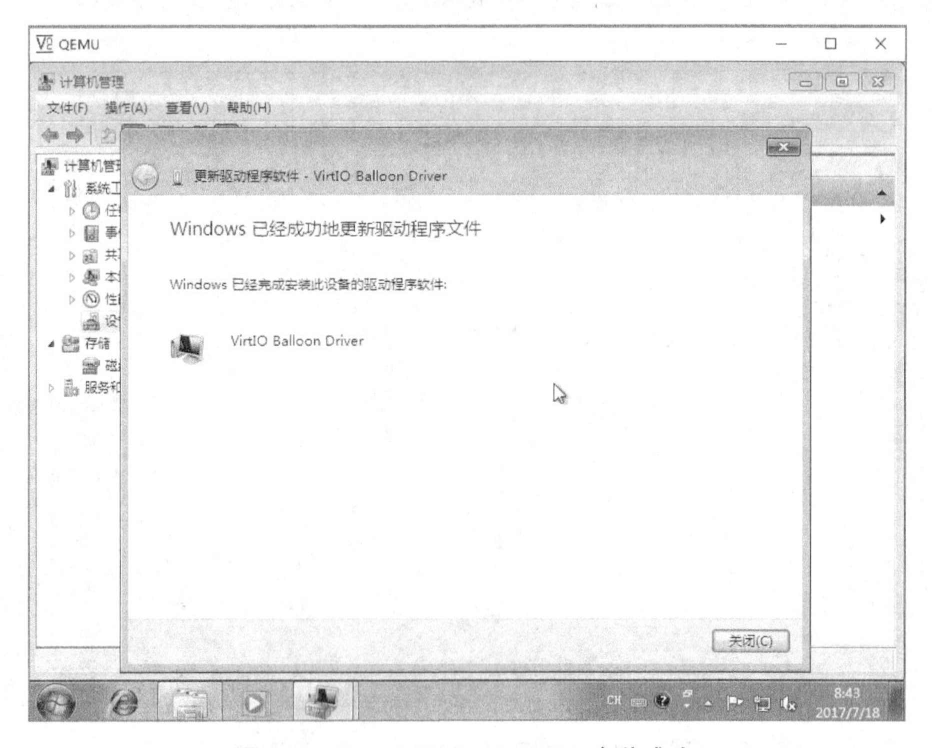

图 5-23 VirtIO Balloon Driver 安装成功

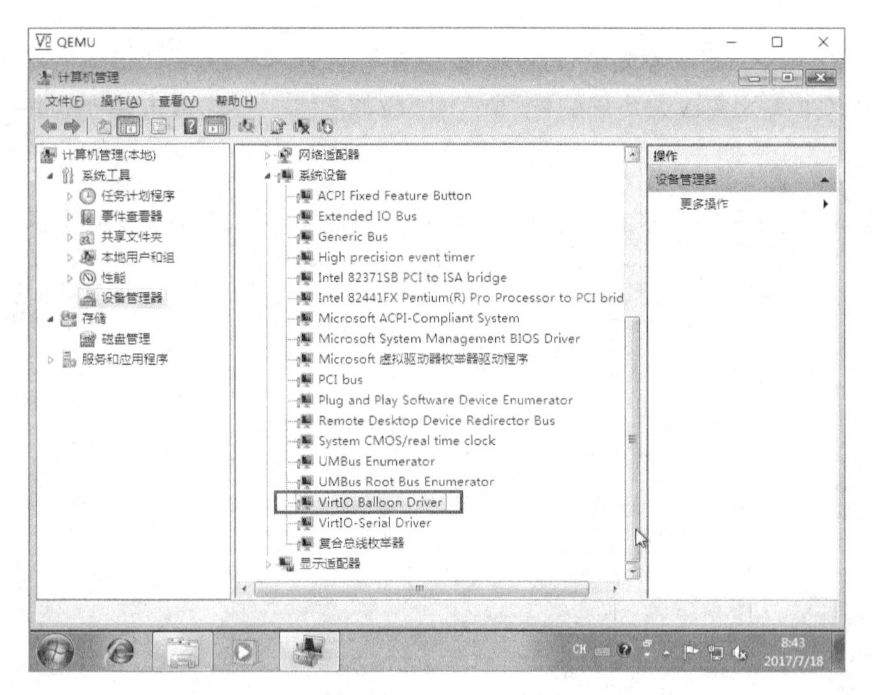

图 5-24　“系统设备”下的 VirtIO Balloon Driver

4. Windows 下的 virtio 驱动程序

在以上的 Windows 7 虚拟机中，打开使用文件 virtio-win-0.1-81.iso 挂载的 CD-ROM 光驱，可以看到文件 virtio-win-0.1-81.iso 提供的目录结构，如图 5-25 所示。

图 5-25　Windows 7 虚拟机的光驱文件

其中各个文件夹对应着各个 Windows 版本，打开 WIN7 目录，其中两个子目录 AMD64 和 X86 分别对应着系统的 64 位和 32 位的版本。打开 X86 目录，目录结构如图 5-26 所示。

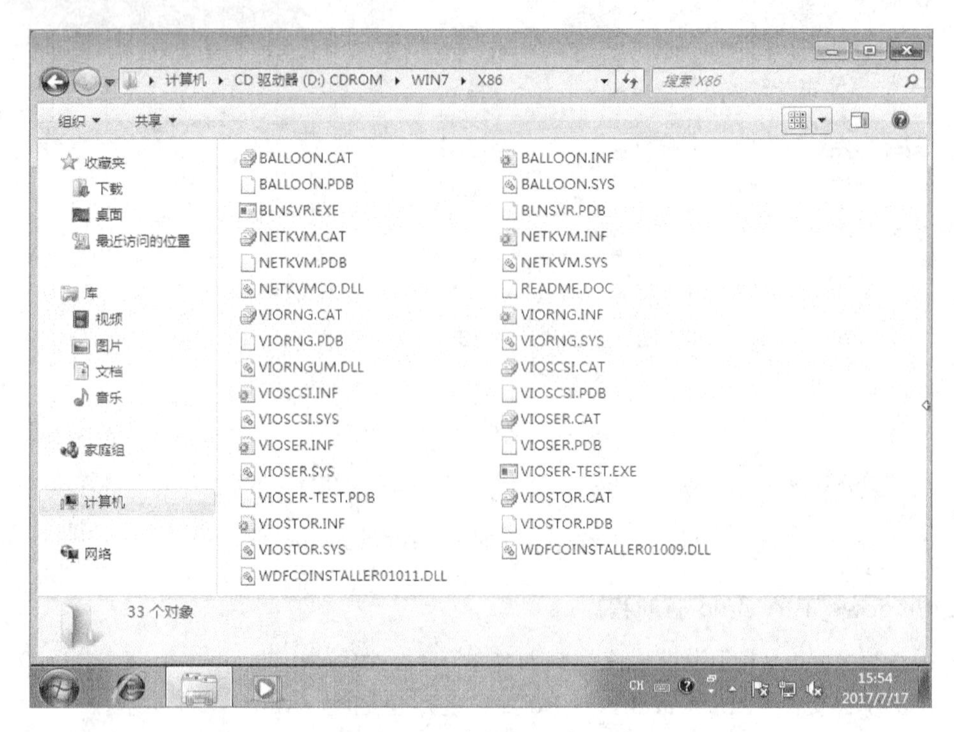

图 5-26　Windows 7 虚拟机下光驱的 X86 目录

在图 5-26 中，文件大致分为以下几类：BALLOON 开头的文件是 virtio 关于内存气球相关的驱动程序；NETKVM 开头的文件是 virtio 关于网络相关的驱动程序；VIORNG 开头的文件用于 virtio 的环形缓冲区；VIOSCSI 开头的文件用于 virtio 对磁盘块设备相关的 SCSI 设备的驱动；VIOSER 开头的文件用于 virtio 控制台相关的驱动；VIOSTOR 开头的文件是 virtio 磁盘块设备存储相关的驱动程序。

由于在制作 Windows 7 镜像时使用了本小节中图 5-9 的 Red Hat VirtIO SCSI controller，而且在启动 Windows 7 虚拟机时使用了 qemu-system-x86 的“-net nic,model=virtio -net user”参数，该参数表明虚拟机将使用 virtio 提供的网络驱动程序。因此，打开设备管理器，如图 5-27 所示。

在图 5-27 中可以看到，DVD/CD-ROM 驱动器是 QEMU 模拟的光驱。磁盘驱动器下 Red Hat VirtIO SCSI Disk Device 表示是由 virtio 模拟的 SCSI 硬盘，存储控制器下 Red Hat VirtIO SCSI controller 表示是由 virtio 模拟的 SCSI 控制器，网络适配器下的 Red Hat VirtIO Ethernet Adapter 是由 virtio 模拟的以太网适配器。

图 5-27　Windows 7 虚拟机的设备管理器

5.1.4　virtio_balloon

1. balloon 气球概述

virtio_balloon 驱动程序即内存气球，可以用来动态调整内存。通常，要改变客户机的内存大小，需要关闭客户机，用 qemu-system-x86_64 重新分配。但是，这在实际应用中很不方便，于是出现了 balloon 技术。

balloon（气球）技术可以在客户机运行时动态地调整内存大小，而不需要关闭客户机。它是客户机的 balloon driver 通过 virtio 虚拟队列接口和宿主机协同工作来完成的。balloon driver 的作用在于它既可以膨胀扩大自己使用的内存大小，也可以缩减自己的内存使用量。

气球中的内存是供宿主机使用的，不能被客户机访问或使用，所以，当宿主机内存使用紧张、空余内存不多时，可以请求客户机回收利用已分配给客户机的部分内存，客户机就会释放其空闲的内存，使得内存气球充气膨胀，从而让宿主机回收气球中的内存用于其他进程（或其他客户机）。反之，当客户机中内存不足时，也可以让宿主机的内存气球压缩，释放出内存气球中的部分内存，让客户机使用更多的内存。

balloon driver 本身并不直接管理 balloon，它的扩容与缩减都是通过 virtio 队列由宿主机发送信号管理。客户机的 balloon driver 可以通过 virtio 通道与主机通信，并接受主机给它的伸/缩信号。balloon driver 需要客户机协作，但客户机不直接控制 balloon。宿主机可以把 balloon 中的内存页从客户机取消映射，拿来给其他客户机使用，也可以映射回去，用来增加客户机内存。因为客户机不能使用 balloon 中的内存，所以当客户机的内存不足以满足自身应用时，它要么使用 swap 分区，要么选择性杀死一些进程。

2. 使用 balloon 改变 Linux 客户机内存

这里以 Ubuntu14.04 虚拟机为例讲解 balloon 的使用。在虚拟机运行过程中，通过 balloon 动态调整虚拟机内存大小，同时在宿主机由 QEMU 监控器监控虚拟机内存使用情况。

由于 KVM 中的 balloon 是通过宿主机和客户机协同来实现的，在宿主机中应该使用 2.6.27 及以上版本的 Linux 内核（包括 KVM 模块），使用较新的 qemu-kvm（如 0.13 版本以上），在客户机中使用 2.6.27 及以上内核且将 CONFIG_VIRTIO_BALLOON 配置为模块或编译到内核。在很多 Linux 发行版中都已经配置有 CONFIG_VIRTIO_BALLOON=m，所以用较新的 Linux 作为客户机系统，一般不需要额外配置 virtio_balloon 驱动程序，使用默认内核配置即可。

在 QEMU 命令行中可用“-balloon virtio”参数来分配 Balloon 设备给客户机，让其调用 virtio_balloon 驱动程序来工作，而默认值为没有分配 balloon 设备（与“-balloon none”效果相同）。“-balloon virtio”的参数格式为“-balloon virtio[,addr=addr]”，该参数表示使用 VirtIO balloon 设备，addr 可配置客户机中该设备的 PCI 地址。

在 QEMU 监控器命令中，提供了两个命令查看和设置客户机内存的大小。

（1）（qemu）info balloon：表示查看客户机内存占用量（balloon 信息）。

（2）（qemu）balloon num：表示设置客户机内存占用量为 num MB。

首先在宿主机中使用命令“qemu-system-x86_64 ubuntu14.04.img -m 1024 -balloon virtio --enable-kvm -vnc :1 -monitor stdio”启动 Ubuntu14.04 虚拟机，“-monitor stdio”参数表示打开 QEMU 监控器，如图 5-28 所示。

```
root@ubuntu:/home/kvm/img# qemu-system-x86_64 ubuntu14.04.img -m 1024 -balloon virtio
--enable-kvm -vnc :1 -monitor stdio
QEMU 2.9.50 monitor - type 'help' for more information
(qemu)
```

图 5-28　Ubuntu14.04 虚拟机启动

在启动后的 Ubuntu 虚拟机中使用 lspci 命令查看 balloon 设备使用情况，可以看到“Red Hat，Inc Virtio memory balloon”字样，表明设备已经正常加载，如图 5-29 所示。

```
root@ubuntu:~# lspci
00:00.0 Host bridge: Intel Corporation 440FX - 82441FX PMC [Natoma] (rev 02)
00:01.0 ISA bridge: Intel Corporation 82371SB PIIX3 ISA [Natoma/Triton II]
00:01.1 IDE interface: Intel Corporation 82371SB PIIX3 IDE [Natoma/Triton II]
00:01.3 Bridge: Intel Corporation 82371AB/EB/MB PIIX4 ACPI (rev 03)
00:02.0 VGA compatible controller: Device 1234:1111 (rev 02)
00:03.0 Ethernet controller: Intel Corporation 82540EM Gigabit Ethernet Controller (rev 03)
00:04.0 Unclassified device [00ff]: Red Hat, Inc Virtio memory balloon
root@ubuntu:~#
```

图 5-29　在 Ubuntu 14.04 虚拟机上查看 pci 设备

然后，继续在Ubuntu虚拟机中使用命令grep VIRTIO_BALLOON /boot/config-3.13.0-24-generic在Ubuntu内核文件中可以查看到balloon已经编译至内核，如图5-30所示。

```
root@ubuntu:~# grep VIRTIO_BALLOON /boot/config-3.13.0-24-generic
CONFIG_VIRTIO_BALLOON=y
root@ubuntu:~#
```

图5-30　Ubuntu 14.04内核文件的balloon配置

在Ubuntu虚拟机中使用free -m命令查看其内存使用量，可以看到系统总内存数为993 MB（大致等于启动虚拟机时通过QEMU命令设置的1 024 MB），已使用136 MB，如图5-31所示。

```
root@ubuntu:~# free -m
             total       used       free     shared    buffers     cached
Mem:           993        136        857          0         17         83
-/+ buffers/cache:         35        958
Swap:         1020          0       1020
root@ubuntu:~# _
```

图5-31　修改前的Ubuntu虚拟机内存使用量

接下来在宿主机的QEMU monitor中，使用命令info balloon查看虚拟机内存，显示实际内存为启动虚拟机时设置的1 024。然后，使用命令balloon 512更改Ubuntu虚拟机内存为512，再使用命令info balloon查看，显示实际内存为修改后的512，如图5-32所示。

```
root@ubuntu:/home/kvm/img# qemu-system-x86_64 ubuntu14.04.img -m 1024 -balloon virtio
--enable-kvm -vnc :1 -monitor stdio
QEMU 2.9.50 monitor - type 'help' for more information
(qemu) info balloon
balloon: actual=1024
(qemu) balloon 512
(qemu) info balloon
balloon: actual=512
(qemu)
```

图5-32　在QEMU monitor中更改客户机内存

设置了虚拟机内存为512后，再在虚拟机中使用free -m命令查看其内存使用量，可以看到系统总内存数为481 MB，比修改前的总内存数993正好减少了512 MB。如图5-33所示。

```
root@ubuntu:~# free -m
             total       used       free     shared    buffers     cached
Mem:           481        133        348          0         15         82
-/+ buffers/cache:         35        446
Swap:         1020          0       1020
root@ubuntu:~#
```

图5-33　修改后的Ubuntu虚拟机内存使用量

这减少的512 MB内存即baloon设备占用的内存，Ubuntu虚拟机的总内存数减少，宿主机回收512 MB的内存，将再次分配将其用于其他进程或其他用途。

此外，需要注意的是，当balloon命令使客户机内存增大时，其增大的最大值不能超过使用QEMU命令启动虚拟机时设置的内存大小。也就是说，如果启动虚拟机时QEMU

命令行中设置的内存为 2 048 MB，那么在 QEMU 的 monitor 中能够给虚拟机设置的最大内存量为 2 048 MB。如果执行 balloon 4096 命令，那么设置的 4 096 MB 的内存不会生效，虚拟机内存仍然是启动时设置的 2 048 MB。

3. 使用 balloon 改变 Windows 客户机内存

使用以下命令启动 Windows 7 虚拟机

```
    qemu-system-x86_64 -m 1 024 -drive file=win7.img,cache=writeback,if=
virtio,boot=on -net nic,model=virtio -net user -balloon virtio -device
virtio-serial-pci -boot order=c --enable-kvm -vnc :1 -monitor stdio
```

Windows 7 虚拟机启动后，打开 Windows 的任务管理器，从中可以看到系统物理内存总数为 1 023，“可用”内存为 713 MB，如图 5-34 所示。

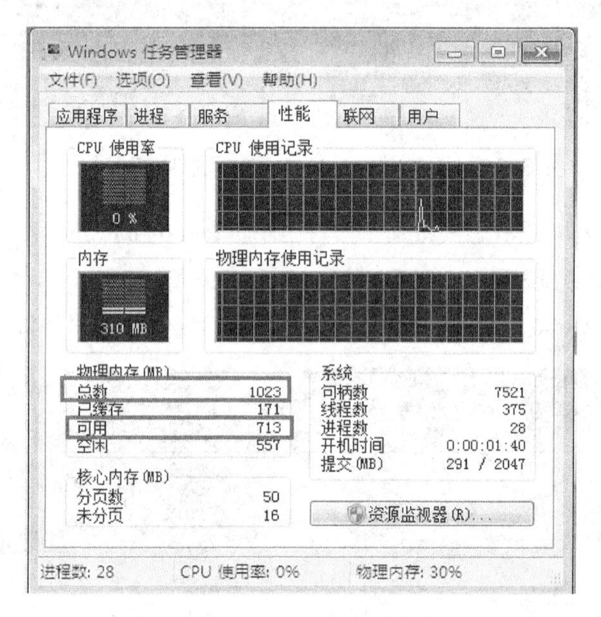

图 5-34 修改前的 Windows 7 虚拟机内存使用量

在 QEMU monitor 中使用命令 info balloon 查看 Win7 客户机内存，显示实际内存为启动虚拟机时设置的 1 024。然后，使用命令 balloon 512 更改客户机内存为 512，再使用命令 info balloon 查看 Windows 7 客户机内存，显示实际内存为修改后的 512，如图 5-35 所示。

```
root@ubuntu:/home/kvm/img# qemu-system-x86_64 -m 1024 -drive file=win7.img,cache=write
back,if=virtio,boot=on -net nic,model=virtio -net user -balloon virtio -device virtio-
serial-pci -boot order=c --enable-kvm -vnc :1 -monitor stdio
qemu-kvm: boot=on|off is deprecated and will be ignored. Future versions will reject t
his parameter. Please update your scripts.
QEMU 2.9.50 monitor - type 'help' for more information
(qemu) info balloon
balloon: actual=1024
(qemu) balloon 512
(qemu) info balloon
balloon: actual=512
(qemu)
```

图 5-35 在 QEMU monitor 中更改客户机内存

在 Windows 7 虚拟机中，再次查看任务管理器，发现在宿主机更改其内存后，Windows 7 虚拟机中的物理内存总数并没有发生改变，但是看到它的可用内存已经从图 5-34 中的 713 MB 使用量降低为图 5-36 中的 222 MB 使用量。这减少的 491 MB 的内存使用量即是 balloon 设备占用的。虽然 Windows 7 虚拟机的内存总量没变，但是可用的内存使用量已经降低，也就是说 balloon 设备占用的 491 MB 内存 Windows 7 虚拟机是不能使用的，这时宿主机可以将这 491 MB 的内存重新分配给其他进程，用于其他用途。

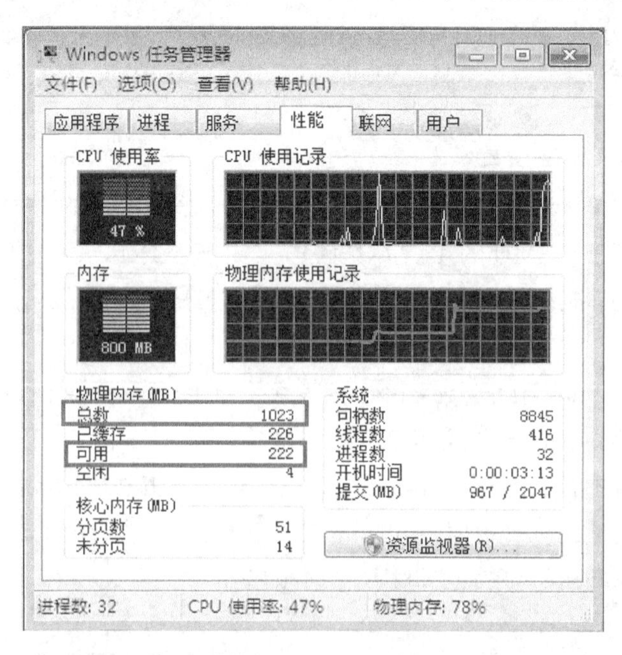

图 5-36　修改后的 Windows 7 虚拟机内存使用量

5.1.5　virtio_net

在选择 KVM 中的网络设备时，一般来说优先选择半虚拟化的网络设备而不是纯软件模拟的设备，使用 virtio_net 半虚拟化驱动，可以提高网络吞吐量和降低网络延迟，从而让客户机中的网络几乎达到和原生网卡差不多的性能。

virtio_net 的使用，需要两部分的支持：一部分是宿主机中 QEMU 工具的支持；另一部分是客户机中 virtio_net 驱动程序的支持。较新的 QEMU 都有对 virtio 网卡设备的支持，且较新的流行 Linux 发行版中都已经将 virtio_net 作为模块编译到系统之中，所以使用起来还是比较方便的。

可以通过如下几个步骤来使用 virtio_net：

1. 查看宿主机对 virtio_net 的支持

使用命令“grep VIRTIO_NET /boot/config-4.12.0-rc5+”查看宿主机对 virtio_net 的支持。CONFIG_VIRTIO_NET=m 表示笔者使用的 Ubuntu 系统已经将 virtio_net 作为模块编

译到系统之中。

```
root@ubuntu:/home/kvm/img# grep VIRTIO_NET /boot/config-4.12.0-rc5+
CONFIG_VIRTIO_NET=m
```

2. 检查 QEMU 是否支持 virtio 类型的网卡

从“qemu-system-x86_64 -net nic，model=?”命令的输出信息中支持网卡的类型可知，当前 QEMU 支持 virtio 网卡。

```
root@ubuntu:/home/kvm/img# qemu-system-x86_64 -net nic,model=?
qemu: Supported NIC models: ne2k_pci,i82551,i82557b,i82559er,rtl8139,
e1000,pcnet, virtio
```

3. QEMU 的 TAP 网络设置

因为虚拟机网络需要以 TAP（Test Access Point，分路器）的方式进行启动，所以首先需要在宿主机上配置 QEMU 的 TAP 网络设置。在基于 Debian 和 Ubuntu 的系统上，首先要安装含有建立虚拟网络设备（TAP Interfaces）的工具 uml-utilities 和桥接工具 bridge-utils。

（1）安装 uml-utilities 和 bridge-utils。在宿主机上使用命令 apt-get install uml-utilities 和 apt-get install bridge-utils 安装建网和桥接工具。

（2）将虚拟机用户名添加至 uml-net 组。为了使虚拟机能够访问网络接口，必须将运行虚拟主机的用户名（通常是虚拟机 ubuntu 的登录用户名）添加到 uml-net 用户组（请用用户名替换其中的 steven），在宿主机执行命令如下：

```
sudo gpasswd -a steven uml-net
```

为了使改动生效，重新启动计算机。

（3）修改宿主机网络。为保证虚拟机和宿主机的连通，需要在宿主机上建立 tap0 虚拟机网络设备和 br0 网桥。使用命令 sudo vim /etc/network/interfaces 打开网络配置文件。

在打开的 interfaces 文件后面添加下面的内容，将虚拟网络接口命名为 tap0，指定该接口 IP 配置为手动方法，并指定使用该接口的用户（请用用户名替换其中的 steven）：

```
auto tap0
    iface tap0 inet manual
    up ifconfig $IFACE 0.0.0.0 up
    down ifconfig $IFACE down
    tunctl_user steven
```

继续在/etc/network/interfaces 中添加内容，建立一个名为 br0 的桥，该桥的 IP 配置可以配置为通过 DHCP 分配，也可以使用静态 IP，IP 地址等需要根据自己的网络状况做相应的更改。enp2s0 为笔者宿主机的物理网络设备。宿主机中的所有网络接口，也包括 tap0 这个虚拟网络接口，都将建立在这个桥之上，添加内容如下：

```
auto br0
iface br0 inet static
```

```
bridge_ports all enp2s0
address 192.168.10.225
broadcast 192.168.10.255
netmask 255.255.255.0
gateway 192.168.10.250
```

（4）创建 TAP 网络脚本。在宿主机上需要为 TAP 网络创建启动和关闭脚本。使用命令 sudo vi /etc/qemu-ifup 在/etc 目录下创建 qemu-ifup 脚本，写入以下内容：

```
#!/bin/sh
#set -x
switch=br0
if [ -n "$1" ];then
      /usr/bin/sudo /usr/sbin/tunctl -u `whoami` -t $1
      /usr/bin/sudo /sbin/ip link set $1 up
      sleep 0.5s
      /usr/bin/sudo /sbin/brctl addif $switch $1
      exit 0
else
      echo "Error: no interface specified"
      exit 1
fi
```

然后，再创建一个空的 TAP 网络关闭脚本，以避免关闭虚拟机时的警告。使用命令 sudo vi /etc/qemu-ifdown 在/etc 目录下创建/qemu-ifdown 文件，写入以下内容：

```
#!/bin/sh
```

（5）修改 TAP 网络脚本执行权限。默认情况下，/etc/qemu-ifup 和/etc/qemu-ifdown 两个脚本文件没有执行权限，需要使用命令“chmod +x /etc/qemu*”修改其执行权限。修改完毕后使用命令“ls -l /etc/qemu-if*”查看，显示如下：

```
root@ubuntu:~# ls -l /etc/qemu-if*
-rwxr-xr-x 1 root root  10 7月  23 17:21 /etc/qemu-ifdown
-rwxr-xr-x 1 root root 339 7月  23 18:21 /etc/qemu-ifup
```

（6）启动新建的 tap0 虚拟网络接口和网桥 br0。

首次使用需要激活刚才建立的虚拟网络接口和网络桥，使用命令 sudo /sbin/ifup tap0 和 sudo /sbin/ifup br0 即可。

然后使用命令/etc/init.d/networking restart 重启网络，重启后使用 ifconfig 查看宿主机网络接口。内容如下：

```
root@ubuntu:~# ifconfig
br0       Link encap:以太网  硬件地址 30:0e:d5:c0:6b:62
          inet 地址:192.168.10.225  广播:192.168.10.255  掩码:255.255.
255.0
          inet6 地址: fe80::320e:d5ff:fec0:6b62/64 Scope:Link
```

```
          UP BROADCAST RUNNING MULTICAST  MTU:1500  跃点数:1
          接收数据包:165 错误:0 丢弃:0 过载:0 帧数:0
          发送数据包:59 错误:0 丢弃:0 过载:0 载波:0
          碰撞:0 发送队列长度:1000
          接收字节:36490 (36.4 KB)  发送字节:6008 (6.0 KB)

enp2s0    Link encap:以太网  硬件地址 30:0e:d5:c0:6b:62
          UP BROADCAST RUNNING MULTICAST  MTU:1500  跃点数:1
          接收数据包:105120 错误:0 丢弃:1876 过载:0 帧数:0
          发送数据包:18455 错误:0 丢弃:0 过载:0 载波:0
          碰撞:0 发送队列长度:1000
          接收字节:26729798 (26.7 MB)  发送字节:8520970 (8.5 MB)

lo        Link encap:本地环回
          inet 地址:127.0.0.1  掩码:255.0.0.0
          inet6 地址: ::1/128 Scope:Host
          UP LOOPBACK RUNNING  MTU:65536  跃点数:1
          接收数据包:254231 错误:0 丢弃:0 过载:0 帧数:0
          发送数据包:254231 错误:0 丢弃:0 过载:0 载波:0
          碰撞:0 发送队列长度:1000
          接收字节:18771407 (18.7 MB)  发送字节:18771407 (18.7 MB)

tap0      Link encap:以太网  硬件地址 8e:d2:1e:c5:e7:37
          UP BROADCAST MULTICAST  MTU:1 500  跃点数:1
          接收数据包:0 错误:0 丢弃:0 过载:0 帧数:0
          发送数据包:0 错误:0 丢弃:0 过载:0 载波:0
          碰撞:0 发送队列长度:1000
          接收字节:0 (0.0 B)  发送字节:0 (0.0 B)
```

以上配置中，br0 为新建的网桥，使用静态 IP；enp2s0 为宿主机物理网络接口；lo 为回环网络；tap0 为新建的宿主机虚拟网络接口。enp2s0 和 tap0 都通过 br0 进行桥接。

4. 启动虚拟机 Ubuntu14.04

下面使用一下命令启动虚拟机 Ubuntu14.04：

```
qemu-system-x86_64 /home/kvm/img/ubuntu14.04.img -m 1024 -net nic,
model=virtio,macaddr=00:45:5a:22:ad:25 -net tap -vnc :1
```

model=virtio 表明使用 virto_net 启动虚拟机网络。在虚拟机中使用命令 grep VIRTIO /boot/config-3.13.0-24-generic 查看虚拟机 virtio 网卡的使用情况，如图 5-37 所示。

在图 5-37 中可以看到 CONFIG_VIRTIO_NET=y，表明虚拟机内核中配置了 virtio_net 模块。使用命令 lspci 可以看到如图 5-38 所示的“Red Hat, Inc Virtio network device”的虚拟 virtio 网络设备。

```
root@ubuntu:~# grep VIRTIO /boot/config-3.13.0-24-generic
CONFIG_NET_9P_VIRTIO=m
CONFIG_VIRTIO_BLK=y
CONFIG_SCSI_VIRTIO=m
CONFIG_VIRTIO_NET=y
CONFIG_CAIF_VIRTIO=m
CONFIG_VIRTIO_CONSOLE=y
CONFIG_HW_RANDOM_VIRTIO=m
CONFIG_VIRTIO=y
CONFIG_VIRTIO_PCI=y
CONFIG_VIRTIO_BALLOON=y
CONFIG_VIRTIO_MMIO=y
CONFIG_VIRTIO_MMIO_CMDLINE_DEVICES=y
root@ubuntu:~#
```

图 5-37　虚拟机 Ubuntu 14.04 的 virtio 使用情况

```
root@ubuntu:~# lspci
00:00.0 Host bridge: Intel Corporation 440FX - 82441FX PMC [Natoma] (rev 02)
00:01.0 ISA bridge: Intel Corporation 82371SB PIIX3 ISA [Natoma/Triton II]
00:01.1 IDE interface: Intel Corporation 82371SB PIIX3 IDE [Natoma/Triton II]
00:01.3 Bridge: Intel Corporation 82371AB/EB/MB PIIX4 ACPI (rev 03)
00:02.0 VGA compatible controller: Device 1234:1111 (rev 02)
00:03.0 Ethernet controller: Red Hat, Inc Virtio network device
root@ubuntu:~# _
```

图 5-38　虚拟机的 virtio 网络设备

使用 ifconfig eth0 和 ethtool -i eth0 命令查看虚拟机网络，从图 5-39 输出的信息可知，网络接口 eth0 使用了 virtio_net 驱动程序，并且通过 ping 192.168.10.225（IP 为宿主机 IP）命令可知当前网络连接工作正常。

```
root@ubuntu:~# ifconfig eth0
eth0      Link encap:Ethernet  HWaddr 00:45:5a:22:ad:25
          inet addr:192.168.10.226  Bcast:192.168.10.255  Mask:255.255.255.0
          inet6 addr: fe80::245:5aff:fe22:ad25/64 Scope:Link
          UP BROADCAST RUNNING MULTICAST  MTU:1500  Metric:1
          RX packets:151 errors:0 dropped:20 overruns:0 frame:0
          TX packets:7 errors:0 dropped:0 overruns:0 carrier:0
          collisions:0 txqueuelen:1000
          RX bytes:25465 (25.4 KB)  TX bytes:578 (578.0 B)

root@ubuntu:~# ethtool -i eth0
driver: virtio_net
version: 1.0.0
firmware-version:
bus-info: 0000:00:03.0
supports-statistics: no
supports-test: no
supports-eeprom-access: no
supports-register-dump: no
supports-priv-flags: no
root@ubuntu:~# ping 192.168.10.225
PING 192.168.10.225 (192.168.10.225) 56(84) bytes of data.
64 bytes from 192.168.10.225: icmp_seq=1 ttl=64 time=5.76 ms
64 bytes from 192.168.10.225: icmp_seq=2 ttl=64 time=2.20 ms
64 bytes from 192.168.10.225: icmp_seq=3 ttl=64 time=1.09 ms
64 bytes from 192.168.10.225: icmp_seq=4 ttl=64 time=0.790 ms
64 bytes from 192.168.10.225: icmp_seq=5 ttl=64 time=1.07 ms
64 bytes from 192.168.10.225: icmp_seq=6 ttl=64 time=0.964 ms
^C
--- 192.168.10.225 ping statistics ---
6 packets transmitted, 6 received, 0% packet loss, time 5011ms
rtt min/avg/max/mdev = 0.790/1.981/5.760/1.751 ms
root@ubuntu:~#
```

图 5-39　查看虚拟机网络

5.1.6 virtio_blk

与 virtio-net 一样，virtio-blk 驱动程序使用 virtio 机制为客户机提供了一个高性能的访问块设备 I/O 的方法。块设备的 I/O 操作方式与字符设备存在较大的不同，在整个块设备的 I/O 操作中，贯穿于始终的就是“请求”。为提高性能，块设备的 I/O 操作会进行排队和整合。

在 QEMU 中对块设备使用 virtio，需要两方面的配置：一方面宿主机中 QEMU 需要提供后端处理程序；另一方面客户机需要前端驱动模块 virtio_blk。目前，在比较流行的 Linux 发行版中，一般都将 virtio_blk 编译为内核模块，所以作为客户机可以直接使用 virtio_blk。而 Windows 中 virtio 驱动程序的安装方法已在前面章节中做过介绍。

使用以下命令启动虚拟机：

```
qemu-system-x86_64 -drive file=/home/kvm/img/ubuntu14.04.img,if=virtio -m 1024 -net nic -net tap -vnc :1
```

在虚拟机中使用命令 grep -i virtio_blk /boot/config-3.13.0-24-generic 命令查看内核模块配置,可以看到 virtio_blk 模块已加载,使用 lspci|grep -i block 命令可以看到由 virtio_blk 虚拟的“Red Hat， Inc Virtio block device”块设备，如图 5-40 所示。

```
root@ubuntu:~# grep -i virtio_blk /boot/config-3.13.0-24-generic
CONFIG_VIRTIO_BLK=y
root@ubuntu:~# lspci|grep -i block
00:04.0 SCSI storage controller: Red Hat, Inc Virtio block device
root@ubuntu:~#
```

图 5-40　查看虚拟机块设备

使用命令 fdisk -l 查看虚拟机系统磁盘，可以看到使用 virtio_blk 驱动程序的磁盘显示为/dev/vda，这不同于 IDE 硬盘的/dev/hda 或者 SATA 硬盘的/dev/sda 这样的显示标识，如图 5-41 所示。

```
root@ubuntu:~# fdisk -l

Disk /dev/vda: 53.7 GB, 53687091200 bytes
255 heads, 63 sectors/track, 6527 cylinders, total 104857600 sectors
Units = sectors of 1 * 512 = 512 bytes
Sector size (logical/physical): 512 bytes / 512 bytes
I/O size (minimum/optimal): 512 bytes / 512 bytes
Disk identifier: 0x000a07d2

   Device Boot      Start         End      Blocks   Id  System
/dev/vda1   *        2048   102762495    51380224   83  Linux
/dev/vda2       102764542   104855551     1045505    5  Extended
/dev/vda5       102764544   104855551     1045504   82  Linux swap / Solaris
root@ubuntu:~#_
```

图 5-41　查看虚拟机磁盘

如果启动的是已安装 virtio 驱动程序的 Windows 客户机，则在客户机的“设备管理器”中的“存储控制器”中看到的是正在使用 Red Hat VirtIO SCSI Controller 设备作为磁盘。

5.2　设备直接分配

在私有云桌面虚拟化中，设备直接分配也称为设备的透传，设备透传一直以来都是作为基本功能出现的。设备透传与设备重定向在使用上的区别是前者一般将主机上的设备直接传递给在其中运行的虚拟机，后者则是将客户端的设备通过网络传递给其正在连接的虚拟机；相同点是当传递至虚拟机或虚拟机归还设备时，这对于主机来说属于设备热插拔操作。

5.2.1　PCI/PCI-E 设备

在 QEMU 中，PCI/PCI-E 设备目前仅支持透传（某些商业软件可对 PCI/PCI-E 设备进行重定向），且需要在主机 BIOS 设置中 CPU 打开 Intel VT-d 选项（AMD CPU 与之对应的是 AMD Vi），可透传的设备包括显卡、声卡、HBA 卡、网卡、USB 控制器等，其中某些设备需要额外设置（比如 IOMMU）才可进行透传。

使用 libvirt 透传 PCI/PCI-E 设备时需要知道要透传设备的总线地址，以便在域定义中指定要透传的设备。在 QEMU 实现中有为设备直接分配准备的设备模型，包括 pci-assgn、vfio-pci、vfio-vga 等。下面以透传主机网卡为例进行说明：

在宿主机上执行 lspci 命令查看所有 PCI 设备的详细信息。

```
#root@kvm-host:~# lspci
00:00.0 Host bridge: Intel Corporation 440BX/ZX/DX - 82443BX/ZX/DX Host bridge
…
02:05.0 Ethernet controller: Intel Corporation 82545EM Gigabit Ethernet Controller (Copper) (rev 01)
```

其中，BDF 号为 02:05.0 的设备就是需要直接分配的网卡，型号为 Intel 82542EM。然后，基于这个网卡设备新建一个设备定义文件，在虚拟机运行时添加此设备，也可将其写入至虚拟机的域定义文件作为永久设备：

```
#root@kvm-host:~# cat >> pci-e1000.xml<<EOF
<hostdev mode='subsystem' type='pci' managed='yes'>
   <source>
    <address domain='0x0000' bus='0x02' slot='0x05' function='0x0'/>
   </source>
</hostdev>
EOF
```

其中，pci-e1000.xml 这个设备定义文件描述了一个热插拔设备，设备类型为 PCI 设备，设备的总线号是 0x02，物理设备号是 0x05，逻辑设备号是 0x0。

使用 virsh 虚拟机管理工具的 attach-device 参数将这个设备添加到名称为 Windows 7 的虚拟机上：

```
#root@kvm-host:~# virsh attach-device win7 pci-e1000.xml
```

基于以上操作便可将宿主机网卡透传至虚拟机中，同时需要注意的是，不是所有的主机、虚拟机系统和 PCI/PCI-E 设备都支持热插拔。如果在不支持的系统中进行热插拔，可能会造成虚拟机死机，甚至可能造成主机死机。

5.2.2 SR-IOV

SR-IOV 全称为 Single Root I/O Virtualization，是一种基于硬件的虚拟化解决方案，可提高设备利用率，其功能最早在 Linux 系统中实现。SR-IOV 标准允许在虚拟机之间共享 PCI-E 设备，并且它是在硬件中实现的。虚拟设备可以获得与透传方式相当的 I/O 性能。

SR-IOV 中引入了物理功能与虚拟功能两个概念，其中物理功能是指物理设备拥有可配置的完整资源，虚拟功能则使得虚拟设备能够共享一部分物理资源以提供给虚拟机使用。启用了 SR-IOV 并且具有适当的硬件和设备驱动程序支持的 PCI-E 设备在系统中可显示为多个独立的虚拟设备，每个都拥有自己的 I/O 空间。目前使用最多的 SR-IOV 设备是万兆网卡，主要厂商有 Intel、QLogic 等。

这里将以支持 SR-IOV 功能的 Intel 82599 网卡为例介绍 SR-IOV 的完整使用过程，其中会涉及 QEMU 的 vfio-pci 透传设备模型以及设备 IOMMU。

首先，需要修改主机启动引导参数以开启 intel-iommu。此处读者可能会将 intel-iommu 与 iommu 混淆，前者控制的是基于 Intel VT-d 的 IOMMU，它可以使系统进行设备的 DMA 地址重映射（DMAR）等多种高级操作为虚拟机使用做准备，且此项默认关闭，而后者主要控制是 GART（Graphics Address Remapping Table）IOMMU，目的是让有 32 位内存的设备可以进行 DMAR 操作，通常用于 USB 设备、声卡、集成显卡等，会在主机内存 3 GB 以上的系统中默认开启。

修改系统引导文件/boot/grub2/grub.cfg，内容如下：

```
    linux16 /vmlinuz-3.10.0-327.3.1.el7.x86_64 root=UUID=ff78a51d-4759-
464f-a1fd-2712a4943202 ro rhgb quiet LANG=zh_CN.UTF-8 intel_iommu=on
    initrd16 /initramfs-3.10.0-327.3.1.el7.x86_64.im
```

其中参数 intel_iommu=on 指定开启主机的 intel_iommu 功能。

然后，重新加载网卡驱动模块，并设置模块中的最大虚拟功能数以使得设备虚拟出一定数量的网卡。不同厂商的网卡的驱动模块不同，其打开虚拟功能的参数也不同。另外，部分设备由于厂商策略原因，Linux 内核自带的驱动程序不一定拥有虚拟功能相关设置，需要从官网单独下载并替换原有驱动程序。

查看网络设备总线地址，例子中的主机网卡拥有双万兆网口：

```
#root@kvm-host:~# lspci -nn | grep -i ethernet
04:00.0 Ethernet controller [0200]: Intel Corporation Ethernet 10G 2P X520 Adapter [8086:154d] (rev 01)
04:00.1 Ethernet controller [0200]: Intel Corporation Ethernet 10G 2P X520 Adapter [8086:154d] (rev 01)
```

查看设备驱动信息（例子中的网卡驱动程序为 ixgbe）：

```
#root@kvm-host:~# lspci -s 04:00.0 -k
04:00.0 Ethernet controller: Intel Corporation Ethernet 10G 2P X520 Adapter (rev 01)
Subsystem: Intel Corporation 10GbE 2P X520 Adapter
Kernel driver in use: ixgbe
```

查看驱动参数：

```
#root@kvm-host:~# modinfo ixgbe
filename: /lib/modules/3.10.0-327.3.1.el7.x86_64/kernel/drivers/net/ethernet/intel/ixgbe/ixgbe.ko
version:  4.0.1-k-rh7.2
license:  GPL
description: Intel(R) 10 Gigabit PCI Express Network Driver
author:   Intel Corporation, <linux.nics@intel.com>
rhelversion: 7.2
srcversion:  FFFD5E28DF8860A5E458CCB
alias:    pci:v00008086d000015ADsv*sd*bc*sc*i*
…
alias:    pci:v00008086d000010B6sv*sd*bc*sc*i*
depends:    mdio,ptp,dca
intree:   Y
vermagic:   3.10.0-327.3.1.el7.x86_64 SMP mod_unload modversions
signer:     CentOS Linux kernel signing key
sig_key:    3D:4E:71:B0:42:9A:39:8B:8B:78:3B:6F:8B:ED:3B:AF:09:9E:E9:A7
sig_hashalgo: sha256
parm:     max_vfs:Maximum number of virtual functions to allocate per physical function - default is zero and maximum value is 63 (uint)
parm:     allow_unsupported_sfp:Allow unsupported and untested SFP+ modules on 82599-based adapters (uint)
parm:     debug:Debug level (0=none,...,16=all) (int)
```

重新加载内核，修改参数 max_vfs 为 4，并将此参数写入/etc/modprobe.d/下的文件以便开机加载：

```
#root@kvm-host:~# modprobe -r ixgbe; modprobe ixgbe max_vfs=4
#root@kvm-host:~# cat >> /etc/modprobe.d/ixgbe.conf<<EOF
options ixgbe max_vfs=4
EOF
```

再次查看网络设备，可发现多了 4 个虚拟网卡，并且设备 ID 不同于物理网卡。

```
#root@kvm-host:~# lspci | grep -i ethernet
02:00.3 Ethernet controller [0200]: Broadcom Corporation NetXtreme BCM5719 Gigabit Ethernet PCIe [14e4:1657] (rev 01)
04:00.0 Ethernet controller [0200]: Intel Corporation Ethernet 10G 2P X520 Adapter [8086:154d] (rev 01)
04:00.1 Ethernet controller [0200]: Intel Corporation Ethernet 10G 2P X520 Adapter [8086:154d] (rev 01)
04:10.0 Ethernet controller [0200]: Intel Corporation 82599 Ethernet Controller Virtual Function [8086:10ed] (rev 01)
04:10.1 Ethernet controller [0200]: Intel Corporation 82599 Ethernet Controller Virtual Function [8086:10ed] (rev 01)
04:10.2 Ethernet controller [0200]: Intel Corporation 82599 Ethernet Controller Virtual Function [8086:10ed] (rev 01)
04:10.3 Ethernet controller [0200]: Intel Corporation 82599 Ethernet Controller Virtual Function [8086:10ed] (rev 01)
```

虚拟网卡被主机发现以后，需要额外加载 vfio-pci 以及 vfio-iommu-type1 两个模块，然后将虚拟网卡与原驱动程序解绑并重新绑定至 vfio-pci 驱动程序。其中，vfio-pci 驱动程序是专门为现在支持 DMAR 和中断地址重映射的 PCI 设备开发的驱动模块，它依赖于 VFIO 驱动框架，并且借助于 vfio-iommu-type1 模块实现 IOMMU 的重用。

加载 vfio-pci 模块：

```
#root@kvm-host:~# modprobe vfio-pci
```

加载 vfio-iommu-type1 以允许中断地址重映射，如果主机的主板不支持中断重映射功能，则需要指定参数 allow_unsafe_interrupt=1：

```
#root@kvm-host:~# modprobe vfio-iommu-type1 allow_unsafe_interrupt=1
```

将 4 个虚拟网卡与原驱动程序解绑：

```
#root@kvm-host:~# echo 0000:04:10.0 > /sys/bus/pci/devices/0000\:04\:10.0/driver/unbind
#root@kvm-host:~# echo 0000:04:10.1 > /sys/bus/pci/devices/0000\:04\:10.1/driver/unbind
#root@kvm-host:~# echo 0000:04:10.2 > /sys/bus/pci/devices/0000\:04\:10.2/driver/unbind
#root@kvm-host:~# echo 0000:04:10.3 > /sys/bus/pci/devices/0000\:04\:10.3/driver/unbind
```

将 4 个虚拟网卡按照设备 ID 全部与 vfio-pci 驱动程序绑定：

```
#root@kvm-host:~# echo 8086 10ed > /sys/bus/pci/drivers/vfio-pci/new_id
```

查看虚拟设备现在使用的驱动程序：

```
#root@kvm-host:~# lspci -k -s 04:10.0
04:10.0 Ethernet controller: Intel Corporation 82599 Ethernet Controller Virtual Function (rev 01)
Subsystem: Intel Corporation Device 7b11
Kernel driver in use: vfio-pci
```

然后，即可在虚拟机中使用这些虚拟网卡，需要在 QEMU 命令行中添加设备选项，类似-device vfio-pci,host=04:10.0,id=hostdev0,bus=pci.0,multifunction=on,addr=0x9，对应的 libvirt 定义如下：

```
<hostdev mode='subsystem' type='pci' managed='yes'>
    <driver name='vfio'/>
    <source>
      <address domain='0x0000' bus='0x04' slot='0x10' function='0x2'/>
    </source>
    <alias name='igbxe'/>
    <address   type='pci'   domain='0x0000'   bus='0x00'   slot='0x09'
function='0x0' multifunction='on'/>
</hostdev>
```

如果使用 vfio-pci 透传 PCI-E 设备，需要使用 QEMU 机器模型 Q35，并添加相应的 PCI-E 总线参数。除此之外，设备驱动程序的解绑与绑定操作可以简化为如下所示的脚本操作：

```
#root@kvm-host:~# cat vfio-bind.sh
#!/bin/bash
modprobe vfio-pci
for var in "$@"; do
    for dev in $(ls /sys/bus/pci/devices/$var/iommu_group/devices); do
      vendor=$(cat /sys/bus/pci/devices/$dev/vendor)
      device=$(cat /sys/bus/pci/devices/$dev/device)
      if [ -e /sys/bus/pci/devices/$dev/driver ]; then
            echo $dev > /sys/bus/pci/devices/$dev/driver/unbindfi
      echo $vendor $device > /sys/bus/pci/drivers/vfio-pci/new_id
    done
done
```

5.2.3　USB 设备透传

USB 设备包括控制器和外设，控制器位于主机上且一个主机可同时拥有多个 USB 控制器，控制器通过 root hub 提供接口供其他 USB 设备连接，而这些 USB 设备又可分为 Hub、存储、智能卡、把关定时器（俗称加密狗）、打印机等。目前常用的 USB 协议有 1.1、2.0、3.0、3.1（Type-C）等。在 QEMU 中，一般可以对 USB 控制器进行透传，外设进行透传或重定向。

1. 控制器透传

USB 控制器也位于 PCI 总线上，所以将整个控制器及其上面的 Hub、外设全部透传至虚拟机中，不同的是需要找到 USB 控制器对应的 PCI 总线地址，如下所示：

```
#root@kvm-host:~# lspci -nn| grep -i usb
00:1a.0 USB controller [0c03]: Intel Corporation C610/X99 series chipset
USB Enhanced Host Controller #2 [8086:8d2d] (rev 05)
00:1d.0 USB controller [0c03]: Intel Corporation C610/X99 series chipset
USB Enhanced Host Controller #1 [8086:8d26] (rev 05)
```

然后，选择要透传的 USB 控制器，需要查看主机线路简图或外设简图以确定要透传的 USB 接口。如果是对主机直接操作需要避免将连有 USB 键盘鼠标设备的控制器透传至虚拟机，否则会造成后续操作的不便。

```
#root@kvm-host:~# lsusb
Bus 001 Device 002: ID 8087:800a Intel Corp.
Bus 002 Device 002: ID 8087:8002 Intel Corp.
Bus 001 Device 001: ID 1d6b:0002 Linux Foundation 2.0 root hub
Bus 002 Device 001: ID 1d6b:0002 Linux Foundation 2.0 root hub
Bus 002 Device 003: ID 12d1:0003 Huawei Technologies Co., Ltd.
```

参考 5.2.2 中的驱动绑定，使用 vfio-pci 对 USB 控制器进行透传。假设要透传的控制器为 2 号控制器，其总线地址为 00:1a.0，设备 ID 为 8086:8d26：

```
    #root@kvm-host:~# echo 0000:00:1a.0 > /sys/bus/pci/devices/0000\:04\:
10.0/driver/unbind
    #root@kvm-host:~# echo 8086 8d26 > /sys/bus/pci/drivers/vfio-pci/new_id
```

最后在 QEMU 中添加如下参数：

```
    -device vfio-pci,host=00:1a.0,id=hostdev0,bus=pci.0, multifunction=
on,addr=0x9
```

2. 外设透传

QEMU 下 USB 外设的透传相对比较容易，只需要在域定义中添加对应的 USB 外设的厂商与设备 ID 即可。

下面以透传 USB-Key 为例查看设备总线地址与设备 ID：

```
#root@kvm-host:~# lsusb
Bus 001 Device 002: ID 8087:800a Intel Corp.
Bus 002 Device 002: ID 8087:8002 Intel Corp.
Bus 001 Device 001: ID 1d6b:0002 Linux Foundation 2.0 root hub
Bus 002 Device 001: ID 1d6b:0002 Linux Foundation 2.0 root hub
Bus 001 Device 003: ID 04b9:8001 Rainbow Technologies, Inc.
Bus 002 Device 005: ID 096e:0202 Feitian Technologies, Inc.
Bus 002 Device 004: ID 12d1:0003 Huawei Technologies Co., Ltd.
```

然后，在域定义中添加设备 ID，也可指定设备的总线地址：

```
<hostdev mode='subsystem' type='usb' managed='yes'>
   <source>
      <vendor id='0x04b9'/>
      <product id='0x8001'/>
   </source>
</hostdev>
```

对应到 QEMU 的参数是“-device usb-host,vendorid=0x04b9,productid=0x8001”或者“-device usb-host,hostbus=1,hostaddr=3,id=hostdev0”，也可是“-usbdevice host:0529:0001”等形式。

5.3 热 插 拔

热插拔即带电插拔，简单地说就是允许用户在不关闭系统，不切断电源的情况下对某些部件进行插入（连接）或拔出（断开）的操作。例如，在不关闭系统、不切断电源的情况下取出和更换损坏的硬盘、内存、网卡或 USB 等部件，从而提高了系统对灾难的及时恢复能力、扩展性和灵活性。

多数流行的 Linux 和 Windows 操作系统都支持设备的热插拔，Linux 内核支持热插拔的部件有 USB 设备、PCI 设备甚至 CPU。以下是 Ubuntu 系统中的部分配置：

```
root@ubuntu:~# cat /boot/config-4.12.0-rc5+ |grep -i config_hotplug
CONFIG_HOTPLUG_CPU=y
CONFIG_HOTPLUG_PCI_PCIE=y
CONFIG_HOTPLUG_PCI=y
CONFIG_HOTPLUG_PCI_ACPI=y
CONFIG_HOTPLUG_PCI_ACPI_IBM=m
CONFIG_HOTPLUG_PCI_CPCI=y
CONFIG_HOTPLUG_PCI_CPCI_ZT5550=m
CONFIG_HOTPLUG_PCI_CPCI_GENERIC=m
CONFIG_HOTPLUG_PCI_SHPC=m
```

5.3.1 内存热插拔

当一个 Linux 系统不管运行在物理环境还是虚拟环境时，只要宿主机能提供内存热插拔机制，Linux 内核就能相应地增加或者减少内存。本节将对 QEMU 的虚拟机内存热插拔功能的使用进行简单介绍。QEMU 在 2.1 版本中引入了 memory hot-plug 支持，在 2.4 版本中引入了 memory hot-unplug 支持，Libvirt 中相应的支持在 1.2.14 版本开始引入，这里主要介绍内存的热添加。

如果想要做内存热插拔，QEMU 的参数需要添加如下：

```
-m 8G,slots=32,maxmem=32G
```

其中，slots=32 表示最多有 32 个槽可以进行内存热插拔， maxmem=32G 表示最大能够支持到的内存是 32 GB。

热插拔有两种方式可以实现：一种是纯动态的，通过 qemu monitor 来操作；一种是半动态的，在 qemu 命令中通过 qemu 的参数进行指定。其实，这两种方式背后的实现是一样的，只是应用场景不一样。前者适用于生产环境中动态添加，后者适用于测试环境，避免每次输入命令行。

在 QEMU 监控器中可以通过以下命令实现：

```
object_add memory-backend-ram,id=ram0,size=1G
device_add pc-dimm,id=dimm0,memdev=ram0,node=0
```

在使用 QEMU 时加上“-object”和“-device”参数实现：

```
    -object memory-backend-ram,id=mem1,size=256 M -object memory-backend-
ram,id=mem0,size=256 M \
    -device pc-dimm,id=dimm1,memdev=mem1,slot=1,node=0 -device pc-dimm,
id=dimm0,memdev=mem0,slot=0,node=0
```

此时，在虚拟机中多了一个 memory1，其状态是 offline。但这时只完成了内存热插拔的物理上线，新增加的内存还没有做好使用的准备。为了使用新增加的内存，需要进行逻辑上线，需要把新增加的内存设置为 online 状态，如图 5-42 所示。

```
/ # cat /sys/devices/system/memory/memory1/state
offline
/ # echo online > /sys/devices/system/memory/memory1/state
[ 1247.035252] Built 1 zonelists in Zone order, mobility grouping on.  Total pag
es: 259895
/ # cat /sys/devices/system/memory/memory1/state
online
```

图 5-42　内存 hotplug

然后，用 free 查看总计的内存空间，可以发现内存已经为热添加后的内存容量。

5.3.2　CPU 热插拔

QEMU 在它的 1.7 版本和 libvirt 的 1.2 版本中，才实现了 CPU 的热添加功能，本小节主要讲 CPU 的热添加。通过 QEMU 进行 CPU 热添加的过程如下：

1. 启动 guest

使用以下命令启动虚拟机：

```
    qemu-kvm -cpu host -enable-kvm -m 1024 -smp 1,maxcpus=4 -drive file=/
data/hotplug/hotplug.qcow2,if=none,id=drive-virtio-disk0,format=qcow2,c
ache=none -qmp tcp:localhost:4444,server
```

2. 连接 qmp 命令

使用 telnet localhost 4444。

3. 运行 qmp-check 命令

```
    { "execute": "qmp_capabilities" }
```

4. 添加 vcpu

```
    { "execute": "cpu-add", "arguments": { "id": 2} }
```

5. 在 guest 中将 vcpu 生效

```
    echo 1 > /sys/devices/system/cpu/cpu2/online
```

CPU 的热插拔也可以通过 libvirt 来实现，下面的内容读者可以先阅读第 6 章内容后再学习。

libvirt 进行 cpu hot add 的过程如下：

（1）虚拟机中安装 qemu-agent。

（2）配置 libvirt xml：

```
<!-- 配置 CPU 数目 -->
     <vcpu placement='auto' current="1">4</vcpu>
<!--（增加 guest agent 通道，详细参照 guest agent 相关资料）-->
     <channel type='unix'>
       <source mode='bind' path='/var/lib/libvirt/qemu/{$guestname}.
agent'/>
       <target type='virtio' name='org.qemu.guest_agent.0'/>
     </channel>
```

（3）启动虚拟机，在 Guest 客户机中查看 VCPU 数目，命令为 ls /sys/devices/system/cpu/。

（4）使用 virsh 命令增加 VCPU：

```
virsh setvcpus domain 2 --live
```

使用以上的 virsh 命令增加 VCPU，然后在 Guest（客户机）中查看是否有新增加的 VCPU，同样使用 ls /sys/devices/system/cpu/命令。

（5）使用 virsh 命令在线新增加的 VCPU：

```
virsh setvcpus domain 2 --guest
```

然后，在 Guest 中使用 top 命令，查看是否有两个 VCPU 在使用。

5.4 动 态 迁 移

系统的迁移是指把源主机上的操作系统和应用程序移动到目的主机，并且能够在目的主机上正常运行。在没有虚拟机的时代，物理机之间的迁移依靠的是系统备份和恢复技术。在源主机上实时备份操作系统和应用程序的状态，然后把存储介质连接到目标主机上，最后在目标主机上恢复系统。随着虚拟机技术的发展，系统的迁移更加灵活和多样化。

虚拟机迁移技术为服务器虚拟化提供了便捷的方法。而目前流行的虚拟化工具如 VMware、Xen、HyperV、KVM 都提供了各自的迁移组件。尽管商业的虚拟软件功能比较强大，但是开源虚拟机如 Linux 内核虚拟机 KVM 和 XEN 发展迅速，迁移技术日趋完善。虚拟机迁移有 3 种方式：P2V、V2V 和 V2P，不同的方式又存在许多不同的解决方案。本节是在 V2V 这种方式的基础上完成 KVM 虚拟机的迁移。

5.4.1 虚拟机迁移概述

1. 迁移服务器资源的原因

迁移服务器可以为用户节省管理资金、维护费用和升级费用。以前的 x86 服务器，体积比较“庞大”；而现在的服务器，体积已经比以前小了许多，迁移技术使得用户可以用一台服务器来同时替代以前的许多台服务器，这就节省了用户大量的机房空间。另外，虚拟机中的服务器有着统一的“虚拟硬件资源”，不像以前的服务器有着许多不同的硬件资源（如主板芯片组不同、网卡不同、硬盘、RAID 卡、显卡不同）。迁移后的服务器，不仅可以在一个统一的界面中进行管理，而且通过某些虚拟机软件，如 VMware 提供的高可用性工具，在这些服务器因为各种故障停机时，可以自动切换到网络中另外相同的虚拟服务器中，从而达到不中断业务的目的。总之，迁移的优势在于简化系统维护管理，提高系统负载均衡，增强系统错误容忍度和优化系统电源管理。

2. 虚拟机迁移的性能指标

一个优秀的迁移工具，目标是最小化整体迁移的时间和停机时间，并且将迁移对于被迁移主机上运行服务的性能造成的影响降至最低。当然，这几个因素互相影响，实施者需要根据迁移针对的应用的需求在其中进行衡量，选用合适的工具软件。虚拟机迁移的性能指标包括以下三方面：

（1）整体迁移时间：从源主机开始迁移到迁移结束的时间。

（2）停机时间：迁移过程中，源主机、目的主机同时不可用的时间。

（3）对应用程序的性能影响：迁移对于被迁移主机上运行服务性能的影响程度。

5.4.2 虚拟机迁移的分类与原理

1. 物理机到虚拟机的迁移

物理机到虚拟机的迁移（Physical-to-Virtual，P2V）指迁移物理服务器上的操作系统及其上的应用软件和数据到 VMM 管理的虚拟服务器中。这种迁移方式，主要是使用各种工具软件，把物理服务器上的系统状态和数据“镜像”迁移到 VMM 提供的虚拟机中，并且在虚拟机中“替换”物理服务器的存储硬件与网卡驱动程序。只要在虚拟服务器中安装好相应的驱动程序并且设置与原来服务器相同的地址（如 TCP/IP 地址等），在重启虚拟机服务器后，虚拟服务器即可以替代物理服务器进行工作。P2V 的迁移方式有以下 3 种：

（1）手动迁移：手动完成所有迁移操作，需要对物理机系统和虚拟机环境非常了解。迁移步骤中首先关闭原有的物理机上的服务和操作系统，并且从其他媒质上启动一个新的系统。例如，从 LiveCD 上启动一个新的光盘系统。大部分的发行版都会带有 LiveCD；之后把物理机系统的磁盘做成虚拟机镜像文件，若有多个磁盘则需要做多个镜像，并且复制镜像到虚拟主机上。然后，为虚拟机创建虚拟设备，加载镜像文件。最后，启动虚拟机，调整系统设置，并开启服务。

（2）半自动化迁移：利用专业工具辅助 P2V 的迁移，把某些手动环节进行自动化。例如，将物理机的磁盘数据转换成虚拟机格式，这一向是相当耗时的工作，可以选择专业的工具来完成这个步骤。这里有大量的工具可以使用，如 RedHat 的开源工具 virt-p2v、Microsoft Virtual Server Migration Toolkit 等。

（3）P2V 热迁移：迁移中避免宕机。大部分 P2V 工具也有一个很大的限制，在整个迁移过程中，物理机不可用。在运行关键任务的环境或有 SLA（服务水平协议）的地方，这种工具不可选。但是，随着 P2V 技术的发展，VMware vCenter Converter 和 Microsoft Hyper-V 已经能够提供热迁移功能，避免宕机。目前，P2V 热迁移仅在 Windows 物理服务器可用，未来将添加对 Linux 的支持。

2. 虚拟机到虚拟机的迁移

虚拟机到虚拟机的迁移（Virtual-to-Virtual，V2V）是在虚拟机之间移动操作系统和数据，考虑宿主机级别的差异和处理不同的虚拟硬件。虚拟机从一个物理机上的 VMM 迁移到另一个物理机的 VMM，这两个 VMM 的类型可以相同，也可以不同。例如，VMware 迁移到 KVM，KVM 迁移到 KVM。可以通过多种方式将虚拟机从一个 VM Host 系统移动到另一个 VM Host 系统。V2V 的迁移方式有以下 3 种：

（1）V2V 离线迁移：离线迁移（Offline Migration）也称常规迁移、静态迁移。在迁移之前将虚拟机暂停，如果共享存储，则只复制系统状态至目的主机，最后在目的主机重建虚拟机状态，恢复执行。如果使用本地存储，则需要同时复制虚拟机镜像和状态到目的主机。到这种方式的迁移过程需要显示地停止虚拟机的运行。从用户角度看，有明确的一段服务不可用的时间。这种迁移方式简单易行，适用于对服务可用性要求不严格的场合。

（2）V2V 在线迁移：在线迁移（Online Migration）又称实时迁移（Live Migration），是指在保证虚拟机上服务正常运行的同时，虚拟机在不同的物理主机之间进行迁移，其逻辑步骤与离线迁移几乎完全一致。不同的是，为了保证迁移过程中虚拟机服务的可用，迁移过程仅有非常短暂的停机时间。迁移的前面阶段，服务在源主机运行，当迁移进行到一定阶段时，目的主机已经具备了运行系统的必需资源。经过一个非常短暂的切换，源主机将控制权转移到目的主机，服务在目的主机上继续运行。对于服务本身而言，由于切换的时间非常短暂，用户感觉不到服务的中断，因而迁移过程对用户是透明的。在线迁移适用于对服务可用性要求很高的场景。

目前，主流的在线迁移工具，如 VMware 的 VMotion，XEN 的 xenMotion，都要求物理机之间采用 SAN（Storage Area Network，存储区域网络）、NAS（Network-Attached Storage，网络附属存储）之类的集中式共享外存设备，因而在迁移时只需要考虑操作系统内存执行状态的迁移，从而获得较好的迁移性能。

另外，在某些没有使用共享存储的场合，可以使用存储块在线迁移技术来实现 V2V 的虚拟机在线迁移。相比基于共享存储的在线迁移，数据块在线迁移需要同时迁移虚拟机磁盘镜像和系统内存状态，迁移性能上打了折扣。但是，它使得在采用分散式本地存储的环境下，仍然能够利用迁移技术转移计算机环境，并且保证迁移过程中操作系统服务的可用性，扩展了虚拟机在线迁移的应用范围。V2V 在线迁移技术消除了软硬件相关性，是进行软硬件系统升级、维护等管理操作的有力工具。

（3）V2V 内存迁移技术：对于 VM 的内存状态的迁移，XEN 和 KVM 都采用了主流的预复制的策略。迁移开始之后，源主机 VM 仍在运行，目的主机 VM 尚未启动。迁移通过一个循环，将源主机 VM 的内存数据发送至目的主机 VM。循环第一轮发送所有内存页数据，接下来的每一轮循环发送上一轮预复制过程中被 VM 写过的脏页内存。直到时机成熟，预复制循环结束，进入停机复制阶段，源主机被挂起，不再有内存更新。最后一轮循环中的脏页被传输至目的主机 VM。预复制机制极大地减少了停机复制阶段需要传输的内存数据量，从而将停机时间大大缩小。

然而，对于更新速度非常快的内存部分，每次循环过程都会变脏，需要重复预复制，同时也导致循环次数非常多，迁移的时间变长。针对这种情况，KVM 虚拟机建立了 3 个原则：集中原则，一个循环内的脏项小于等于 50；不扩散原则，一个循环内传输的脏项少于新产生的；有限循环原则，循环次数必须少于 30。在实现上，采取了以下措施：

有限循环：循环次数和效果受到控制，对每轮预复制的效果进行计算，若预复制对于减少不一致内存数量的效果不显著，或者循环次数超过了上限，循环将中止，进入停机复制阶段。

在被迁移 VM 的内核设置一个内存访问的监控模块。在内存预复制过程中，VM 的一个进程在一个被调度运行的期间，被限制最多执行 40 次内存写操作。这个措施直接限制了预复制过程中内存变脏的速度，其代价是对 VM 上的进程运行进行了一定的限制。

KVM 在线迁移的详细步骤如下：

（1）系统验证目标服务器的存储器和网络设置是否正确，并预保留目标服务器虚拟机的资源。

（2）当虚拟机还在源服务器上运转时，第一个循环内将全部内存镜像复制到目标服务器。在这个过程中，KVM 依然会监视内存的任何变化。

（3）以后的循环中，检查上一个循环中内存是否发生了变化。假如发生了变化，那么 VMM 会将发生变化的内存页即脏页重新复制到目标服务器中，并覆盖先前的内存页。在这个阶段，VMM 依然会继续监视内存的变化情况。

VMM 会持续这样的内存复制循环。随着循环次数的增加，所需要复制的脏页就会明显减少，而复制所耗费的时间就会逐渐变短，内存就有可能没有足够的时间发生变化。最后，当源服务器与目标服务器之间的差异达到一定标准时，内存复制操作才会结束，同时暂停源系统。

在源系统和目标系统都停机的情况下，将最后一个循环的脏页和源系统设备的工作状态复制到目标服务器。

然后，将存储从源系统上解锁，并锁定在目标系统上。启动目标服务器，并与存储资源和网络资源相连接。

3. 虚拟机到物理机的迁移

虚拟机到物理机的迁移（Virtual-to-Physical，V2P）指把一个操作系统、应用程序和数据从一个虚拟机中迁移到物理机的主硬盘上，是 P2V 的逆操作。它可以同时迁移虚拟机系统到一台或多台物理机上。尽管虚拟化的基本需求是整合物理机到虚拟机中，但这并不是虚拟化的唯一应用。例如，有时虚拟机上的应用程序的问题需要在物理机上验证，以排除虚拟环境带来的影响。另外，配置新的工作站是件令 IT 管理者头痛的事情，但虚拟化的应用可以帮助管理者解决这个难题。先配置好虚拟机，然后运用硬盘克隆工具复制数据至工作站硬件，如赛门铁克的 Save&Restore（Ghost）。但这种克隆方法有两个局限：一个镜像只能运用在同种硬件配置的机器上；要想保存配置的修改，只能重做新的镜像。

V2P 的迁移可以通过确定目标的物理环境来手动完成，例如，把一个特定的硬盘加载到虚拟系统中，然后在虚拟环境中安装操作系统、应用程序和数据，最后手动修改系统配置和驱动程序。这是一个乏味且不确定的过程，特别是在新的环境比旧的环境包含更多大量不同硬件的情况下。为了简化操作，可以利用专门的迁移工具以自动化的方式来完成部分或全部迁移工作。目前，支持 V2P 转换的工具有 PlateSpin Migrate 和 EMC HomeBase。使用这样的工具使得 V2P 转换过程更简易，并且比使用第三方磁盘镜像工具更快捷。V2P 的不确定性导致自动化工具不多，目前主要有以下几种解决方案：

（1）VMware 官方推荐的是使用 Ghost+sysprep 来实现半自动化的迁移。

（2）基于备份和恢复操作系统的解决方案。这个方案利用了现成的系统备份恢复工具，没有体现虚拟机和物理机的差别，类似于 P2P。注意，备份工具能够恢复系统到异构硬件平台上。

（3）开源工具的解决方案。适合 Linux/UNIX 系统，使用开源工具和脚本，手动迁移系统。这个方案难度较大，适合有经验的管理员。

5.4.3　主流虚拟机迁移工具

1. P2V 迁移工具

虚拟机所呈现出来的虚拟硬件通常与原始服务器上的物理硬件不同。

（1）VMware vCenter Converter：支持从诸如物理机、VMware 和 Microsoft 虚拟机格

式以及某些第三方磁盘映像格式的源进行转换。它替代了旧的迁移工具 VMware Workstation Importer 和 VMware P2V Assistant。VMware vCenter Converter 可以支持和识别大多数服务器硬件类型，提供了以下两种克隆机制：热克隆（实时迁移）和冷克隆（使用 BootCD 的克隆）。使用热克隆时，VMware vCenter Converter 直接与源物理机上运行的操作系统通信，因此没有直接的硬件级别依赖性；使用冷克隆时，VMware vCenter Converter BootCD 提供一个可支持最新硬件的 Windows PE 引导环境，因此可以识别大多数物理服务器系统硬件。目前只支持基于 Microsoft Windows 的物理机迁移。

（2）XenConvert：XenServer 物理机到虚拟机的迁移工具。不仅可以迁移 Window 物理机到 XenServer 管理的虚拟机，而且可以导入 VMware 虚拟机 VMDK 格式和 OVF 包。

（3）Virtual Machine Manager 2008：提供基于任务的向导，将自动执行大部分转换过程，以此来简化 P2V 转换。由于可通过编写脚本来完成 P2V 转换过程，因此可以通过 Windows PowerShell 命令行进行大规模的 P2V 转换。VMM 2008 同时支持联机转换和脱机转换。

（4）Symantec Ghost：制作镜像文件和把镜像文件恢复到虚拟机。用来把需要迁移的服务器的硬盘通过网络做成镜像文件，然后通过网络把镜像文件恢复到虚拟机。

（5）Virt-p2v：RedHat 的开源迁移工具。

2. V2V 迁移工具

支持 V2V 迁移是虚拟机管理工具的重要功能，所以各种虚拟化软件都提供了实现 V2V 迁移的模块或工具。V2V 在线迁移大幅减少了虚拟机迁移的停机时间。这使动态迁移成了用户在需要不间断工作时迁移虚拟机的首选。通常的在线迁移方案，是虚拟机使用共享存储，迁移时只复制虚拟机的内存。

（1）VMware VMotion：VMware 的在线迁移是由 VMotion 这个组件实现的。VMotion 实时解决方案的特点是有其自己的 Cluster File System（VMFS），此外也支持 NFS。VMotion 把整个虚拟机包括其完整状态封装在几个文件中，存放在 SAN/NAS 等共享存储中。迁移的过程是把内存和运行状态通过高速网从源复制到目标。

（2）Citrix XenMotion：XenMotion 是 XenServer 的一项功能，能够将正在运行的虚拟机从一台 XenServer 主机上迁移到另外一台机器，而不带有停机的危险。这就意味着在整个迁移过程中，被移动的虚拟机在任意时刻都可以访问。XenMotion 的主要目的是在某台服务器进行维修时，使终端用户觉察不到应用程序出现过极短暂的中断，令整个服务过程正常顺畅。

（3）Microsoft Hyper-V：微软的 Hyper-V 从 2.0 开始支持动态迁移技术。利用 Hyper-V 动态迁移，在不中断任何服务或者不允许停机的前提下，将一个运行中的虚拟机从一个 Hyper-V 物理主机移动到另外一个上面，通过预复制迁移的虚拟机中的内存到目的主机。

管理员或者脚本在启动动态迁移时控制选择此次迁移的目标计算机，客户使用被迁移系统时是不会感觉到迁移在进行的。

（4）KVM/Libvirt：内核虚拟机 KVM 技术的原创公司 Qumranet 在 2008 年被 RedHat 收购以后，得到了全面快速的发展。在 2009 年发布的 Redhat Enterprise Linux 5.4 全面支持 KVM 虚拟机，其中已经包含了离线迁移和在线迁移的技术。2010 年发布的 Redhat Enterprise Linux 5.5 和 Suse Linux Enterprise Server 11 Service Pack1 中集成了图形化的 KVM 虚拟机管理工具 virt-manager，使虚拟机的迁移更加直观和方面。

5.4.4 KVM 虚拟机动态迁移

1. KVM 虚拟机环境

（1）源宿主机：Ubuntu 14.04 操作系统、3.13.0-24-generic 内核。文中以“结点 1”表示，主机名 vm1，IP 地址为 192.168.1.103，NFS 挂载目录/home/kvm。

（2）目标宿主机：Ubuntu 14.04 操作系统，3.13.0-24-generic 内核。文中以“结点 2”表示，主机名为 vm2，IP 地址为 192.168.1.106，NFS 挂载目录/home/kvm。

（3）NFS 服务器：Ubuntu 14.04 操作系统，3.13.0-24-generic 内核。IP 地址为 192.168.1.105，服务目录为/mnt/nfs/。

这里基于 Libvirt 动态迁移测试虚拟机，虚拟机的名称为 demo3，虚拟磁盘文件为 ubuntu.raw。

2. 动态迁移步骤

（1）查看结点 1 上虚拟机状态，demo3 虚拟机处于运行状态（如果 demo3 未运行，将其启动运行），如图 5-43 所示。

```
root@xjy-pc:/etc/libvirt/qemu# virsh list
 Id    Name                           State
----------------------------------------------------
 11    demo3                          running

root@xjy-pc:/etc/libvirt/qemu#
```

图 5-43 结点 1 上 demo3 运行状态

（2）查看结点 2 上虚拟机状态，无虚拟机运行，如图 5-44 所示。

```
root@lib:/home/kvm# virsh list --all
 Id    Name                           State
----------------------------------------------------

root@lib:/home/kvm#
```

图 5-44 结点 2 上虚拟机运行状态

（3）在结点 1 上执行 virsh migrate 迁移命令，如图 5-45 所示。从图中可以看出虚拟机 demo3 在迁移出去的过程中，状态有从 running 到 shut off 的一个改变。完整命令为“virsh migrate --live --verbose demo3 qemu+ssh://192.168.10.215/system tcp://192.168.10. 215 --unsafe”，其中，“--verbose”指迁移 demo3 虚拟机；192.168.10.215 为结点 2 的 IP 地址，使用 TCP 协议连接；“—unsafe”参数表示跳过安全检测。

```
root@xjy-pc:/home/kvm# virsh migrate --live --verbose demo3 qemu+ssh://192.168.1
0.215/system tcp://192.168.10.215 --unsafe
root@192.168.10.215's password:
Migration: [100 %]
root@xjy-pc:/home/kvm# virsh list --all
 Id    Name                           State
----------------------------------------------------
 -     demo                           shut off
 -     demo3                          shut off
```

图 5-45　demo3 虚拟机从结点 1 上迁移出去

（4）在结点 2 上，查看虚拟机 demo3 虚拟机状态，如图 5-46 所示。

```
root@lib:~# virsh list
 Id    Name                           State
----------------------------------------------------
 6     demo3                          running

root@lib:~#
```

图 5-46　demo3 虚拟机在结点 2 上运行

在迁移过程中，可以通过另外一台客户机一直 ping 虚拟机 demo3，查看 demo3 迁移过程中的可连接性。实际上迁移过程除了偶尔有几个包的中断外，基本上没有太大影响。

此时，虽然 demo3 虚拟机已经在结点 2 上启动，但是结点 2 上还没有 demo3 虚拟机的配置文件。这时，需要创建配置文件并定义该虚拟机，可以通过迁移过来的虚拟机内存状态创建虚拟机配置文件，命令为 virsh dumpxml demo3 > /etc/libvirt/qemu/demo3.xml，如图 5-47 所示。然后通过 xml 配置文件定义虚拟机，命令为 virsh define /etc/libvirt/qemu/demo3.xml。

```
root@lib:~# virsh dumpxml demo3 > /etc/libvirt/qemu/demo3.xml
root@lib:~#
```

图 5-47　创建 demo3 虚拟机配置文件

使用命令 virsh console demo3 连接结点 2 上的 demo3 虚拟机，如图 5-48 所示。

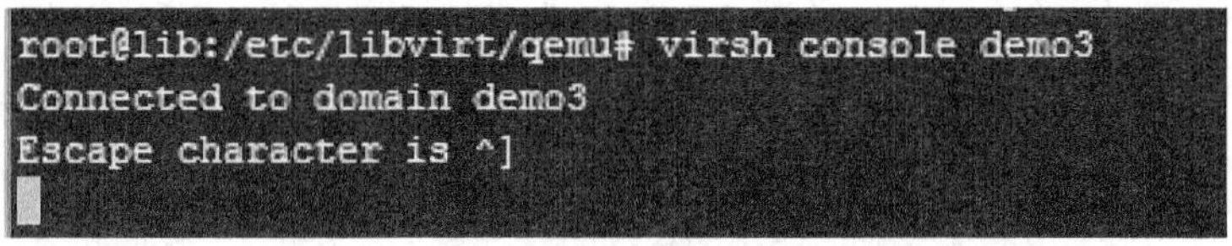

```
root@lib:/etc/libvirt/qemu# virsh console demo3
Connected to domain demo3
Escape character is ^]
```

图 5-48　在结点 2 上连接 demo3 虚拟机

至此，虚拟机 demo3 动态迁移完成。

5.5　嵌套虚拟化

5.5.1　嵌套虚拟化的基本概念

嵌套虚拟化是指在虚拟化的客户机中运行一个 Hypervisor，从而再虚拟化运行一个客户机。简单地说就是，在宿主机 A 搭建的虚拟机 B 上再运行一个虚拟机 C。嵌套虚拟化的主要问题在于，虚拟机 B 是否支持虚拟化，如果不支持则无法运行虚拟机 C。

嵌套虚拟化不仅包括相同 Hypervisor 的嵌套，如 KVM 嵌套 KVM、Xen 嵌套 Xen 等，也包括不同 Hypervisor 的相互嵌套，如 KVM 嵌套 Xen 等。另外，从嵌套虚拟化的概念可知，嵌套虚拟化不仅包括两层嵌套，如 KVM 嵌套 KVM，还包括多层的嵌套，如 KVM 嵌套 KVM 再嵌套 KVM。

图 5-49（a）所示为传统虚拟机管理程序，图 5-46（b）所示为嵌套虚拟机管理程序。其中，L0 代表的是最底层的物理机系统（Level 0，即 L0），L1 代表的是在 L0 之上的客户机虚拟机系统，L2 代表的是在 L1 之上的客户机虚拟机系统。

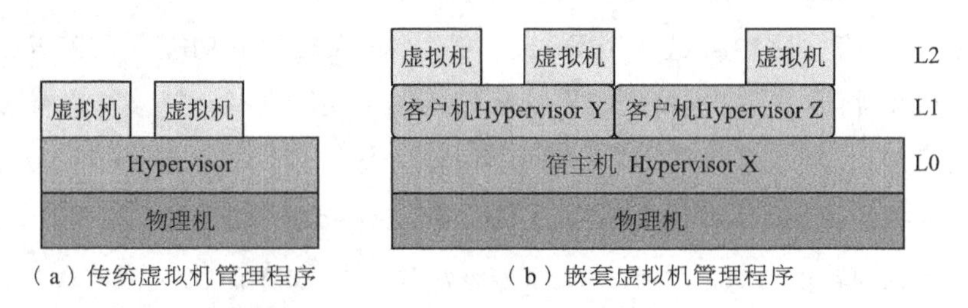

图 5-49　传统虚拟机管理程序对比嵌套虚拟机管理程序

如果是“KVM 嵌套 KVM”，那么其基本架构示意图 5-50 中最底层是具有 Intel VT 或 AMD-V 特性的硬件系统，硬件层之上就是底层的宿主机系统 Level 0（即 L0）；在 L0 宿主机中可以通过 QEMU/KVM 启动第一个虚拟机 Level 1（即 L1），如果 L1 上也有支持硬件虚拟化环境的 Intel VT 或 AMD-V，那么在 L1 虚拟机中可以通过 QEMU/KVM 再启动一个虚拟机 Level 2（L2）；如果 KVM 还可以做多级的嵌套虚拟化，那么各个级别的操作系统被依次称为 L0、L1、L2、L3、L4…，其中 L0 向 L1 提供硬件虚拟化环境（Intel VT

或 AMD-V），L1 向 L2 提供硬件虚拟化环境，依次类推。

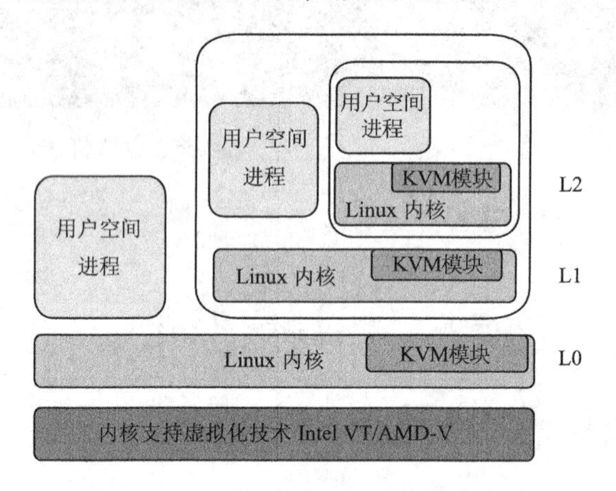

图 5-50　KVM 嵌套 KVM 的基本架构

5.5.2　KVM 嵌套虚拟化步骤

KVM 对“KVM 嵌套 KVM”的支持从 2010 年就开始了，目前已经比较成熟。“KVM 嵌套 KVM”功能的配置和使用，有如下几个步骤：

1. 在 L0 层开启嵌套虚拟化支持

虚拟化嵌套需要在 L1 虚拟机上提供虚拟化支持，如果虚拟机 L1 能够和物理机一样支持 vmx 或者 svm（AMD）硬件虚拟化，那么问题就变得很简单。但是在正常情况下，一台虚拟机无法使自己成为一个 Hypervisors 并在其上再次安装虚拟机，因为这些虚拟机并不支持 vmx 或者 svm（AMD）。

而 nested 嵌套虚拟化参数是一个可通过内核参数来启用的功能。它能够使一台虚拟机具有物理机 CPU 特性，支持 vmx 或者 svm（AMD）硬件虚拟化，该特性需要内核升级到 Linux 3.x 以上版本。

首先检查系统/sys/module/kvm intel/parameters/nested 的设置是否为“Y”，如果不是，需要将 kvm-intel 模块的 nested 选项打开，以启用“嵌套虚拟化”特性。使用命令 cat /sys/module/kvm_intel/parameters/nested 查看 nested 参数。

```
root@ubuntu:~# cat /sys/module/kvm_intel/parameters/nested
N
```

如果显示为“N”，表明 nested 参数并未启用。接下来使用 lsmod|grep kvm 命令查看 kvm 及 kvm_intel 模块是否正在使用，如果正在使用，则需要先使用命令 modprobe -r kvm_intel 将该模块移除，然后再次使用 lsmod|grep kvm 进行查看。接下来重新使用命令 modprobe kvm 加载 kvm 模块，使用命令 modprobe kvm_intel nested=1 加载 kvm_intel 模块，并将 nested 参数设置为 1（表示启用嵌套虚拟化），再次使用命令 cat /sys/module/kvm_intel/

parameters/nested 查看，发现 nested 参数显示“Y”。

```
root@ubuntu:~# lsmod|grep kvm
kvm_intel                  196608  0
kvm                        581632  1 kvm_intel
irqbypass                  16384  1 kvm
root@ubuntu:~# modprobe -r kvm_intel
root@ubuntu:~# lsmod |grep kvm
root@ubuntu:~# modprobe kvm
root@ubuntu:~# modprobe kvm_intel nested=1
root@ubuntu:~# cat /sys/module/kvm_intel/parameters/nested
Y
```

2. 在 L0 层宿主机上设置网桥

首先使用命令 apt-get install bridge-utils 在 L0 层安装网桥工具。

```
root@ubuntu:~# apt-get install bridge-utils
正在读取软件包列表...完成
正在分析软件包的依赖关系树
正在读取状态信息...完成
bridge-utils 已经是最新版（1.5-9ubuntu1）。
bridge-utils 已设置为手动安装。
<! --以下内容略 -->
```

然后，在 L0 层宿主机上设置网桥，使用 vim 打开文件/etc/network/interfaces，修改文件内容为：

```
# interfaces(5) file used by ifup(8) and ifdown(8)
auto lo
iface lo inet loopback
auto enp2s0
iface enp2s0 inet manual
auto br0
iface br0 inet static
address 192.168.10.225
broadcast 192.168.10.255
netmask 255.255.255.0
gateway 192.168.10.250
bridge_ports enp2s0
bridge_fd 9
bridge_hello 2
bridge_maxage 12
bridge_stp off
```

其中，enp2s0 是宿主机上的网络接口，读者可根据自己的网络接口名称进行修改。address 为网桥 br0 的 IP 地址，broadcast 为网络广播地址，netmask 为子网掩码，gateway 为网关地址，读者需根据自己的网络进行设置。bridge_ports 后面需设置网络接口的名字，本例是 enp2s0，与 auto enp2s0 处保持一致。

/etc/network/interfaces 文件修改后保存退出，使用命令/etc/init.d/networking restart 将网络重新启动，重启后使用 ifconfig 查看网络中是否有 br0，同时可使用 ping 命令 ping 某个地址以查看 L0 宿主机网络是否连通。

3. 启动 L1 层虚拟机

在 L0 层使用以下命令启动 L1 层虚拟机：

```
qemu-system-x86_64 /home/kvm/img/ubuntu14.04.img -m 1024 -net nic -net tap -cpu host --enable-kvm -vnc :1
```

在 L1 层虚拟机中，首先使用命令 lscpu 查看该 KVM 虚拟机的 CPU 信息，如果能找到 VT-x 类似的字符说明该 CPU 支持虚拟化，如图 5-51 所示。

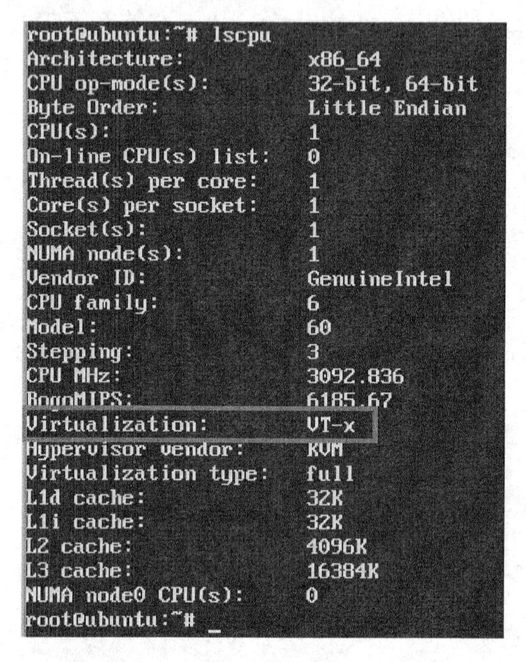

图 5-51　L1 层虚拟机的 CPU 信息

使用 cat /proc/cpuinfo|grep vmx 也可以看到该 CPU 的 vmx 标志，说明该 CPU 支持虚拟化，如图 5-52 所示。

```
root@ubuntu:~# cat /proc/cpuinfo|grep vmx
flags           : fpu vme de pse tsc msr pae mce cx8 apic sep mtrr pge mca cmov pat pse36 clflush mm
x fxsr sse sse2 ss syscall nx pdpe1gb rdtscp lm constant_tsc arch_perfmon rep_good nopl xtopology ea
gerfpu pni pclmulqdq vmx ssse3 cx16 pcid sse4_1 sse4_2 x2apic movbe popcnt tsc_deadline_timer xsave
rdrand hypervisor lahf_lm abm arat xsaveopt tpr_shadow vnmi flexpriority ept vpid fsgsbase tsc_adjus
t erms invpcid
root@ubuntu:~# _
```

图 5-52　L1 层虚拟机的 CPU 信息

查看 L1 层虚拟机的 kvm 和 kvm_intel 模块是否加载，如图 5-53 所示。如果 L0 层没有向 L1 层提供硬件虚拟化环境，那么在 L1 层加载 kvm 和 kvm_intel 模块会出错。

```
root@ubuntu:~# lsmod |grep kvm
kvm_intel              143060  0
kvm                    451511  1 kvm_intel
root@ubuntu:~# _
```

图 5-53　L1 层虚拟机的 kvm 和 kvm_intel 模块

4. 向 L1 层虚拟机中复制镜像文件

将用于虚拟化的镜像文件复制至 L1 层虚拟机的合适位置，这里同样使用 Ubuntu 14.04.img 镜像文件。

首先是 L1 层的网络配置，使用 dhclient 命令通过 DHCP 自动获取 IP，然后使用 ifconfig 查看 IP 地址为 192.168.10.219（见图 5-54），使用 ping www.baidu.com 命令查看网络是否连通，DNS 是否能够使用，如图 5-55 所示。

```
root@ubuntu:~# ifconfig
eth0      Link encap:Ethernet  HWaddr 52:54:00:12:34:56
          inet addr:192.168.10.219  Bcast:192.168.10.255  Mask:255.255.255.0
          inet6 addr: fe80::5054:ff:fe12:3456/64 Scope:Link
          UP BROADCAST RUNNING MULTICAST  MTU:1500  Metric:1
          RX packets:42 errors:2 dropped:0 overruns:0 frame:2
          TX packets:36 errors:0 dropped:0 overruns:0 carrier:0
          collisions:0 txqueuelen:1000
          RX bytes:5692 (5.6 KB)  TX bytes:3778 (3.7 KB)

lo        Link encap:Local Loopback
          inet addr:127.0.0.1  Mask:255.0.0.0
          inet6 addr: ::1/128 Scope:Host
          UP LOOPBACK RUNNING  MTU:65536  Metric:1
          RX packets:44 errors:0 dropped:0 overruns:0 frame:0
          TX packets:44 errors:0 dropped:0 overruns:0 carrier:0
          collisions:0 txqueuelen:0
          RX bytes:3240 (3.2 KB)  TX bytes:3240 (3.2 KB)

root@ubuntu:~#
```

图 5-54　L1 层 ifconfig 命令

```
root@ubuntu:~# ping www.baidu.com -c 3
PING www.a.shifen.com (61.135.169.125) 56(84) bytes of data.
64 bytes from 61.135.169.125: icmp_seq=1 ttl=49 time=49.2 ms
64 bytes from 61.135.169.125: icmp_seq=2 ttl=49 time=26.8 ms
64 bytes from 61.135.169.125: icmp_seq=3 ttl=49 time=23.4 ms

--- www.a.shifen.com ping statistics ---
3 packets transmitted, 3 received, 0% packet loss, time 2004ms
rtt min/avg/max/mdev = 23.468/33.187/49.238/11.435 ms
root@ubuntu:~# _
```

图 5-55　L1 层 ping 命令

在 L1 中安装 ssh，向其传输镜像文件。在 L 层，使用命令 apt-get install openssh-server &&apt-get install openssh-client 安装 ssh，安装完毕后，使用 vi 打开/etc/ssh/sshd_config 修改 ssh 配置文件，将 PermitRootLogin 值改 yes，允许 root 登录；将 PermitEmpty Passwords yes 前面的#号去掉，值修改为 yes，允许不输入密码登录。然后重启 ssh 服务：service ssh restart（/etc/initd.d/ssh restart）。

接下来在 L0 层使用 scp /home/kvm/img/ubuntu14-backend.img 192.168.10.219:/home/ubuntu14.04.img 命令将 L0 层的/home/kvm/img/ubuntu14-backend.img 镜像文件复制至 L1 层的/home 目录，命名为 ubuntu14.04 镜像文件。命令执行如图 5-56 所示。

```
root@ubuntu:/home/kvm/img# scp ubuntu14-backend.img 192.168.10.219:/home/ubu
ntu14.04.img
root@192.168.10.219's password:
ubuntu14-backend.img                           68% 1621MB  58.0MB/s   00:12 ETA
```

图 5-56　L0 层执行 scp 命令

L0 层 scp 命令执行完毕后，查看 L1 层的/home 目录，可以看到已经复制的 ubuntu14.04.img 文件，如图 5-57 所示。

```
root@ubuntu:/home# ls
        ubuntu14.04.img
root@ubuntu:/home#
```

图 5-57　L1 层的 ubuntu14.04.img 镜像文件

5. 在 L1 层虚拟机中安装 QEMU

在 L1 层虚拟机中使用命令 apt-get install qemu 安装 QEMU（由于内核已经有 kvm 模块，因此 kvm 不需要安装）。

安装完毕后可以看到 qemu-system-x86-64 的命令。

6. 在 L1 层启动 L2 层虚拟机

在 L1 中启动虚拟机和在普通的宿主机上启动虚拟机的操作完全一样。

在 L1 层使用命令 qemu-system-x86_64 /home/ubuntu14.04.img -m 512 -smp 1 -net nic -net user --enable-kvm -vnc :2 启动 L2 层虚拟机，如图 5-58 所示。

```
root@ubuntu:/home# qemu-system-x86_64 /home/ubuntu14.04.img -m 512 -smp 1 -net n
ic -net user --enable-kvm -vnc :2
[ 5251.808568] kvm [3117]: vcpu0 disabled perfctr wrmsr: 0xc1 data 0xffff
```

图 5-58　L1 层虚拟机上使用 qemu 命令启动 L2 层虚拟机

L1 层虚拟机的 IP 地址为步骤 4 中 dhclient 得到的 192.168.10.219，这里同样是使用了 VNC 启动 L2 层虚拟机。因此可以在 Windows 机器上使用 VNC 通过 L1 层的 IP 连接 L2 层虚拟机。

使用 VNC 连接 192.168.10.219 的 2 端口，如图 5-59 所示。

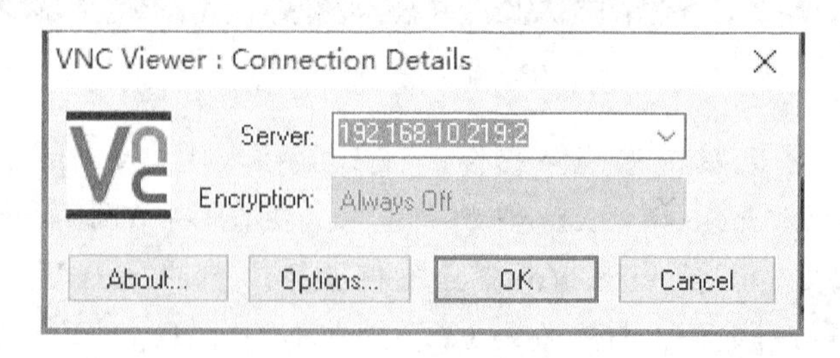

图 5-59　在 Windows 机器上使用 VNC 连接 L2 层虚拟机

7. 查看 L2 层虚拟机

图 5-60 所示为在 Windows 机器上看到的 KVM 嵌套虚拟机的各层 Ubuntu 系统。在左下角最底层的是 L0 层宿主机，这里是通过 xshell 进行连接，中间是 L1 层虚拟机，右上角最上层的是 L2 层虚拟机。L1 和 L2 都是使用 VNC 进行连接，L1 使用 1（5901）端口，L2 使用 2（5902）端口。

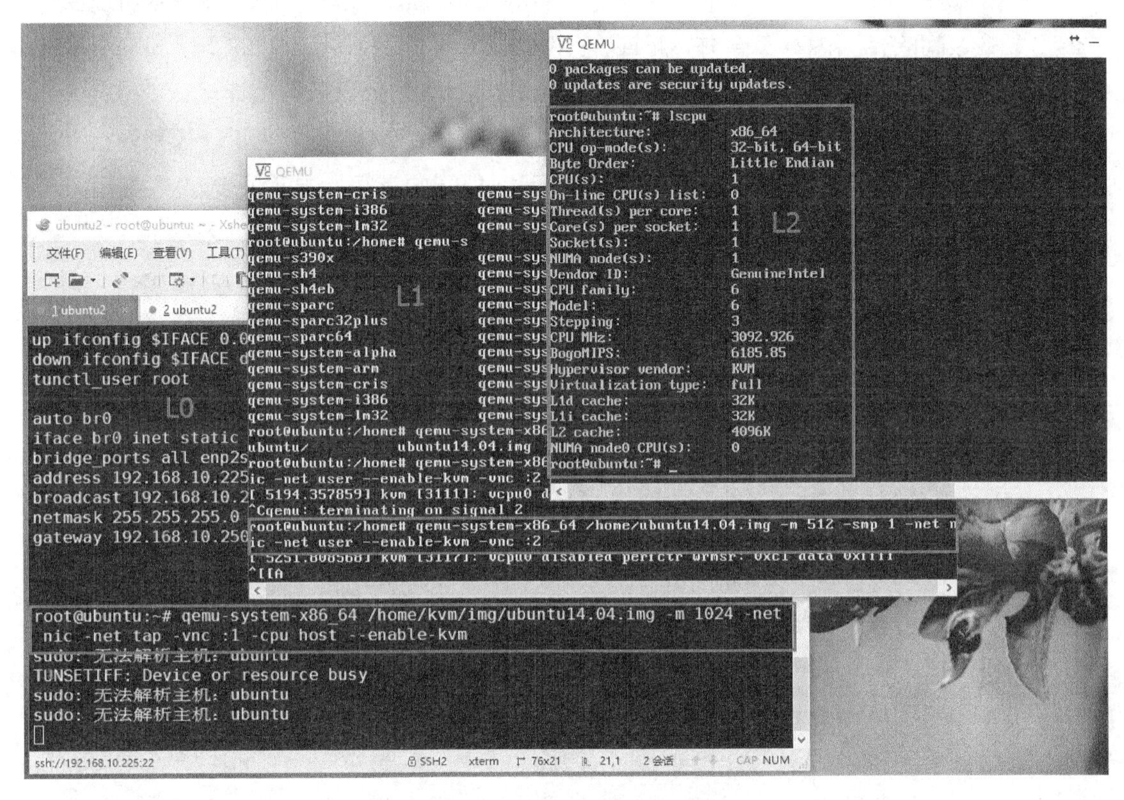

图 5-60　查看 L2 层虚拟机

5.6 KSM 技术

5.6.1 KSM 技术概述

KSM（Kernel Samepage Merging，内核同页合并），允许内核在两个或者多个进程之间共享完全相同的内存页。KSM 的作用是让内核扫描检查正在运行中的程序并比较它们的内存，如果发现它们有内存区域或者内存页是完全相同的，就将多个相同的内存合并为一个单一的内存页，并将其标识为“写时复制”，这样就可以节省系统内存占有量。之后，如果有进程试图去修改被标识为“写时复制”的合并内存页时，就为该进程复制出一个新的内存页供其使用。

在虚拟化方案中，KSM 技术通过合并内存页面来增加并发虚拟机的数量。VMware 的 ESX 服务器系统管理程序将这个特性命名为 Transparent Page Sharing（TPS），而 XEN 将其称为 Memory Copy-on-Write。不管采用哪种名称和实现方法，这个特性都提供了更好的内存利用率，从而允许操作系统（KVM 的 Hypervisor）过量使用内存，支持更多的应用程序或 VM。

在 QEMU/KVM 中，一个虚拟机对应一个 QEMU 进程，所以使用 KSM 技术可以实现多个虚拟机之间的相同内存页合并。而且，假设在同一个宿主机上运行的多个虚拟机有着相同的操作系统和应用程序，则虚拟机之间的相同内存页的数量就可能比较大，这种情况下使用 KSM 技术的作用就更加显著。在 KVM 环境下，KSM 允许 KVM 请求哪些相同的内存页是可以被共享而合并的，这样就避免了因为相同内存页合并而干扰虚拟机运行的问题。因此，在 KVM 虚拟化环境中，KSM 能够提高内存的速度和使用效率。

5.6.2 KSM 实现原理

KSM 在内核中的守护进程为 ksmd。此进程会定期执行页面扫描，识别副本页面并合并副本，释放这些页面以供它用。KSM 执行上述操作的过程对用户透明。例如，副本页面被合并，然后被标记为只读，但是，如果这个内存页面的其中一个用户由于某种原因需要更改该内存页面，该用户将以“写时复制”的方式收到自己的副本。具体源码实现可以在内核源代码./mm/ksm.c 中找到 KSM 内核模块的完整实现过程。

KSM 应用程序编程接口通过 madvise 系统函数调用和一个新的推荐参数 MADV_MERGEABLE（此参数表明已定义的区域可以合并）来实现。此外，也可以通过 MADV_UNMERGEABLE 参数（此参数表明从一个区域取消合并已合并内存页）从可合并状态删除一个区域。注意，通过 madvise 系统函数调用来删除一个页面区域可能会导致一个 EAGAIN 错误，因为该操作可能会在取消合并过程中耗尽内存，从而可能会导致更严重的问题（内存不足情况）。一旦某个区域被定义为“可合并”，KSM 将把该区域添加到它的工作内存列表中。启用 KSM 后，它将搜索内容相同的页面，以写保护的“写时复制”方式保留一个页面，释放另外一个内存页面以供它用。

在最新版的 KSM 实现中，页面通过两个“红-黑”树管理，其中一个“红-黑”树是临时的。第一个“红-黑”树称为不稳定树，用于存储还不能理解为稳定的新页面。换句话说，作为合并候选对象的页面（在一段时间内没有变化）存储在这个不稳定树中。不稳定树中的页面不是写保护的。第二个树称为稳定树，存储那些已经发现是稳定的且通过 KSM 合并的页面。为确定一个页面是否是稳定页面，KSM 使用了一个简单的 32 位校验和。当一个页面被扫描时，它的校验和被计算且与该页面存储在一起。在一次后续扫描中，如果新计算的校验和不等于此前计算的校验和，则该页面正在更改，因此不是一个合格的合并候选对象。

使用 KSM 进程处理一个单一的页面时，第一步是检查是否能够在稳定树中发现该页面。搜索稳定树的过程相对比较复杂，因为每个页面都被视为一个非常大的数字（页面的内容）。一个内存比较的操作（memcmp 系统函数调用）将在该页面和相关结点的页面上执行。如果 memcmp 返回 0，则页面内容相同，发现一个匹配值。反之，如果 memcmp 返回-1，则表示候选页面小于当前结点的页面；如果返回 1，则表示候选页面大于当前结点的页面。尽管比较 4 KB 的内存页面似乎是相当重量级的比较，但是在多数情况下，一旦发现一个差异，memcmp 将提前结束。如果候选页面位于稳定树中，则该页面被合并，候选页面被释放。反之，如果没有发现候选页面，则应转到不稳定树。

在不稳定树中搜索时，第一步是重新计算页面上的校验和。如果该值与原始校验和不同，则本次扫描的后续搜索将抛弃这个页面（因为它更改了，不值得跟踪）。如果校验和没有更改，则会搜索不稳定树以寻找候选页面。不稳定树的处理与稳定树的处理有一些不同：如果搜索代码没有在不稳定树中发现页面，则在不稳定树中为该页面添加一个新结点。如果在不稳定树中发现了页面，则合并该页面，然后将该结点迁移到稳定树中。

当扫描完成时，稳定树被保存下来，但不稳定树则被删除并在下一次扫描时重新构建。这个过程大大简化了工作，因为不稳定树的组织方式可以根据页面的变化而变化（不稳定树中的页面不是写保护的）。由于稳定树中的所有页面都是写保护的，因此当一个页面试图被写入时将生成一个页面故障，从而允许“写时复制”进程为写入程序取消页面合并。稳定树中的孤立页面将在稍后被删除（除非该页面的两个或更多用户存在，表明该页面还在被共享）。

综上所述，KSM 使用“红-黑”树来管理内存页面，以支持快速查询。实际上，Linux 内核中包含了一些“红-黑”树作为一个可重用的数据结构，可以广泛使用。“红-黑”树还可以被 Completely Fair Scheduler （CFS）使用，以便按时间顺序存储任务。

5.6.3　KSM 操作实践

内核中的 KSM 守护进程是 ksmd，配置和监控 ksmd 的文件在/sys/kernel/mm/ksm/目录下。该目录下的文件如图 5-61 所示。

```
root@ubuntu-virtual-machine:~# ls -l /sys/kernel/mm/ksm/*
-r--r--r-- 1 root root 4096 7月  28 09:48 /sys/kernel/mm/ksm/full_scans
-rw-r--r-- 1 root root 4096 7月  28 09:48 /sys/kernel/mm/ksm/merge_across_nodes
-r--r--r-- 1 root root 4096 7月  28 09:48 /sys/kernel/mm/ksm/pages_shared
-r--r--r-- 1 root root 4096 7月  28 09:48 /sys/kernel/mm/ksm/pages_sharing
-rw-r--r-- 1 root root 4096 7月  28 09:48 /sys/kernel/mm/ksm/pages_to_scan
-r--r--r-- 1 root root 4096 7月  28 09:48 /sys/kernel/mm/ksm/pages_unshared
-r--r--r-- 1 root root 4096 7月  28 09:48 /sys/kernel/mm/ksm/pages_volatile
-rw-r--r-- 1 root root 4096 7月  28 09:46 /sys/kernel/mm/ksm/run
-rw-r--r-- 1 root root 4096 7月  28 09:48 /sys/kernel/mm/ksm/sleep_millisecs
```

图 5-61　配置和监控 ksmd 的文件

此目录中的几个文件对于了解 KSM 的实际工作状态来说是非常重要的，各个文件的主要作用如下：

（1）full_scans：记录着已经对所有可合并的内存区域扫描过的次数。

（2）pages_shared：记录着正在使用中的共享内存页的数量。

（3）pages_sharing：记录着有多少数量的内存页正在使用被合并的共享页，不包括合并的内存页本身。这就是实际节省的内存页数量。

（4）pages_unshared：记录了守护进程去检查并试图合并，却发现了并没有重复内容而不能被合并的内存页数量。

（5）pages_volatile：记录了因为其内容很容易变化而不被合并的内存页。

（6）pages_to_scan：在 ksmd 进程休眠之前会去扫描的内存页。

（7）sleep_millisecs：ksmd 进程休眠的时间（单位：ms），ksmd 的两次运行之间的间隔。

（8）run：控制 ksmd 进程是否运行的参数，默认值为 0，要激活 KSM 必须要设置其值为 1。设置为 0，表示停止运行 ksmd 但保持它已经合并的内存页；设置为 1，表示马上运行 ksmd 进程；设置为 2 表示停止运行 ksmd，并且分离已经合并的所有内存页，但是保持已经注册为可合并的内存区域给下一次运行使用。

从上述文件可以看出，只有 pages_to_scan、sleep_millisecs、run 这 3 个文件对 root 用户是可读可写的，其余 5 个文件都是只读的。可以向 pages_to_scan、sleep_millisecs、run 这 3 个文件中写入自定义的值以便控制 ksmd 的运行。

例如，echo 1200 > /sys/kernel/mm/ksm/pages_to_scan 命令用来调整每次扫描的内存页数量，echo 10 > /sys/kernel/mm/ksm/sleep_millisecs 用来设置 ksmd 两次运行的时间间隔，echo 1 > /sys/kernel/mm/ksm/run 用来激活 ksmd 的运行。

Pages_sharing 的值越大，说明 KSM 节省的内存越多，KSM 效果越好。计算节省内存容量的命令如图 5-62 所示。

```
root@ubuntu-virtual-machine:~# echo "KSM saved: $(($(cat /sys/kernel/mm/ksm/page
s_sharing)*$(getconf PAGESIZE)/1024/1024))MB"
KSM saved: 0MB
```

图 5-62　计算 KSM 节省内存容量的命令

而 pages_sharing 除以 pages_shared 得到的值越大，说明相同内存页重复的次数越多，KSM 效率就越高。pages_unshared 除以 pages_sharing 得到的值越大，说明 ksmd 扫描不能合并的内存页越多，KSM 的效率越低。可能有多种因素影响 pages_volatile 的值，但是较高的 page_voliatile 值预示着很可能有应用程序过多地使用了 madvise（addr，length，MADV_MERGEABLE）系统调用来将其内存标志为 KSM 可合并。

在通过/sys/kernel/mm/ksm/run 等修改了 KSM 的设置之后，系统默认不会再修改它的值，这样可能并不能更好地使用后续的系统状态，需要人工动态调整。Linux 系统中提供了两个服务 ksm 和 ksmtuned 来动态配置和监控 KSM 的运行情况。

5.7　KVM 的其他特性

5.7.1　大页

现代的计算机系统，都支持非常大的虚拟地址空间（2^{32}~2^{64}）。在这样的环境下，页表就变得非常庞大。例如，假设页大小为 4 KB，对占用 40 GB 内存的程序来说，页表大小为 10 MB，而且还要求空间是连续的。为了解决空间连续问题，可以引入二级或者三级页表。但是这更加影响性能，因为如果快表（Translation Lookaside Buffer，TLB，页表寄存器缓冲，也称快表）缺失，访问页表的次数由两次变为三次或者四次。由于程序可以访问的内存空间很大，如果程序的访存局部性不好，则会导致快表一直缺失，从而严重影响性能。

此外，由于页表项有 10 M 之多，而快表只能缓存几百页，即使程序的访存性能很好，在大内存耗费情况下，快表缺失的概率也很大。因此，需要有更好的方法来解决快表缺失，那就是大页内存。

如果将内存页大小变为 1 GB，40 GB 内存的页表项也只有 40，这时缓存内的快表完全不会缺失，即使缺失，由于表项很少，也可以采用一级页表，只会导致两次访存。这就是大页内存可以优化程序性能的根本原因。

x86（包括 x86-32 和 x86-64）架构的 CPU 默认使用 4 KB 大小的内存页面，但是也支持较大的内存页，例如，x86-64 系统就支持 2 MB 大小的大页（Huge Page），Linux 2.6 以及以上内核都支持 Huge Page。如果在系统中使用了 Huge Page，则内存页的数量减少，页表数量减少，页表所占用的内存数量减少，并且所需的地址转换也减少，TLB 缓存失效的次数就减少，从而提高内存访问的性能。另外，由于地址转换所需的信息一般保存在 CPU 的缓存中，Huge Page 的使用让地址转换信息减少，从而减少了 CPU 缓存的使用，减轻了 CPU 缓存的压力，让 CPU 缓存能更多地用于应用程序的数据缓存，也能够在整体上提升系统的性能。

如果要优化的程序耗费内存很少，或者访存局部性很好，大页内存的优化效果就不会很明显。例如，如果程序耗费内存很少，只有几兆字节，那么页表项也很少，快表很有可能会完全缓存，即使缺失也可以通过一级页表替换。如果程序访存局部性也很好，在一段时间内，程序都访问相邻的内存，这样快表缺失的概率也很小。所以，在上述两种情况下，快表很难缺失，大页内存就体现不出它的优势。

任何优化手段都有它适用的范围，大页内存也不例外。所以，只有在耗费内存巨大、访存随机而且访存是瓶颈的程序中，大页内存才会带来明显的性能提升。

5.7.2 透明大页

普通大页有以下几个缺点：

（1）大页需要事先分配（1 GB 大页还只能在启动时分配）。

（2）程序代码必须显式使用大页，不使用就会造成物理内存浪费。

（3）大页必须常驻在物理内存中，不能交换到交换分区中。

（4）需要 root 权限来挂载 hugetlbfs 文件系统。

透明大页，又称透明巨型页（Transparent Huge Page，THP），它允许所有的空余内存被用作缓存以提高性能。使用大页可以显著提高 CPU 的命中率，所以如果客户操作系统使用了大内存或者在内存负载比较重的情况下，通过配置透明大页可以显著提高性能。这个设置在 Ubuntu 14.04 中是默认开启的，不需要手动去操作。

透明大页既享有大页的优势，又避免了上述缺点。透明大页对任何程序都是透明的，程序不需要任何修改即可使用透明大页。在使用透明大页时，普通的大页仍然可以使用，只有没有普通大页可以使用时，才使用透明大页。透明大页是可以交换的，当物理内存不足需要被交换时，它被打碎成常规的 4 KB 大小的内存页，当物理内存充裕时，常规的页分配内存可以通过 khugepaged 进程自动迁往透明大页。

1. 查看系统内核是否支持透明大页

使用命令 cat /boot/config-2.6.32-431.el6.x86_64 |grep -i transparent 查看宿主机系统内核是否支持透明大页，如果能看到 CONFIG_TRANSPARENT_HUGEPAGE=y 的内容，说明当前系统内容是支持透明大页的。

```
root@ubuntu:/home/kvm/img# cat /boot/config-4.12.0-rc5+ |grep -i transparent
CONFIG_HAVE_ARCH_TRANSPARENT_HUGEPAGE=y
CONFIG_HAVE_ARCH_TRANSPARENT_HUGEPAGE_PUD=y
CONFIG_TRANSPARENT_HUGEPAGE=y
CONFIG_TRANSPARENT_HUGEPAGE_ALWAYS=y
# CONFIG_TRANSPARENT_HUGEPAGE_MADVISE is not set
CONFIG_TRANSPARENT_HUGE_PAGECACHE=y
```

CONFIG_TRANSPARENT_HUGEPAGE_ALWAYS=y 表示默认对所有应用程序的内存分配都尽可能地使用透明大页。

2. 配置透明大页的使用方式

使用命令 cat /sys/kernel/mm/transparent_hugepage/enabled 查看系统透明大页的配置。

```
root@ubuntu:/home/kvm/img# cat /sys/kernel/mm/transparent_hugepage/enabled
[always] madvise never
```

如上代码所示，系统中/sys/kernel/mm/transparent_hugepage/enabled 接口的值配置为 always，该值表示尽可能地使用透明大页，系统扫描内存，如果有 512 个 4 KB 页面可以整合时，就整合成一个 2 MB 的页面，需要使用 swap 时，内存被分割为 4 KB 大小。若将该值修改为 madvise，表示仅在 MADV_HUGEPAGE 标识的内存区域使用透明大页。因为嵌入式系统内存资源比较珍贵，这是为了避免使用透明大页可能带来的内存浪费，例如，申请了 2 MB 的透明大页但是只写入了 1 B 的数据。若将值修改为 never 则表示关闭透明大页的使用。

可以使用命令 cat /proc/meminfo |grep -i anonhuge 来查看系统能够使用透明大页的内存大小。

```
root@ubuntu:/home/kvm/img# cat /proc/meminfo |grep -i anonhuge
AnonHugePages:      245760 KB
root@ubuntu:/home/kvm/img# echo $((245760/2048))
120
```

在 Ubuntu 中，透明大页的大小默认是 2 MB。从上面信息可知，当前系统可用的透明内存大页是 120 个，大小为 245 760 KB。

在默认情况下，透明大页的使用数目是 0。可以通过命令 cat /proc/sys/vm/nr_hugepages 或者 cat /proc/meminfo|grep HugePage 进行查看。

```
root@ubuntu:/home/kvm/img# cat /proc/sys/vm/nr_hugepages
0
root@ubuntu:/home/kvm/img# cat /proc/meminfo|grep HugePage
AnonHugePages:      245760 KB
ShmemHugePages:          0  KB
HugePages_Total:         0
HugePages_Free:          0
HugePages_Rsvd:          0
HugePages_Surp:          0
```

通过命令 echo 100 > /proc/sys/vm/nr_hugepages 设置系统的大页数量为 100，然后通过命令 cat /proc/sys/vm/nr_hugepages 或者 cat /proc/meminfo|grep -i HugePage 进行查看，发现大页的数目已经更改为 100。

```
root@ubuntu:/home/kvm/img# echo 100 > /proc/sys/vm/nr_hugepages
root@ubuntu:/home/kvm/img# cat /proc/sys/vm/nr_hugepages
100
root@ubuntu:/home/kvm/img# cat /proc/meminfo|grep -i hugepage
AnonHugePages:      245760 KB
ShmemHugePages:          0  KB
HugePages_Total:       100
HugePages_Free:        100
HugePages_Rsvd:          0
HugePages_Surp:          0
Hugepagesize:         2048  KB
```

5.7.3 CPU 特性

当虚拟机需要尽可能多地使用宿主机物理 CPU 支持的特性时，QEMU 提供了“-cpu host”参数，可以将物理 CPU 的所有特性提供给虚拟机（如果 KVM 和 QEMU 支持该特性）使用。使用“-cpu host”参数时，需使用 KVM，即同时使用“--enable-kvm”参数。

1. 在宿主机上查看 CPU 信息

```
root@ubuntu:~# cat /proc/cpuinfo
processor   : 0
vendor_id   : GenuineIntel
cpu family  : 6
model       : 60
model name  : Intel(R) Pentium(R) CPU G3240 @ 3.10GHz
stepping    : 3
microcode   : 0x19
cpu MHz     : 901.770
cache size  : 3072 KB
physical id: 0
siblings    : 2
core id     : 0
cpu cores   : 2
apicid      : 0
initial apicid : 0
fpu           : yes
fpu_exception: yes
cpuid level   : 13
wp      : yes
flags   : fpu vme de pse tsc msr pae mce cx8 apic sep mtrr pge mca cmov
pat pse36 clflush dts acpi mmx fxsr sse sse2 ss ht tm pbe syscall nx pdpe1gb
rdtscp lm constant_tsc arch_perfmon pebs bts rep_good nopl xtopology
nonstop_tsc cpuid aperfmperf pni pclmulqdq dtes64 monitor ds_cpl vmx est
tm2 ssse3 sdbg cx16 xtpr pdcm pcid sse4_1 sse4_2 movbe popcnt
tsc_deadline_timer xsave rdrand lahf_lm abm cpuid_fault epb tpr_shadow vnmi
flexpriority ept vpid fsgsbase tsc_adjust erms invpcid xsaveopt dtherm arat
pln pts
bugs    :
bogomips: 6186.13
clflush size   : 64
cache_alignment  : 64
address sizes : 39 bits physical, 48 bits virtual
power management:

processor     : 1
vendor_id     : GenuineIntel
cpu family    : 6
model         : 60
model name    : Intel(R) Pentium(R) CPU G3240 @ 3.10GHz
stepping      : 3
microcode     : 0x19
cpu MHz       : 1169.689
cache size    : 3072 KB
physical id   : 0
```

```
    siblings      : 2
    core id       : 1
    cpu cores     : 2
    apicid        : 2
    initial apicid : 2
    fpu            : yes
    fpu_exception  : yes
    cpuid level    : 13
    wp      : yes
    flags   : fpu vme de pse tsc msr pae mce cx8 apic sep mtrr pge mca cmov
pat pse36 clflush dts acpi mmx fxsr sse sse2 ss ht tm pbe syscall nx pdpe1gb
rdtscp lm constant_tsc arch_perfmon pebs bts rep_good nopl xtopology
nonstop_tsc cpuid aperfmperf pni pclmulqdq dtes64 monitor ds_cpl vmx est
tm2 ssse3 sdbg cx16 xtpr pdcm pcid sse4_1 sse4_2 movbe popcnt
tsc_deadline_timer xsave rdrand lahf_lm abm cpuid_fault epb tpr_shadow vnmi
flexpriority ept vpid fsgsbase tsc_adjust erms invpcid xsaveopt dtherm arat
pln pts
    bugs    :
    bogomips: 6187.16
    clflush size    : 64
    cache_alignment     : 64
    address sizes   : 39 bits physical, 48 bits virtual
    power management:
```

2. 使用“–cpu host”参数启动 Ubuntu14.04 虚拟机

使用命令 qemu-system-x86_64 /home/kvm/img/ubuntu14.04.img -m 1024 -net nic -net user -cpu host --enable-kvm -vnc :1 开启虚拟机。使用“-cpu host”参数时需使用“--enable-kvm”参数打开 KVM 虚拟化支持。虚拟机 CPU 特性如图 5-63 所示。

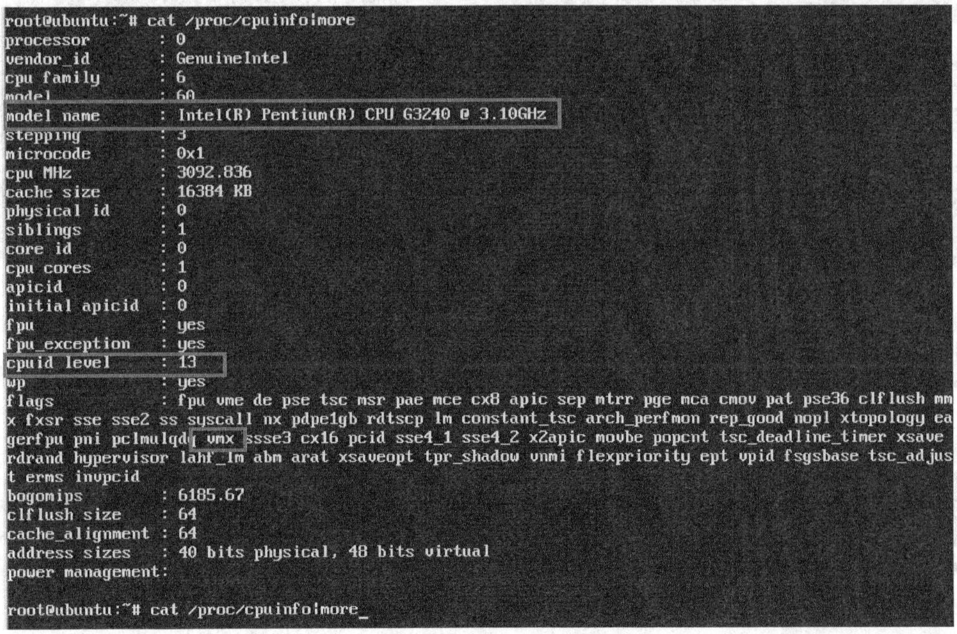

```
root@ubuntu:~# cat /proc/cpuinfo|more
processor       : 0
vendor_id       : GenuineIntel
cpu family      : 6
model           : 60
model name      : Intel(R) Pentium(R) CPU G3240 @ 3.10GHz
stepping        : 3
microcode       : 0x1
cpu MHz         : 3092.836
cache size      : 16384 KB
physical id     : 0
siblings        : 1
core id         : 0
cpu cores       : 1
apicid          : 0
initial apicid  : 0
fpu             : yes
fpu_exception   : yes
cpuid level     : 13
wp              : yes
flags           : fpu vme de pse tsc msr pae mce cx8 apic sep mtrr pge mca cmov pat pse36 clflush mm
x fxsr sse sse2 ss syscall nx pdpe1gb rdtscp lm constant_tsc arch_perfmon rep_good nopl xtopology ea
gerfpu pni pclmulqdq vmx ssse3 cx16 pcid sse4_1 sse4_2 x2apic movbe popcnt tsc_deadline_timer xsave
rdrand hypervisor lahf_lm abm arat xsaveopt tpr_shadow vnmi flexpriority ept vpid fsgsbase tsc_adjus
t erms invpcid
bogomips        : 6185.67
clflush size    : 64
cache_alignment : 64
address sizes   : 40 bits physical, 48 bits virtual
power management:

root@ubuntu:~# cat /proc/cpuinfo|more_
```

图 5-63　Ubuntu 14.04 虚拟机的 CPU 特性（添加“-cpu host”参数）

从图 5-63 可知，虚拟机看到的 CPU 特性和宿主机基本保持一致，都是 Intel（R）Pentium（R） CPU G3240 @ 3.10GHz；cpuid level 也是 13，和宿主机一样，在 CPU 的特性标识 flags 中，也包含了大部分和宿主机一致的特性，包括 vmx。这些都说明宿主机已经尽可能将自身的 CUP 特性一一提供给虚拟机使用。

当然，由于 KVM 和 QEMU 对 CPU 的某些特性并没有提供模拟和实现，所以，ept、vpid 等 CPU 特性虚拟机就无法呈现。

3. 不使用“–cpu host”参数启动 Ubuntu 14.04 虚拟机

使用命令 qemu-system-x86_64 /home/kvm/img/ubuntu14.04.img -m 1024 -net nic -net user --enable-kvm -vnc :1 开启 Ubuntu 14.04 虚拟机，不添加“-cpu host”参数，以和第二步进行对比，如图 5-64 所示。

```
root@ubuntu:~# cat /proc/cpuinfo
processor       : 0
vendor_id       : GenuineIntel
cpu family      : 6
model           : 6
model name      : QEMU Virtual CPU version 2.5+
stepping        : 3
microcode       : 0x1
cpu MHz         : 3092.836
cache size      : 16384 KB
physical id     : 0
siblings        : 1
core id         : 0
cpu cores       : 1
apicid          : 0
initial apicid  : 0
fpu             : yes
fpu_exception   : yes
cpuid level     : 13
wp              : yes
flags           : fpu de pse tsc msr pae mce cx8 apic sep mtrr pge mca cmov pse36 clflush mmx fxsr s
se sse2 syscall nx lm rep_good nopl xtopology pni cx16 x2apic hypervisor lahf_lm
bogomips        : 6185.67
clflush size    : 64
cache_alignment : 64
address sizes   : 40 bits physical, 48 bits virtual
power management:

root@ubuntu:~#
```

图 5-64　Ubuntu 14.04 虚拟机的 CPU 特性（不添加-cpu host 参数）

不添加“-cpu host”参数时，可以看到虚拟机 CPU 是 QEMU 模拟出来的“QEMU Virtual CPU version 2.5+”，CPU 的特性标识 flags 也相对较少，也找不到支持虚拟化的标识 vmx。

5.8　KVM 的安全机制

云计算虚拟化对于如今的生活具有重要意义，它不仅有效提升了数据中心基础资源的使用率，还为传统 IDC（Internet Data Center）的商业模式带来了巨大的改变。随着全球云计算规模的扩大、用户数的增加，云中数据的价值也越来越受到黑客的“关注”，而作为云计算中的核心实现技术，虚拟化也面临着众多的安全威胁。因此，在云计算推广和普及的同时，有必要对云安全技术进行研究，引入更强大的安全措施。

5.8.1　KVM 虚拟化的安全威胁

虚拟化是云计算的核心技术，也是区别于传统计算模式的重要特征。通过对物理资源的虚拟化，不但使利用率得到提升，还使资源具有动态性，可以根据用户需求分配，为用户提供弹性的计算资源。但是，虚拟化带来众多性能优势的同时也产生了更多的安全问题，传统的安全防护手段已经不能满足云计算的需求。云计算虚拟化安全已经成为云服务提供商和安全厂商关注的焦点。

KVM 虚拟化环境中面临的主要安全威胁如下：

1. 虚拟机之间流量不可控

在 KVM 虚拟化环境中，每台物理机上都承载着多台虚拟机，虚拟机之间通过 KVM 虚拟化平台提供的虚拟交换机（vSwitch）通信，例如 OpenStack 提供的 Open vSwitch。同一个 vSwitch 上的虚拟机可以相互通信，如果这些虚拟机不属于同一用户，则可能会造成数据泄露或相互攻击。并且，传统的防护手段位于物理主机的边缘，如果一台物理机中的多台虚拟机进行通信，将无法被外部安全设备监控和保护。

2. 虚拟机之间共享资源竞争与冲突

在虚拟化环境中，由于多台虚拟机共享同一物理机资源，所以会造成资源竞争。如果不能通过正确配置限制单一虚拟机的可用资源，则可能造成个别虚拟机的恶意资源占用，从而导致其他虚拟机拒绝服务。另一方面，如果同一物理机上的虚拟机同时进行病毒扫描等大量占用物理资源的动作，当物理机资源耗尽时就会造成宕机，导致虚拟机业务中断。

3. 云平台对虚拟机的控制

由于虚拟机完全受到云平台的控制，况且通常同一个云平台中管理着单个结点中的所有虚拟机，所以云平台自身的安全就显得十分重要。如果云平台组件遭到篡改或者病毒感染，轻则云服务的运营受到影响，重则导致用户数据泄露，虚拟机资源被非法用户控制。

4. 云数据安全存在风险

首先，大量用户数据集中存储，容易吸引黑客大规模攻击；其次，多租户共享存储资源，且用户数据和系统数据共存，无法对重要数据进行特殊处理，如果对不同用户的存储数据隔离不当，则会存在数据泄露风险；最后，虚拟机数据大多以明文存储，如果一旦遭到入侵，由于虚拟机之间的流量不可控制且缺乏流量行为审计，黑客可以轻易将数据转到其他虚拟机或外部服务器，用户很难发现数据被盗。

5. 云计算管理权限问题

由于在传统的 IDC 机房中，用户直接租用服务器或者机柜，服务器权限大多由用户自己管理，而管理员大多只负责机房网络环境、物理机状态维护等。在云计算虚拟化环境中，用户失去了对物理机的控制，而管理员则拥有更高权限，极有可能因为管理员故意或无意的操作导致用户服务的终止，甚至数据丢失。

5.8.2 KVM 虚拟化的安全技术架构

为了解决 KVM 虚拟化安全问题，其中虚拟化层和虚拟机的安全问题是整个安全技术框架中需要解决的。当前，KVM 已经被 RHEL、CentOS 等作为内核集成至 Linux 操作系统中，KVM 的虚拟化功能是由 Linux 中的 QEMU 和 KVM 模块共同实现的。KVM 模块负责调用宿主机硬件资源，包括 CPU、内存、存储和网络等，为虚拟机提供资源分配。基于 KVM 的虚拟化安全技术框架如图 5-65 所示。

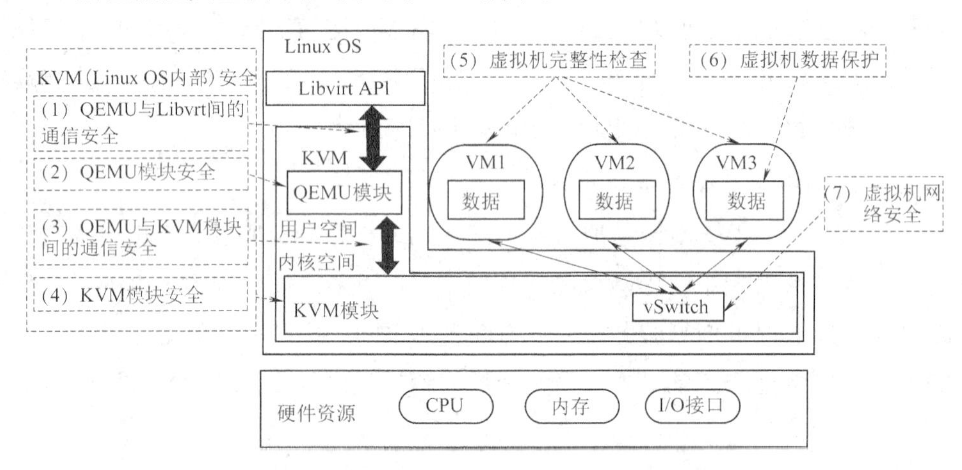

图 5-65 KVM 虚拟化安全技术架构图

1. QEMU 与 Libvirt 间的通信安全

尽管 Libvirt 是 Linux 操作系统中管理 Hypervisor 层的重要 API，但是如果操作系统中存在漏洞，则可能导致 KVM/QEMU 与 Libvirt 间的通信被窃听甚至被拦截。及时更新操作系统补丁或者在 Linux 操作系统内部信道部署加密算法，就可以保证 KVM 与 Libvirt 间的通信安全。

2. QEMU 模块的安全性

QEMU 作为重要的虚拟化模块，如果存在漏洞被黑客利用，很可能直接导致所有虚拟机实例被控制。不但用户数据会被泄露，这些虚拟机还可能被黑客利用作为攻击工具，那么将会对云服务提供商造成极大的影响。所以，QEMU 模块的安全补丁应当定期及时更新。

3. QEMU 与 KVM 模块间的通信安全

位于用户空间内的 QEMU 模块与位于内核空间内的 KVM 模块共同协作完成所有的虚拟化操作。黑客可能通过内部信道的漏洞干扰 KVM 模块的正常运行。所以，增加两模块间的安全通道或安全机制是非常有必要的。

4. KVM 模块安全

若 KVM 模块出现漏洞，黑客就能够直接调用 CPU、内存或网络等主机上的物理资源。这将会影响整个云服务的正常运行。所以，应该考虑为 KVM 模块增加安全机制。

5. 虚拟机完整性检查

如果虚拟机操作系统文件被篡改，不但无法保证虚拟机内的数据安全，还可能被黑客获取操作系统权限，攻击其他虚拟机或外部服务器，对云服务提供商造成极大影响。所以，有必要通过定期检查系统文件散列值等方式保证虚拟机系统文件的完整性。

6. 虚拟机数据保护

Linux 自有安全机制 SELinux 中的虚拟化实例 sVirt，为虚拟机提供的沙箱机制可以隔离不同的应用，防止各种应用间相互访问导致的数据泄露情况出现，也可以考虑增加应用间访问控制机制，或者对虚拟机数据进行全部或选择性加密。

7. 虚拟机网络安全

为了保护虚拟机不被外部服务器、其他虚拟机攻击或者病毒入侵，需要在服务器内部部署或将单独虚拟机作为可动态分配资源的虚拟化防火墙。通过流量重定向或流量复制等手段将发送到目标虚拟机的流量转发或复制到所属虚拟化防火墙进行流量分析，从而保证进入虚拟机流量的安全性。

5.8.3 KVM 常见安全措施

1. 镜像文件加密

随着网络与计算机技术的发展，数据的一致性和完整性在信息安全中变得越来越重要，对数据进行加密处理对数据的一致性和完整性都有较好的保障。有一种类型的攻击称为“离线攻击”，如果攻击者在系统关机状态下可以物理接触到磁盘或者其他存储介质，就属于“离线攻击”的一种表现形式。另外，在企业内部，不同岗位的人有不同的职责和权限，系统处于启动状态时的使用者是 A，而系统关机后，会存放在另外的位置，

B 可以获得该系统的物理硬件。如果没有保护措施，那么 B 就可以轻易地越权获得系统中的内容。如果有良好的加密保护，就可以防护这样的攻击或者内部数据泄露事件的发生。

在 KVM 虚拟化环境中，存放虚拟机镜像的存储设备（如磁盘、U 盘等）可以对整个设备进行加密，如果其分区是 LVM，也可以对某个分区进行加密。而对于虚拟机镜像文件本身，也可以进行加密处理。qemu-img convert 命令在“-o encryption”参数的支持下，可以将未加密或者已经加密的镜像文件转化为加密的 qcow2 的文件格式。例如，先创建一个 8 GB 大小的 qcow2 格式镜像文件，然后用命令将其加密，命令行操作如图 5-66 所示。

```
root@c038b7ee:~# qemu-img create -f qcow2 -o size=8GB vm.qcow2
Formatting 'vm.qcow2', fmt=qcow2 size=8589934592 encryption=off cluster_size=65536 lazy_refcounts=off
root@c038b7ee:~# qemu-img convert -o encryption -O qcow2  vm.qcow2 1.qcow2
Disk image '1.qcow2' is encrypted.
password: █ ←—— 此处输入需要设置的密码，然后按回车键确认
```

图 5-66　虚拟机镜像文件加密操作

生成的 1.qcow2 文件就是已经加密的文件，查看其信息如图 5-67 所示，从图中可以看到 encrypted: yes 的标志。

```
root@c038b7ee:~# qemu-img info 1.qcow2
image: 1.qcow2
file format: qcow2
virtual size: 8.0G (8589934592 bytes)
disk size: 196K
encrypted: yes
cluster_size: 65536
Format specific information:
    compat: 1.1
    lazy refcounts: false
    corrupt: false
```

图 5-67　查看加密镜像文件信息

在使用加密的 qcow2 格式的镜像文件启动虚拟机时，虚拟机会先不启动而暂停，需要在 QEMU monitor 中输入 cont 或者 c 命令以便继续执行，然后会出现输入已加密 qcow2 镜像文件的密码，只有密码正确才可以正常启动虚拟机。

当然，在执行 qemu-img create 创建镜像文件时就可以将其创建为加密的 qcow2 文件格式，但是不能交互式地指定密码，命令行如图 5-68 所示。

```
root@c038b7ee:~# qemu-img create -f qcow2 -o backing_file=rhel-6.4.img,encryption encrypted.qcow2
Formatting 'encrypted.qcow2', fmt=qcow2 size=53687091200 backing_file='rhel-6.4.img' encryption=on cluster_size=65536 lazy_refcounts=off
```

图 5-68　创建加密的镜像文件

这样创建的 qcow2 文件处于加密状态，但是其密码为空，在使用过程中提示输入密码时，直接按【Enter】键即可。对于在创建时已设置为加密状态的 qcow2 文件，仍然需

要用上面介绍过的“qemu-img convert”命令转换一次，这样才能设置为自己所需的非空密码。

2. 虚拟网络的安全

在 KVM 宿主机中，为了网络安全的目的，可以使用 Linux 防火墙——iptables 工具。使用 iptables 工具（为 IPv4 协议）或者 ip6tables（为 IPv6 协议）可以创建、维护和检查 Linux 内核中 IP 数据报的过滤规则。

而对于虚拟机的网络，QEMU/KVM 提供了多种网络配置方式。例如，使用 NAT 方式让虚拟机获取网络，就可以对外界隐藏客户机内部网络的细节，对虚拟机网络的安全起到保护作用。不过，在默认情况下，NAT 方式的网络让客户机可以访问外部网络，而外部网络不能直接访问虚拟机。如果虚拟机中的服务需要被外部网络直接访问，就需要在宿主机中配置好 iptables 的端口映射规则，通过宿主机的某个端口映射到虚拟机的一个对应端口。

如果物理网卡设备比较充足，而且 CPU、芯片组、主板等都支持设备的直接分配技术，那么选择使用设备直接分配技术为每个虚拟机分配一个物理网卡也是一个非常不错的选择。因为在使用设备直接分配使用网卡时，网卡工作效率非常高，而且各个虚拟机中的网卡是物理上完全隔离的，提高虚拟机的隔离性和安全性，即使一个虚拟机中网络流量很大也不会影响到其他虚拟机中网络的质量。

3. 远程管理的安全

在 KVM 虚拟化环境中，可以通过 VNC 的方式远程访问虚拟机，那么为了虚拟化管理的安全性，可以为 VNC 连接设置密码，并且可以设置 VNC 连接的 TLS、X.509 等安全认证方式。

如果使用 Libvirt 的应用程序接口来管理虚拟机，包括使用 virsh、virt-manager、virt-viewer 等工具，为了远程管理的安全性考虑，最好只允许管理工具使用 SSH 连接或者带有 TLS 加密验证的 TCP 套接字来连接到宿主机的 libvirt。

5.9　QEMU 监控器

QEMU 监控器（Monitor）是实现 QEMU 与用户交互的一种控制台，一般用于为 QEMU 模拟器提供较为复杂的功能，包括为虚拟机添加和删除媒体镜像（如 CD-ROM、磁盘镜像等）、暂停和继续虚拟机的运行、快照的建立和删除、从磁盘文件中保存和恢复虚拟机状态、虚拟机动态迁移、查看虚拟机状态参数等。

5.9.1 QEMU Monitor 配置

在启动 QEMU 时，同时也会启动 Monitor 的控制台，通过这个控制台，可以与 QEMU 或者运行状态的虚拟机进行交互。虽然现在有诸如 virt-manager 之类的图形界面的虚拟机管理工具，但是在 Monitor 的控制台窗口输入命令似乎更符合 Linux 程序员的使用习惯，而且还能完成一些图形化管理工具所不具备的功能。在 Monitor 控制台中，可以完成很多常规操作，如添加删除设备、虚拟机音视频截取、获取虚拟机运行状态、更改虚拟机运行时配置等。

事实上，启动 QEMU 后通常是看不到 Monitor 界面的。要进入该界面，可以在 QEMU 窗口激活时按住【Ctrl+Alt+2】组合键进入，切换回工作界面需要按【Ctrl+Alt+1】组合键。另外，还可以在 QEMU 启动时指定"-monitor"参数。例如，"-monitor stdio"将允许使用标准输入/输出作为 Monitor 命令源。这种方式和常见的 Linux 交互式的用户程序无异，所以在做测试工作时，可以很方便地编写出对虚拟机监控的 Shell 脚本程序。

"-monitor dev"参数的作用是将 Monitor 重定向到宿主机的 dev 设备上。关于 dev 设备这个选项的写法有很多种，详细说明如下：

1. 虚拟控制台

虚拟控制台即 Virtual Console，如果不加"-monitor"参数就会使用"-monitor vc"作为默认参数。并且，可以指定 Monitor 虚拟控制台的宽度和长度，例如参数 vc:800×600 表示宽度、长度分别为 800 像素、600 像素，vc:80C×24C 则表示宽度、长度分别为 80 个字符宽和 24 个字符长，这里的 C 代表字符（Character）。注意，只有选择 vc 为"-monitor"的选项时，利用上面介绍的【Ctrl+Alt+2】组合键才能切换到 Monitor 窗口，其他情况下不能用这个组合键。

2. /dev/XXX

使用宿主机的终端（tty），例如参数"-monitor /dev/ttyS0"是将 Monitor 重定向到宿主机的 ttyS0 串口上，而且 QEMU 会根据 QEMU 模拟器的配置来自动设置该串口的一些参数。

3. null

空设备，表示不将 Monitor 重定向到任何设备上，这种情况下是不能连接到 Monitor 的。

4. stdio

标准输入/输出，不需要图形界面的支持。参数"-monitor stdio"将 Monitor 重定向到当前命令行所在的标准输入/输出上，可以在运行 QEMU 命令后直接就默认连接到 Monitor

中，操作便捷，这种方式通常适用于需要输入较多 QEMU Monitor 命令的情况。

5.9.2 QEMU Monitor 常用命令

上一节中介绍了 QEMU monitor 的相关配置和使用，本节将系统性地选取其中一些重要的命令进行简单的介绍，以便对 Monitor 中的命令有全面的认识。

1. 辅助类命令

有一部分命令可以称为辅助性命令，如 info 和 help。Help 命令可以查询显示某个命令的简要帮助信息；info 命令主要用来显示虚拟机的运行信息。例如，info blockstats 将显示虚拟机中的块设备的读/写操作的信息：读入字节、写入字节、读/写操作的次数等。

help 显示帮助信息，其命令格式为 help 或“? [cmd]”，help 与“? ”命令是同一个命令，都是显示命令的帮助信息。它后面不加 cmd 命令作为参数时，help 命令或者“? ”命令将显示该 QEMU 中支持的所有命令及其简要的帮助信息。当含有 cmd 参数时，help cmd 将显示 cmd 命令的帮助信息。如果 cmd 参数不存在，则帮助信息输出为空。

在 QEMU Monitor 中使用 help 命令相关示例的操作如图 5-69、图 5-70 所示。

```
(qemu) help migrate
migrate [-d] [-b] [-i] uri -- migrate to URI (using -d to not wait for completion)
                 -b for migration without shared storage with full copy of disk
                 -i for migration without shared storage with incremental copy of disk (base image shared between src and destination)
```

图 5-69　QEMU Monitor 中 migrate 命令的帮助信息

```
(qemu) help snapshot_blkdev
snapshot_blkdev [-n] device [new-image-file] [format] -- initiates a live snapshot
                        of device. If a new image file is specified, the
                        new image file will become the new root image.
                        If format is specified, the snapshot file will
                        be created in that format.
                        The default format is qcow2.  The -n flag requests QEMU
                        to reuse the image found in new-image-file, instead of
                        recreating it from scratch.
(qemu)
```

图 5-70　QEMU Monitor 中 snapshot_blkdev 命令的帮助信息

info 命令显示当前系统状态的各种信息，也是 Monitor 中一个常用的命令，其命令格式为 info subcommand，显示 subcommand 中描述的系统状态。如果 subcommand 为空，则显示当前可用的所有的各种 info 命令组合及其介绍，这与 help info 命令显示的内容相同。下面介绍一些常用的 info 命令的基本功能：

```
info version
```

查看 QEMU 的版本信息。

```
info kvm
```

查看当前 QEMU 是否有 KVM 的支持。

```
info name
```

显示当前虚拟机的名称。

```
info status
```

显示当前虚拟机的运行状态。

```
info uuid
```

查看当前客户机的 UUID 标识。

```
info cpus
```

查看客户机各个 vCPU 的信息。

```
info registers
```

查看客户机的寄存器状态信息。

```
info tlb
```

查看 TLB 信息，显示了客户机虚拟地址到客户机物理地址的映射。

```
info mem
```

查看客户机中看到的 NUMA 结构。

```
info mtree
```

以树状结构展示内存的信息。

2. 设备类命令

change 命令改变一个设备的配置，如 change vnc localhost:2 改变 VNC 的配置，change vnc password 更改 VNC 连接的密码，change ide1-cd0 /path/a.iso 改变客户机中光驱加载的光盘。

usb_add 和 usb_del 命令添加和移除一个 USB 设备，如 usb_add host:002.004 表示添加宿主机的 002 号 USB 总线中的 004 设备到客户机中，usb_del 0.2 表示删除客户机中某个 USB 设备。

device_add 和 device_del 命令动态添加或移除设备，如“device_add pci-assign,host=02:00.0, id=mydev”将宿主机中的 BDF 编号为 0.2:00.0 的 PCI 设备分配给客户机，而 device_del mydev 移除刚才添加的设备。

mouse_move 命令移动鼠标光标到指定坐标，例如 mouse_move 500 500 将鼠标光标移动到坐标为（500,500）的位置。

mouse_button 命令模拟点击鼠标的左、中、右键，1 为左键，2 为中间键，4 为右键。

sendkey keys 命令向客户机发送 keys 按键（或组合键），就如同非虚拟环境中那样的按键效果。如果同时发送的是多个按键的组合，则按键之间用“-”来连接。例如，sendkey ctrl-alt-f2 命令向客户机发送 ctrl-alt-f2 键，将会切换客户机的显示输出到 tty2 终端；snedkey ctrl-alt-delete 命令则会发送 ctrl-alt-delete 键，在文本模式中该组合键会重启系统。

3. 客户机类命令

savevm、loadvm 和 delvm 命令创建、加载和删除客户机的快照，如 savevm mytag 表

示根据当前客户机状态创建标志为 mytag 的快照，loadvm mytag 表示加载客户机标志为 mytag 快照时的状态，而 del mytag 表示删除 mytag 标志的客户机快照。

migrate 和 migrate_cancel 命令动态迁移和取消动态迁移，如 migrate tcp:des_ip:6666 表示动态迁移当前客户机到 IP 地址为 des_ip 的宿主机的 TCP6666 端口上，而 migrate_cancel 则表示取消当前进行中的动态迁移过程。

commit 命令提交修改部分的变化到磁盘镜像中（在使用了“-snapshot”启动参数），或提交变化部分到使用后端镜像文件。

system_powerdown、system_reset 和 system_wakeup 命令，其中 system_powerdown 命令向客户机发送关闭电源的事件通知，一般会让客户机执行关机操作；system_reset 命令让客户机系统重置，相当于直接拔掉电源，然后插上电源，按开机键开机；system_wakeup 将客户机从暂停中唤醒。

小　结

本章主要介绍了 KVM 的高级功能，主要包括 virtio 半虚拟化驱动的相关使用、KVM 环境下设备直接分配、PCI 设备的热插拔功能、KVM 虚拟机动态迁移、KVM 嵌套虚拟化、KSM 技术实践、KVM 的安全机制、KVM 的其他特性以及 QEMU 监控器的使用。通过本章的学习可对 KVM 虚拟化中的高级功能有系统的认识和了解，并且能够完成相关的实验操作。

习　题

1. 简述客户机使用设备的 3 种方案，各自优缺点和使用范围。
2. 什么是迁移，有什么用，有几种类型迁移，使用范围分别是什么？
3. 什么是大页和透明页面，如何配置和使用？
4. 什么是 QEMU 监控器？

第 6 章 虚拟化管理工具

虚拟化管理所有 Hypervisor 都包括用于管理主机服务器及其虚拟机的基本工具。虚拟化管理通常旨在扩展基础管理工具提供的功能。

6.1 libvirt 概述

6.1.1 libvirt 简介

提到 KVM 的管理工具，就不得不介绍大名鼎鼎的 libvirt。libvirt 是为了更方便地管理平台虚拟化技术而设计的开放源代码的应用程序接口。libvirt 包含一个守护进程和一个管理工具，不仅能提供对虚拟化客户机的管理，也提供了对虚拟化网络和存储的管理。可以说，libvirt 是一个软件集合，便于使用者管理虚拟机和使用其他虚拟化功能，例如存储和网络接口管理等。

libvirt 的主要目标是提供一种单一的方式，管理多种不同的虚拟化提供方式和 Hypervisor。当前主流 Linux 平台上常用的虚拟化管理工具 virt-manager、virsh、virt-install 等都是基于 libvirt 开发而成的。

libvirt 可以支持多种不同的 Hypervisor，针对不同的 Hypervisor，libvirt 提供了不同的驱动程序，有对 Xen 的驱动程序，有对 QEMU 的驱动程序，有对 VMware 的驱动程序。libvirt 屏蔽了底层各种 Hypervisor 的细节，对上层管理工具提供了一个统一的、稳定的 API。因此，通过 libvirt 这个中间适配层，用户空间的管理工具可以管理多种不同的 Hypervisor 及其上运行的虚拟客户机。

在 libvirt 中有几个重要的概念：一个是结点，一个是 Hypervisor，一个是域。各概念解释如下：

（1）结点（Node）通常指一个物理机器，在这个物理机器上通常运行着多个虚拟客户机。Hypervisor 和域都运行在结点之上。

（2）Hypervisor 通常指 VMM，例如 KVM、Xen、VMware、Hyper-V 等。Hypervisor 可以控制一个结点，让其能够运行多个虚拟机。

（3）域（Domain），指的是在 Hypervisor 上运行的一个虚拟机操作系统实例。域在不同的虚拟化技术中可能名字不同。例如，在亚马逊的 AWS 云计算服务中被叫作实例，域有时也称为客户机、虚拟机、客户操作系统等。

结点，Hypervisor 和域之间的关系如图 6-1 所示。

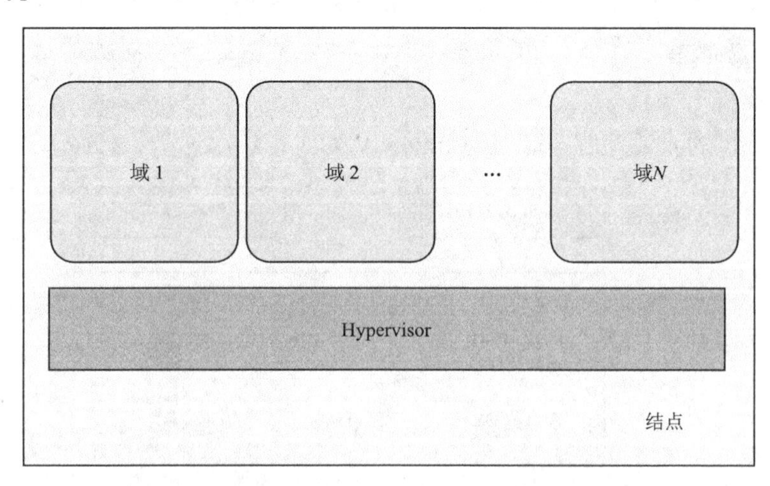

图 6-1　结点、Hypervisor 和域之间的关系

libvirt 的主要功能包括：

（1）虚拟机管理：包括对结点上各虚拟机生命周期的管理，如启动、停止、暂停、保存、恢复和迁移；也支持对多种设备类型的热插拔操作，包括磁盘、网卡、内存和 CPU 等。

（2）远程结点的管理：只要物理结点上运行了 libvirt daemon，那么，远程结点上的管理程序就可以连接到该结点，然后进行管理操作，所有的 libvirt 功能就都可以访问和使用。libvirt 支持多种网络远程传输，例如使用最简单的 SSH 时不需要额外配置工作。若 example.com 结点上运行了 libvirt，而且允许 SSH 访问，下面的命令行就可以在远程的主机上使用 virsh 连接到 example.com 结点，从而管理 example.com 结点上的虚拟机。

```
virsh --connect qemu+ssh://root@example.com/system
```

（3）存储管理：任何运行了 libvirt daemon 的主机，都可以通过 libvirt 管理不同类型的存储，包括创建不同格式的文件映像（qcow2、vmdk、raw 等）、挂接 NFS 共享、列出现有的 LVM 卷组、创建新的 LVM 卷组和逻辑卷、对未处理过的磁盘设备分区、挂接 iSCSI 共享等。因为 libvirt 可以远程工作，所有这些都可以通过远程主机进行管理。

（4）网络接口管理：任何运行了 libvirt daemon 的主机，都可以通过 libvirt 管理物理和逻辑的网络接口。可以列出现有的网络接口卡，配置网络接口、创建虚拟网络接口，以及桥接、VLAN 管理和关联设备等。

（5）虚拟 NAT 和基于路由的网络：任何运行了 libvirt daemon 的主机，都可以通过 libvirt 管理和创建虚拟网络。libvirt 虚拟网络使用防火墙规则作为路由器，让虚拟机可以透明访问主机的网络。

libvirt 概括起来包括一个应用程序编程接口库（API 库）、一个 daemon（守护进程，libvirtd）和一个命令行工具（virsh）。API 库为其他虚拟机管理工具提供编程的程序接口库。libvirtd 负责对结点上的域进行监管，在使用其他工具管理结点上的域时，libvirtd 需要一直在运行状态。virsh 是 libvirt 默认给定的一个对虚拟机进行管理的命令行工具。

有了对 libvirt 的大致理解，可以将 libvirt 分为 3 个层次结构，如图 6-2 所示。

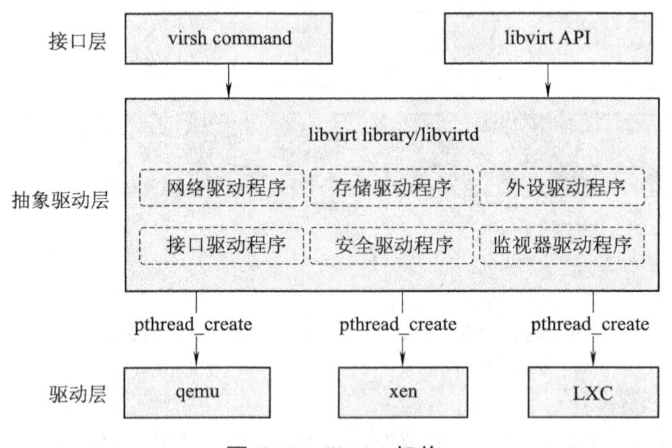

图 6-2　libvirt 架构

在图 6-2 中，将 libvirt 分为三层，最底层为驱动层，中间层为 libvirt 的抽象驱动层，顶层为 libvirt 提供的接口层。参照图 6-2，给出通过 virsh 命令或接口创建虚拟机实例的执行步骤：

（1）在接口层，virsh 命令或 API 接口创建虚拟机。

（2）在抽象驱动层，调用 libvirt 提供的统一接口。

（3）在驱动层，调用底层的相应虚拟化技术的接口，如果 driver =qemu，那么此处即调用的 qemu 注册到抽象驱动层上的函数为 qemuDomainCreateXML()。

（4）拼装 shell 命令并执行。以 QEMU 为例，函数 qemuDomainCreateXML()首先会拼装一条创建虚拟机的命令，如 qemu-hda disk.img，然后创建一个新的线程来执行。

通过上面的 4 个步骤可以发现，libvirt 通过 4 步，将最底层的直接在 Shell 中输入命令来完成的操作进行了抽象封装，给应用程序开发人员提供了统一的、易用的接口。

6.1.2　libvirt 的编译和安装

可以通过多种方式安装 libvirt。普通用户如果只是使用 libvirt，可以直接通过 apt-get 安装，以 apt-get 的方式安装 libvirt 时，只需执行 apt-get install libvirt-dev 命令即可。如果作为开发者，想要对 libvirt 多一些深入的了解，可以从 libvirt 的源码进行安装。这里以源码安装方式为例进行讲解，其他方式不再赘述。

1.下载 libvirt 源代码

libvirt 的官方网站是 http://libvirt.org/,可以从中下载 libvirt 的源代码的 tar.gz 压缩包，如图 6-3 所示。另外，也可以使用 git 工具将开发中的 libvirt 源代码复制到本地。

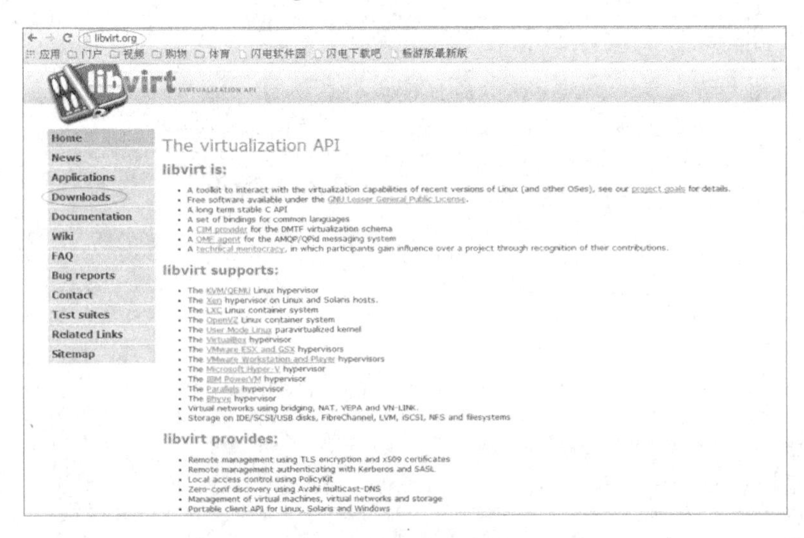

图 6-3　libvirt 官网

在图 6-3 中单击 Downloads 可以进入 libvirt 的下载页面，如图 6-4 所示。

图 6-4　libvirt 下载页面

从图 6-4 可以看出，在 libvirt 官网给出了几种下载 libvirt 的方式，Hourly development snapshots 表示每小时的开发快照，Maintenance releases 表示维护性发布版本。GIT source repository 表示使用 git 源码仓库进行下载，如果单击 GIT source repository 选项，会被索引到 git clone git://libvirt.org/libvirt.git 链接的段落部分，下载安装即可，这里不再赘述。

通常使用官方正式的发布版本（Official Releases），单击页面上的 Official Releases 下面的任意一个链接（一个是 FTP 服务器，一个是 HTTP 服务器），即可看见 libvirt 各个版本的文件，选择合适的版本下载安装。本书以 libvirt 1.2.0 版本进行说明。

可以通过 wget 命令下载 libvirt-1.2.0.tar.gz 源代码包，下载后将其解压缩。wget 命令可以从互联网下载文件，支持 HTTP 和 FTP 传输协议。具体操作如下：

```
root@kvm-host:~/xjy/test# wget http://libvirt.org/sources/libvirt-1.2.0.tar.gz
--201701-06 17:06:59--  http://libvirt.org/sources/libvirt-1.2.0.tar.gz
Resolving libvirt.org (libvirt.org)... 91.121.203.120
Connecting to libvirt.org (libvirt.org)|91.121.203.120|:80... connected.
HTTP request sent, awaiting response... 200 OK
Length: 26916717 (26M) [application/x-gzip]
Saving to: libvirt-1.2.0.tar.gz

100%[======================================>] 26,916,717  863KB/s  in 56s

201701-06 17:07:56 (467 KB/s) - libvirt-1.2.0.tar.gz saved [26916717/26916717]

root@kvm-host:~/xjy/test# ls
libvirt-1.2.0.tar.gz
root@kvm-host:~/xjy/test# tar -zxf libvirt-1.2.0.tar.gz
root@kvm-host:~/xjy/test# ls
libvirt-1.2.0  libvirt-1.2.0.tar.gz
root@kvm-host:~/xjy/test# cd libvirt-1.2.0
root@kvm-host:~/xjy/test/libvirt-1.2.0# ls
ABOUT-NLS     ChangeLog       daemon        libvirt.spec           NEWS
aclocal.m4    ChangeLog-old   docs          libvirt.spec.in        po
AUTHORS       config.h.in     examples      m4                     README
AUTHORS.in    config-post.h   gnulib        maint.mk               run.in
autobuild.sh  configure       GNUmakefile   Makefile.am            src
autogen.sh    configure.ac    include       Makefile.in            tests
build-aux     COPYING         INSTALL       Makefile.nonreentrant  TODO
cfg.mk        COPYING.LESSER  libvirt.pc.in  mingw-libvirt.spec.in  tools
```

进入 libvirt-1.2.0 目录后，下一步就是配置和编译 libvirt。

2.配置 libvirt

配置 libvirt 时，需运行 libvirt 安装目录下的 configure 脚本文件。查看有哪些配置选项时使用命令"./configure --help"。操作如下所示：

```
root@kvm-host:~/xjy/libvirt# cd libvirt-1.2.0/
root@kvm-host:~/xjy/libvirt/libvirt-1.2.0# ./configure --help
```

```
`configure' configures libvirt 1.2.0 to adapt to many kinds of systems.
Usage: ./configure [OPTION]... [VAR=VALUE]...
To assign environment variables (e.g., CC, CFLAGS...), specify them as
VAR=VALUE.  See below for descriptions of some of the useful variables.
Defaults for the options are specified in brackets.
Configuration:
  -h, --help              display this help and exit
      --help=short        display options specific to this package
      --help=recursive    display the short help of all the included
packages
  -V, --version           display version information and exit
  -q, --quiet, --silent   do not print `checking ...' messages
      --cache-file=FILE   cache test results in FILE [disabled]
  -C, --config-cache      alias for `--cache-file=config.cache'
  -n, --no-create         do not create output files
      --srcdir=DIR        find the sources in DIR [configure dir or `..']
Installation directories:
  --prefix=PREFIX         install architecture-independent files in PREFIX
                          [/usr/local]
  --exec-prefix=EPREFIX   install architecture-dependent files in EPREFIX
                          [PREFIX]
By default, `make install' will install all the files in
`/usr/local/bin', `/usr/local/lib' etc.  You can specify
an installation prefix other than `/usr/local' using `--prefix',
for instance `--prefix=$HOME'.
<!--省略其余内容-->
```

从上面的配置帮助信息可以看出，“--prefix”参数指定自定义的安装路径，如果不使用“--prefix”参数，那么运行 make install 命令安装时默认将 libvirt 的相关文件安装到 /usr/local/bin、/usr/local/lib 等目录中。如果想更改安装目录，可以给“./configure”添加“--prefix”参数，也可在“./configure”命令成功后修改 Makefile 文件中的 prefix = /usr/local 的指定路径为自定义路径。

配置 libvirt 编译环境的命令为“./configure”，具体操作如下：

```
root@kvm-host:~/xjy/libvirt# cd libvirt-1.2.0/
root@kvm-host:~/xjy/libvirt/libvirt-1.2.0# ./configure
checking for a BSD-compatible install... /usr/bin/install -c
checking whether build environment is sane... yes
checking for a thread-safe mkdir -p... /bin/mkdir -p
checking for gawk... gawk
checking whether make sets $(MAKE)... yes
checking whether make supports nested variables... yes
checking whether UID '0' is supported by ustar format... yes
checking whether GID '0' is supported by ustar format... yes
checking how to create a ustar tar archive... gnutar
checking whether make supports nested variables... (cached) yes
checking build system type... x86_64-unknown-linux-gnu
checking host system type... x86_64-unknown-linux-gnu
checking for gcc... gcc
```

```
    checking whether the C compiler works... yes
    <!--省略其余内容-->
```

在配置过程中，经常会因为缺少编译所需的包而导致配置失败。在配置失败时，按照错误提示安装相应的软件包即可，在相应的软件包安装完成后，继续执行“./configure”命令进行配置，直到配置成功。

例如，如果执行“./configure”时出现以下错误：

```
    checking for libdevmapper.h... no
    configure: error: You must install device-mapper-devel/libdevmapper >=
1.0.0 to compile libvirt
```

那么，执行命令 apt-cache search libdevmapper，在 apt-cache 软件仓库中查找是否有 libdevmapper 相关的包，然后使用 apt-get install 命令进行安装即可。具体操作如下：

```
    root@kvm-host:~/xjy/libvirt/libvirt-1.2.0# apt-cache search libdevmapper
    libdevmapper-dev - Linux Kernel Device Mapper header files
    libdevmapper-event1.02.1 - Linux Kernel Device Mapper event support library
    libdevmapper1.02.1 - Linux Kernel Device Mapper userspace library
    root@kvm-host:~/xjy/libvirt/libvirt-1.2.0# apt-get install libdevmapper-
dev
    <!--省略其余内容-->
```

有时，安装相应的软件包时，又会因为缺少其他的包而引起错误，那么就需要关联寻找所需的包依次进行安装。

在默认情况下，libvirt 会配置 QEMU 的驱动支持，也会配置 libvirtd 和 virsh，还会配置 libvirt 对 Python 的绑定。配置完成后就可以进行 libvirt 的编译和安装。

3.编译 libvirt

配置“./configure”成功后，在 libvirt 安装目录下，执行 make 命令进行编译。命令操作如下：

```
    root@kvm-host:~/xjy/libvirt/libvirt-1.2.0# make
    make  all-recursive
    make[1]: Entering directory `/root/xjy/libvirt/libvirt-1.2.0'
    Making all in .
    make[2]: Entering directory `/root/xjy/libvirt/libvirt-1.2.0'
    make[2]: Leaving directory `/root/xjy/libvirt/libvirt-1.2.0'
    Making all in gnulib/lib
    make[2]: Entering directory `/root/xjy/libvirt/libvirt-1.2.0/gnulib/lib'
    make  all-am
    make[3]: Entering directory `/root/xjy/libvirt/libvirt-1.2.0/gnulib/lib'
    make[3]: Nothing to be done for `all-am'.
    make[3]: Leaving directory `/root/xjy/libvirt/libvirt-1.2.0/gnulib/lib'
    make[2]: Leaving directory `/root/xjy/libvirt/libvirt-1.2.0/gnulib/lib'
    Making all in include
    <!--省略其余内容-->
```

在使用 make 命令时，可以使用 make 的“-j”参数进行多进程编译以提高编译速度。例如，“make -j 4”。

4.安装 libvirt

编译成功后执行 make install 命令进行 libvirt 的安装。在配置和编译 libvirt 时都不需要超级用户（root）权限，但是在安装时需要超级用户（root）权限，如果不是 root 用户登录需切换用户，或使用 sudo 命令。具体操作如下：

```
root@kvm-host:~/xjy/libvirt/libvirt-1.2.0# make install
Making install in .
make[1]: Entering directory `/root/xjy/libvirt/libvirt-1.2.0'
make[2]: Entering directory `/root/xjy/libvirt/libvirt-1.2.0'
make[2]: Nothing to be done for `install-exec-am'.
 /bin/mkdir -p '/usr/local/lib/pkgconfig'
 /usr/bin/install -c -m 644 libvirt.pc '/usr/local/lib/pkgconfig'
make[2]: Leaving directory `/root/xjy/libvirt/libvirt-1.2.0'
make[1]: Leaving directory `/root/xjy/libvirt/libvirt-1.2.0'
Making install in gnulib/lib
make[1]: Entering directory `/root/xjy/libvirt/libvirt-1.2.0/gnulib/lib'
make  install-am
<!--省略其余内容-->
```

libvirt 安装时会默认安装 libvirtd 和 virsh 等可执行程序。可通过以下操作来查看安装的 libvirt 的安装位置和版本号。

查看 libvirtd 命令位置：

```
root@kvm-host:~/xjy/libvirt/libvirt-1.2.0# which libvirtd
/usr/local/sbin/libvirtd
```

查看 libvirtd 的版本号：

```
root@kvm-host:~/xjy/libvirt/libvirt-1.2.0# libvirtd --version
libvirtd (libvirt) 1.2.0
```

查看 virsh 命令位置：

```
root@kvm-host:~/xjy/libvirt/libvirt-1.2.0# which virsh
/usr/local/bin/virsh
```

查看 virsh 的版本号：

```
root@kvm-host:~/xjy/libvirt/libvirt-1.2.0# virsh --version
```

查看 libvirt 的头文件和库文件：

```
root@kvm-host:~/xjy/libvirt/libvirt-1.2.0# ls /usr/local/include/libvirt
libvirt.h  libvirt-lxc.h  libvirt-qemu.h  virterror.h
root@kvm-host:~/xjy/libvirt/libvirt-1.2.0# ls /usr/local/lib/libvirt*
/usr/local/lib/libvirt.la            /usr/local/lib/libvirt-qemu.so
/usr/local/lib/libvirt-lxc.la        /usr/local/lib/libvirt-qemu.so.0
/usr/local/lib/libvirt-lxc.so      /usr/local/lib/libvirt-qemu.
```

```
so.0.1002.0
    /usr/local/lib/libvirt-lxc.so.0   /usr/local/lib/libvirt.so
    /usr/local/lib/libvirt-lxc.so.0.1002.0  /usr/local/lib/libvirt.so.0
    /usr/local/lib/libvirt-qemu.la       /usr/local/lib/libvirt.so.0.1002.0
    /usr/local/lib/libvirt:
    connection-driver  lock-driver
```

5.查看已经安装的 libvirt

在使用 libvirt 时如果出现以下问题：

```
    error: failed to connect to the hypervisor
    error: no valid connection
    error: Failed to connect socket to '/usr/local/var/run/libvirt/libvirt-
sock': No such file or directory
```

需查看 libvirt 是否启动，实质是查看 libvirt 的 libvirtd 这个守护进程是否启动。使用以下命令查看 libvirtd 进程是否启动：

```
    ps -le | grep libvirtd
```

如果没有启动，那么上面的错误就是因此而起的。

启动 libvirtd 进程，可以执行命令 ibvirtd -d，也可以使用命令 service libvirt-bin start 启动。libvirt-bin 是一个服务，也是一个 Shell 脚本，在该脚本文件中放置着对 libvirtd 的使用方式。具体操作如下：

```
    root@kvm-host:/etc/init.d# ps -el | grep libvirt
    root@kvm-host:/etc/init.d# service libvirt-bin  start
    libvirt-bin start/running, process 4299
    root@kvm-host:/etc/init.d# ps -el | grep libvirt
    5 S    0  4299    1  9  80   0 - 94289 poll_s ?    00:00:00 libvirtd
```

可以看到，libvirtd 进程已经启动，进程号是 4299。

6.2 virsh 简 介

libvirt 在安装时会自动安装一个 Shell 工具 virsh。virsh 是一个虚拟化管理工具，是一个用于管理虚拟化环境中的客户机和 Hypervisor 的命令行工具，与本章中的 virt-manager 工具类似。

virsh 通过调用 libvirt API 来实现虚拟化的管理，是一个完全在命令行文本模式下运行的工具，系统管理员可以通过脚本程序方便地进行虚拟化的自动部署和管理。在使用时，直接执行 virsh 即可获得一个特殊的 Shell——virsh，在这个 Shell 中可以直接执行 virsh 的常用命令实现与本地的 libvirt 交互，还可以通过 connect 命令连接远程的 libvirt，与之交互。

virsh 使用 C 语言编写，virsh 程序的源代码在 libvirt 项目源代码的 tools 目录下。实现 virsh 工具最核心的一个源代码文件是 virsh.c 文件。

virsh 管理虚拟化操作时，可以使用两种工作模式：一种是交互模式，直接连接到相应的 Hypervisor 上，在命令行输入 virsh 命令执行操作并查看返回结果，可以使用 quit 命令退出连接；另外一种是非交互模式，在终端输入一个 virsh 命令，建立到指定的一个 URI 的一个连接，执行完成后将结果返回到当前的终端并同时断开连接。

virsh 通过使用 libvirt API 实现了管理 Hypervisor、结点和域的操作。virsh 实现了对多种 Hypervisor 的管理，除了 QEMU，还包括对 Xen、VMware 等其他 Hypervisor 的支持，因此，virsh 工具中的有些功能可能是 QEMU 并不支持的。

查看 virsh 工具的帮助信息，可以使用 virsh -help 命令，也可以使用 man virsh 命令。表 6-1 所示为 virsh 的常用命令。

表 6-1　virsh 的常用命令

命　令	说　明
help	显示该命令的帮助
quit	结束 virsh，回到 Shell 终端
connect	连接到指定的虚拟机服务器
create	定义并启动一个新的虚拟机
destroy	删除一个虚拟机
start	开启（已定义过的）的虚拟机（不是启动）
define	从 XML 文件定义一个虚拟机
undefine	取消定义的虚拟机
dumpxml	转储虚拟机的设置值
list	列出虚拟机
reboot	重新启动虚拟机
save	保存虚拟机的状态
restore	恢复虚拟机的状态
suspend	暂停虚拟机的执行
resume	继续执行虚拟机
dump	将虚拟机的内核转储到指定的文件，以便进行分析和排错
shutdown	关闭虚拟机
setmem	修改内存的大小
setmaxmem	设置内存的最大值
setvcpus	修改虚拟处理器的个数

virsh 命令的具体使用方式在后述 6.5 节中进行介绍。

6.3 libvirt 的启动与配置

6.3.1 libvirt 的启动

libvirtd 是 libvirt 虚拟化管理工具的服务器端的守护程序，只要 libvirtd 进程启动（即 libvirt-bin 服务启动），就代表启动了 libvirt。如果要让某个结点能够用 libvirt 进行管理（无论是本地还是远程管理），都需要在这个结点上运行 libvirtd 这个守护进程，以便让其他上层管理工具可以连接到该结点。libvirtd 负责执行其他管理工具发送给它的虚拟化管理操作指令，而 libvirt 的客户端工具（包括 virsh、virt-manager 等）可以连接到本地或远程的 libvirtd 进程，以便管理结点上的客户机（启动、关闭、重启、迁移等）、收集结点上的宿主机和客户机的配置和资源使用状态。

在 Ubuntu 14.04 中 libvirtd 作为一个服务配置在系统中，可以通过 service 命令来对其进行操作（实际是通过/etc/init.d/libvirt-bin 服务脚本来实现的）。查看该脚本文件的操作如下：

```
root@kvm-host:~/xjy/libvirt/libvirt-1.2.0# cat /etc/init.d/libvirt-bin
#! /bin/sh
#
# Init script for libvirtd
#
# (c) 2007 Guido Guenther <agx@sigxcpu.org>
# based on the skeletons that comes with dh_make
#
### BEGIN INIT INFO
# Provides:          libvirt-bin libvirtd
# Required-Start:    $network $local_fs $remote_fs $syslog
# Required-Stop:     $local_fs $remote_fs $syslog
# Should-Start:      hal avahi cgconfig
# Should-Stop:       hal avahi cgconfig
# Default-Start:     2 3 4 5
# Default-Stop:      0 1 6
# Short-Description: libvirt management daemon
### END INIT INFO
PATH=/usr/local/sbin:/usr/local/bin:/sbin:/bin:/usr/sbin:/usr/bin
DAEMON=/usr/sbin/libvirtd
NAME=libvirtd
DESC="libvirt management daemon"
export PATH
<!--省略其余内容-->
```

在/etc/init.d/libvirt-bin 文件中的 DAEMON=/usr/sbin/libvirtd 这一行即表示 libvirt-bin 的守护程序指向/usr/sbin/libvirtd。在/usr/sbin 目录下可查看到 libvirtd 文件，操作如下：

```
root@kvm-host:~/xjy/libvirt/libvirt-1.2.0# ls -l /usr/sbin/libvirtd
-rwxr-xr-x 1 root root 1720777  1月 7 14:43 /usr/sbin/libvirtd
```

对 libvirt-bin 服务（或者叫 libvirtd 服务）常用的操作方式有{start|stop|restart|reload|force-reload|status|force-stop}，其中 start 命令表示启动 libvirtd，restart 表示重启 libvirtd， reload 表示不重启该服务但是重新加载配置文件（即/etc/libvirt/libvirtd.conf 配置文件）。对 libvirtd 服务进行操作的命令行示例如下：

```
root@kvm-host:~/xjy/libvirt/libvirt-1.2.0# service libvirt-bin
Usage: /etc/init.d/libvirt-bin {start|stop|restart|reload|force-reload|
status|force-stop}
root@kvm-host:~/xjy/libvirt/libvirt-1.2.0# service libvirt-bin start
libvirt-bin start/running, process 7090
root@kvm-host:~/xjy/libvirt/libvirt-1.2.0# service libvirt-bin restart
libvirt-bin stop/waiting
libvirt-bin start/running, process 7272
root@kvm-host:~/xjy/libvirt/libvirt-1.2.0# service libvirt-bin reload
root@kvm-host:~/xjy/libvirt/libvirt-1.2.0# service libvirt-bin stop
libvirt-bin stop/waiting
root@kvm-host:~/xjy/libvirt/libvirt-1.2.0# service libvirt-bin status
libvirt-bin start/running, process 7272
```

默认情况下，libvirtd 监听在一个本地的 UNIX domain socket 上，而没有监听基于网络的 TCP/IP socket，需要使用“-l”或“－listen”的命令行参数来开启对 libvirtd.conf 配置文件中对 TCP/IP socket 的配置。另外，libvirtd 守护进程的启动或停止，并不会直接影响到正在运行中的客户机。libvirtd 在启动或重新启动完成时，只要客户机的 XML 配置文件是存在的，libvirtd 就会自动加载这些客户机的配置，获取它们的信息。当然，如果客户机没有基于 libvirt 格式的 XML 文件在运行，libvirtd 则不能发现它。

libvirtd 是一个可执行程序，不仅可以使用 service 命令调用它作为服务来运行，而且可以单独地运行 libvirtd 命令来使用它。libvirtd 命令行主要有如下几个参数：

（1）-d 或—daemon：表示让 libvirtd 作为守护进程（daemon）在后台运行。

（2）-f 或--config　<file>：指定 libvirtd 的配置文件为 FILE，而不是使用默认值（通常是/etc/libvirt/libvirtd.conf）。

（3）-l 或—listen：开启配置文件中配置的 TCP/IP 连接。

（4）-p 或--pid-file <file>：将 libvirtd 进程的 PID 写入到<file>文件中，而不是使用默认值（通常是/var/run/ libvirtd.pid）。

（5）-t 或--timeout <secs>：设置对 libvirtd 连接的超时时间为<secs>秒。

（6）-v 或—verbose：

让命令输出详细的输出信息。特别是运行出错时，详细的输出信息便于用户查找原因。

（7）--version：显示 libvirtd 程序的版本信息。

6.3.2　libvirt 的配置文件

在 Ubuntu 中安装好 libvirt 后，libvirt 的配置文件默认放置在/etc/libvirt 目录下。具体操作如下：

```
root@kvm-host:/etc/libvirt# pwd
/etc/libvirt
root@kvm-host:/etc/libvirt# ls
hooks            lxc.conf    qemu.conf          virtlockd.conf
```

```
libvirt.conf   nwfilter   qemu-lockd.conf   virt-login-shell.conf
libvirtd.conf  qemu       storage
```

在该目录下，放置着常用的 libvirt 的配置文件，包括 libvirt.conf、libvirtd.conf、qemu.conf 等。

1.libvirt.conf 配置文件

libvirt.conf 配置文件用于配置常用 libvirt 远程连接的别名。文件中以“#”号开头的行为注释内容。libvirt.conf 文件内容如下：

```
root@kvm-host:/etc/libvirt# cat libvirt.conf
#
# This can be used to setup URI aliases for frequently
# used connection URIs. Aliases may contain only the
# characters  a-Z, 0-9, _, -.
#
# Following the '=' may be any valid libvirt connection
# URI, including arbitrary parameters
# uri_aliases = [
#  "hail=qemu+ssh://root@hail.cloud.example.com/system",
#  "sleet=qemu+ssh://root@sleet.cloud.example.com/system",
#]
#
# This can be used to prevent probing of the hypervisor
# driver when no URI is supplied by the application.
#uri_default = "qemu:///system"
```

在该配置文件中，hail=qemu+ssh://root@hail.cloud.example.com/system 表示使用 hail 这个别名指代 qemu+ssh://root@hail.cloud.example.com/system 这个远程的 libvirt 连接。使用 hail 这个别名，可以在 virsh 工具中或调用 libvirt API 时使用这个别名来代替冗长的 qemu+ssh://root@hail.cloud.example.com/system 字符串。

2.libvirtd.conf 配置文件

libvirtd.conf 配置文件是 libvirtd 守护进程的配置文件，该文件修改后 libvirtd 需要重新加载后才能生效。同样，文件中以“#”号开头的行为注释内容。libvirtd.conf 配置文件中配置了许多 libvirtd 的启动设置，在每个配置参数上方都有该参数的注释说明。

3.qemu.conf 配置文件

qemu.conf 是 libvirt 对 QEMU 的驱动配置的文件，包括 VNC、SPICE 等和连接它们时采用的权限认证方式的配置，也包括内存大页、SELinux、Cgroups 等相关配置。

4.qemu 目录

libvirt 使用 XML 文件对虚拟机进行配置，其中包括虚拟机名称、分配内存、vCPU 等多种信息，定义、创建虚拟机等操作都需要 XML 配置文件的参与。如果底层虚拟化使用 QEMU，那么这个 XML 配置文件通常放置在 libvirt 特定的 qemu 目录下。

/etc/libvirt/qemu 目录下是存放的是使用 QEMU 驱动的域的配置文件，查看该目录的命令操作如下：

```
root@kvm-host:/etc/libvirt# ls
libvirt.conf   lxc.conf  qemu     qemu-lockd.conf  virtlockd.conf
libvirtd.conf  nwfilter  qemu.conf  storage  virt-login-shell.conf
root@kvm-host:/etc/libvirt# cd qemu
root@kvm-host:/etc/libvirt/qemu# ls
demo.xml  networks
```

其中，demo.xml 是示例中使用的一个域配置文件，networks 目录中保存的是创建一个域时默认使用的网络配置。

6.4　libvirt 域的 XML 配置文件

6.4.1　配置文件格式

运行虚拟机有多种方式，例如可以使用 qemu-system-x86 命令来运行虚拟机。另外，还可以使用 libvirt 的 virsh 命令从 XML 文件定义来运行虚拟机，可以将 qemu-system-x86 命令的参数使用 XML 直接定义出来，然后 libvirt 加载并解析该 XML 配置文件，产生相应的 QEMU 命令，运行虚拟机。

libvirt 在对虚拟化操作进行管理时采用 XML 格式的配置文件，其中最主要的就是对虚拟机（即域）的配置管理。下面以 demo.xml 配置文件为例，逐步介绍该配置文件的含义。demo.xml 文件内容如下：

```
<!--
WARNING: THIS IS AN AUTO-GENERATED FILE. CHANGES TO IT ARE LIKELY TO BE
OVERWRITTEN AND LOST. Changes to this xml configuration should be made using:
  virsh edit demo
or other application using the libvirt API.
-->
<domain type='kvm'>
  <name>demo</name>
  <uuid>160ec4c8-407f-4428-bdc2-8a9851d51225</uuid>
  <memory unit='KiB'>1048576</memory>
  <currentMemory unit='KiB'>1048576</currentMemory>
  <vcpu placement='static'>2</vcpu>
  <os>
    <type arch='x86_64' machine='pc-i440fx-trusty'>hvm</type>
    <boot dev='cdrom'/>
    <boot dev='hd'/>
  </os>
  <features>
    <acpi/>
    <apic/>
```

```
        <pae/>
      </features>
      <clock offset='localtime'/>
      <on_poweroff>destroy</on_poweroff>
      <on_reboot>restart</on_reboot>
      <on_crash>destroy</on_crash>
      <devices>
        <emulator>/usr/bin/kvm</emulator>
        <disk type='file' device='disk'>
          <driver name='qemu' type='raw'/>
          <source file='/var/lib/libvirt/images/winxp-huisen.img'/>
          <target dev='hda' bus='ide'/>
         <address type='drive' controller='0' bus='0' target='0' unit='0'/>
        </disk>
        <controller type='usb' index='0'>
         <address type='pci' domain='0x0000' bus='0x00' slot='0x01' function=
'0x2'/>
        </controller>
        <controller type='pci' index='0' model='pci-root'/>
        <controller type='ide' index='0'>
         <address type='pci' domain='0x0000' bus='0x00' slot='0x01' function=
'0x1'/>
        </controller>
        <interface type='bridge'>
          <mac address='52:54:00:4f:0b:8f'/>
          <source bridge='br0'/>
          <model type='rtl8139'/>
         <address type='pci' domain='0x0000' bus='0x00' slot='0x03' function=
'0x0'/>
        </interface>
        <input type='tablet' bus='usb'/>
        <input type='mouse' bus='ps2'/>
       <graphics type='vnc' port='-1' autoport='yes' listen='0.0.0.0' keymap=
'en-us'>
          <listen type='address' address='0.0.0.0'/>
        </graphics>
        <video>
          <model type='cirrus' vram='9216' heads='1'/>
         <address type='pci' domain='0x0000' bus='0x00' slot='0x02' function=
'0x0'/>
        </video>
        <memballoon model='virtio'>
         <address type='pci' domain='0x0000' bus='0x00' slot='0x04' function=
'0x0'/>
        </memballoon>
      </devices>
    </domain>
```

该配置文件的含义在以下小节中逐步进行讲解。

6.4.2　域的配置

在该配置文件中，<!--　-->中间的内容为注释部分，最外层是<domain>标签。所有其他的标签都在<domain>和</domain>之间，表明该配置文件是一个域的配置文件。

<domain>标签有两个属性：一个是 type 属性；另一个是 id 属性。type 属性指定运行该虚拟机的 Hypervisor，值是具体的驱动名称，例如 xen、kvm、qemu 等。id 属性是一个唯一标识虚拟机的唯一整数标识符，如果不设置该值，libvirt 会按顺序分配一个最小的可用 id。

在<domain>标签内，有一些通用的域的元数据，表明当前域的配置信息。

<name></name>标签内为虚拟机的简称，只能由数字、字母组成，并且在一台主机内名称要唯一。name 属性定义的虚拟机的名字在使用 virsh 进行管理时使用。

<uuid></uuid>标签内为虚拟机的全局唯一标识符，在同一个宿主机上，各个客户机的名称和 uuid 都必须是唯一的。uuid 值的格式符合 RFC4122 标准，例如 160ec4c8-407f-4428-bdc2-8a9851d51225，如果在定义或创建虚拟机时忘记设置 uuid，libvirt 会随机生成一个 uuid 值。

<name></name>标签和<uuid></uuid>标签都属于<domain></domain>的元数据。除此之外，还有其他的元数据标签，例如<title>、<description>和<metadata>等。

6.4.3　内存、CPU、启动顺序等配置

<memory unit='KiB'></memory>标签中的内容表示客户机最大可使用的内容，unit 属性表示使用的单位是 KiB，即 KB，因此，内存大小为 1 048 576 KB，即 1 GB。

<currentMemory ></currentMemory>标签中的内容表示启动时分配给客户机使用的内存，这里大小也是 1 GB。在使用 QEMU 时，一般将两者设置为相同的值。

<vcpu></vcpu>标签内表示客户机中 vCPU 的个数，这里为两个。

<os></os>标签内定义客户机系统类型及客户机硬盘和光盘的启动顺序。其中，<type>标签的配置表示客户机类型是 hvm 类型。在 KVM 中，客户机类型总是 hvm。hvm 表示 Hardware Virtual Machine（硬件虚拟机），表示在硬件辅助虚拟化技术（Inte VT 或者 AMD-V）等的支持下不需要更改客户机操作系统就可以启动客户机。arch 属性表示系统架构是 x86_64，机器类型是 pc-i440fx-trusty。<boot>标签用于设置客户机启动时的设备顺序，设备有 cdrom（即光盘）、hd（即硬盘）两种，按照在配置文件中的先后顺序进行启动，即先启动光盘后启动硬盘。

<features></features>标签内定义 Hypervisor 对客户机特定的 CPU 或者其他硬件的特性的打开和关闭。这里打开了 ACPI、APIC、PAE 等特性。

<clock></clock>标签定义时钟设置，客户机的时钟通常由宿主机的时钟进行初始化。大多数的操作系统硬件时钟和 UTC 保持一致，这也是默认的。offset 属性的值为 localtime

时表示在客户机启动时，时钟和宿主机时区保持同步。

<on_poweroff>destroy</on_poweroff>、<on_reboot>restart</on_reboot>和<on_crash> destroy</on_crash>是 libvirt 配置文件中对事件的配置。并不是所有的 Hypervisor 都支持全部的事件或者动作，当用户请求一个 poweroff 事件时触发<on_poweroff>标签内的动作发生。同样，当用户请求 reboot 事件时触发<on_reboot>标签内容的动作发生，依次类推。每一个标签内的动作都有 4 种：destroy、restart、preserve 和 rename-restart。其中，destroy 表示该域将完全终止并释放所有的资源。restart 表示该域将终止但使用同样的配置重新启动。

6.4.4 设备配置

<devices></device>标签内放置着客户机所有的设备配置。最外层是<device>标签，标签内放置该设备的具体信息。

<emulator> </emulator>标签内放置使用的设备模型模拟器的绝对路径。本例中的绝对路径为“/usr/bin/kvm”。

<disk>标签表示对域的存储配置，示例中是对客户机的磁盘的配置。

```
<disk type='file' device='disk'>
    <driver name='qemu' type='raw'/>
    <source file='/var/lib/libvirt/images/winxp-huisen.img'/>
    <target dev='hda' bus='ide'/>
    <address type='drive' controller='0' bus='0' target='0' unit='0'/>
</disk>
```

上面的配置表示使用 raw 格式的存放在/var/lib/libvirt/images/winxp-huisen.img 路径下的镜像文件作为客户机的磁盘，该磁盘在客户机中使用 ide 总线，设备名称为 hda。<disk>标签是客户机磁盘配置的主标签，type 属性表示磁盘使用哪种类型作为磁盘的来源，取值可以是 file、block、dir 或 network 中的一个，分别表示使用文件、块设备、目录或者网络作为客户机磁盘的来源；device 属性表示让客户机如何使用该磁盘设备，取值为 disk，表示硬盘。<disk>标签中有许多子标签，<driver>标签用于定义 Hypervisor 如何为磁盘提供驱动，name 属性指定宿主机使用的驱动名称，QEMU 仅支持 name='qemu', type 属性表示支持的类型，包括 raw、bochs、qcow2、qed。<source>子标签表示磁盘的来源，当<disk>标签的 type 属性为 file 时，<source>子标签由 file 属性来指定该磁盘使用的镜像文件的存放路径。<target>子标签指示客户机的总线类型和设备名称。<address>子标签表示该磁盘设备在客户机中的驱动地址。

在示例的 XML 配置文件中，使用桥接的方式配置网络。

```
<interface type='bridge'>
    <mac address='52:54:00:4f:0b:8f'/>
    <source bridge='br0'/>
```

```
        <model type='rtl8139'/>
       <address type='pci' domain='0x0000' bus='0x00' slot='0x03' function=
'0x0'/>
    </interface>
```

在上面的配置信息中，<interface type='bridge'></interface>标签内是对域的网络接口配置，type='bridge'表示使用桥接方式使客户机获得网络。<mac address='52:54:00:4f:0b:8f '/>用来配置客户机中网卡的 mac 地址。<source bridge='br0'/>表示使用宿主机的 br0 网络接口来建立网桥。<model type='rtl8139'/>表示客户机中使用的网络设备类型。<address type='pci' domain='0x0000' bus='0x00' slot='0x03' function='0x0'/>表示该网卡在客户机中的 PCI 设备编号值。

6.4.5　其他配置

<input type='tablet' bus='usb'/>表示提供 tablet 这种类型的设备，让光标可以在客户机获取绝对位置定位。

<input type='mouse' bus='ps2'/>表示会让 QEMU 模拟 PS2 接口的鼠标。

<graphics></graphics>标签内放置连接到客户机的图形显示方式的配置。type='vnc'表示通过 VNC 的方式连接到客户机，type 类型的值可以是 sdl、vnc、rdp 或者 desktop。port='-1'端口属性指定使用的 TCP 端口号，值为“-1”时表示端口由 libvirt 自动分配。autoport 指示是否使用 libvirt 自动获取 TCP 端口号。listen 属性表示服务器监听的 IP 地址。keymap 属性表示使用的是键映射。可以在<graphics>标签内部使用<listen>标签指明服务器监听的具体信息。

<video></video>标签内放置的是显卡配置，对于<model type='cirrus' vram='9216' heads='1'/>，其中，<model>标签表示客户机模拟的显卡类型，type 属性的值可以为 vga，cirrus、vmvga、xen、vbox、qxl 等。vram 表示虚拟显卡的显存容量，单位为 KB，heads 的值表示显示屏幕的序号。KVM 虚拟机的默认配置是 cirrus 类型，9 216 KB 显存，使用在 1 号屏幕上。<address type='pci' domain='0x0000' bus='0x00' slot='0x02' function='0x0'/>表示该显卡在客户机中的 PCI 设备编号值。

<memballoon model='virtio'></memballoon>标签放置内存的 ballooning 相关的配置，即客户机的内存气球设备。属性 model='virtio'表示使用 virtio-balloon 驱动程序实现客户机的 ballooning 调节。<address type='pci' domain='0x0000' bus='0x00' slot='0x04' function='0x0'/>表示该设备在客户机中的 PCI 设备编号值。

另外，在使用 libvirt 的 XML 配置文件时， libvirt 会在配置文件中默认模拟一些必要的 PCI 控制器。因此，本小节的示例文件在使用时，会默认添加如下内容：

```
    <controller type='usb' index='0'>
      <address type='pci' domain='0x0000' bus='0x00' slot='0x01' function=
```

```
'0x2'/>
    </controller>
    <controller type='pci' index='0' model='pci-root'/>
    <controller type='ide' index='0'>
      <address type='pci' domain='0x0000' bus='0x00' slot='0x01' function=
'0x1'/>
    </controller>
```

根据客户机架构的不同,有些设备总线连同关联到虚拟控制器的虚拟设备可能不止出现一次。通常，libvirt 不需要显式的 XML 标记就能够自动推断出这些 PCI 控制器，但有时需要明确地提供一个<controller>标签。以上代码显式地指定了一个 USB 控制器、一个 PCI 控制器和一个 IDE 控制器。

6.5 virsh 常用命令

virsh 工具基于开源 libvirt 管理 API，使用 virsh 命令行工具能够大幅简化 Hypervisor 和虚拟机管理工作。通过 virsh 命令，管理员能够创建、编辑、迁移和关闭虚拟机以及一些其他操作。事实上 virsh 包含大量命令，因此不得不将其分为多个类别，例如，域相关命令、存储池相关命令和快照相关命令等。virsh 命令种类繁多，本小节对常用的命令进行简单介绍。

6.5.1 通用命令

这个类别中的命令并不只适用于虚拟机，而是能够帮助完成一些通用管理任务。

（1）help：获取可用 virsh 命令的完整列表，并且分为不同的种类。管理员可以指定列表中的特定组来缩小查询范围，其中包含每个命令组的简要描述；或者查询特定命令以获取更为详细的信息，包括名称、简介、描述以及选项等。

（2）list：管理员可以使用这个命令获取现有虚拟机的各种信息以及当前状态。根据需求的不同，管理员可以使用“--inactive”或者“--all”选项进行筛选。命令执行结果中将会包含虚拟机 ID、名称以及当前状态，可能的状态包括运行、暂停或者崩溃等。

（3）connect：管理员可以使用这条命令连接到本地 Hypervisor，也可以通过统一资源标识符来获取远程访问权限。其所支持的常见格式包括 xen:///（默认）、qemu:///system、qemu:///session 以及 lxc:///等。如果想要建立只读连接，需要在命令中添加“--readonly”选项。

6.5.2 域相关命令

使用这些 virsh 命令直接操作特定虚拟机。

（1）create：virsh create <XML file>。根据域的 XML 配置文件创建一个虚拟机。当虚

拟机创建好以后，会直接进入运行状态。但通过 create 命令创建的虚拟机关闭以后，会直接被删除。

（2）Desc：显示或者更改虚拟机的描述和标题，相关选项包括“--live”“--config”“--edit”“--title”。需要注意的是如果同时使用“--live”和“--config”，那么“--config”拥有更高的优先级。同样，建议保证虚拟机标题尽量简洁，虽然这并不是一项强制规定。

（3）Save：这条命令将会关闭虚拟机并且将数据保存到文件中。这样就能够释放之前分配给虚拟机的内存，因为这些虚拟机不再运行在系统上。如果想要查看具体的保存过程，可以使用“--verbose”选项。如果想要恢复之前保存的虚拟机，可以使用 restore 命令。

（4）sytmem：管理员可以使用这个命令调整分配给虚拟机的内存，但是注意单位是 kilobytes。借助于 setmaxmem，管理员可以更改分配给虚拟机的最大内存数量。setmem 和 setmaxmem 可以使用“--config”“--live”“--current flags”作为选项。

（5）Migrate：将虚拟机迁移到另外一台主机，选项包括实时迁移或者直接迁移等。需要注意的是单台 Hypervisor 不能够支持所有这些迁移类型。如果对虚拟机进行实时迁移，则可以使用 migrate -setmaxdowntime 来设置最大停机时间。

（6）define：virsh define <XML file>。定义但不启动虚拟机，对于已经存在的虚拟机，也可以执行 define 命令。这样 libvirt 会根据最新的定义文件修改虚拟机的配置。

（7）undefine：这条命令可以在不产生任何停机时间的情况下将一台运行状态的虚拟机转变为临时虚拟机。如果虚拟机没有处于活动状态，那么这条命令将会移除其配置。管理员还可以添加多种选项，如“--managed-save”“--snapshots-metadata”“--storage”“--remove-all-storage”“--wipe-storage”等。

（8）Dump：为虚拟机创建 dump 日志文件，以便在排错时使用。如果想要在产生 dump 文件的过程中保持虚拟机一直运行，则需要使用“--live”选项，否则虚拟机将会被置于挂起状态。使用“--crash”选项，虚拟机将会被停止运行，并且其状态也会被改为崩溃。使用“--reset”选项可以在产生 dump 日志文件之后重置虚拟机。

（9）Destroy：virsh destroy <domain>。强制关闭虚拟机。其后的参数可以是虚拟机名、虚拟机的运行 ID 或虚拟机的 uuid。

（10）Shutdown：正常关闭虚拟机。这条命令比 destroy 命令更加安全，只有在虚拟机没有任何响应的情况下才推荐使用 destroy 命令，因为这条命令可能导致文件系统损坏。管理员还可以使用“--more”选项更改默认的虚拟机关闭方式。

（11）Domname：virsh domname <domain>。根据虚拟机的 uuid 或者运行 ID 获取虚拟机名。

（12）Domuuid：virsh domuuid <domain>。根据虚拟机名或者 ID 获取虚拟机的 uuid。

（13）Dumpxml：virsh dumpxml <domain>。获取虚拟机的配置信息，配置信息是以 XML 形式输出到终端的。

6.5.3 存储池相关命令

这个类别中的命令主要用来操作存储池资源。

（1）pool-list：获取处于活动状态的存储池对象列表。可以使用“--persistent”“--transient”“--autostart”或“--no-autostart”等选项进行分类筛选。如果想要获取非活动状态的存储池列表，可以使用“--active”选项；如果想要获取完整列表，需要使用“--all”选项。

（2）pool-build：可以使用这条命令创建存储池。这条命令的选项包括“--overwrite”和“--no-overwrite”。如果使用“--overwrite”选项，那么目标设备上的现有数据将会被覆盖，如果使用“--no-overwrite”参数，当目标设备上已经创建文件系统时用户将会收到报错。

（3）pool-edit：这条命令允许管理员使用默认文本编辑器对存储池的 XML 配置文件进行编辑，并且还会进行错误检查。

6.5.4 存储卷相关命令

管理员可以使用下面这些 virsh 命令来管理存储卷。

（1）vol-create：基于 XML 文件或者命令行参数来创建存储卷。进一步来说，管理员可以使用 vol-create-from 命令将其他卷作为输入来创建新的存储卷，也可以使用 vol-create-as 命令加上一系列参数来创建存储卷，还可以设置卷大小以及文件格式。

（2）vol-resize：这条命令能够以字节为单位更改指定存储卷的大小。管理员需要输入目标卷大小，或者使用“--delta”选项指定在现有基础上增加多少空间。需要注意的是在活动虚拟机上使用 vol-size 命令是非常不安全的，但是管理员可以使用 blockresize 命令实时更改存储空间。

（3）vol-wipe：擦除存储卷中的数据，并且确保之前的所有数据都不能够再被访问。如果虚拟机中含有机密信息，那么这条命令非常有用。此外，管理员还可以使用其他数据擦除算法，默认方式是使用 0 覆盖整个存储卷。

6.5.5 快照相关命令

这个类别中的命令能够操作虚拟机快照。

（1）snapshot-list：管理员可以使用这条命令获取指定虚拟机的所有可用快照列表。列表包括快照名称、创建时间以及虚拟机状态等。同样，可以使用选项来对列表进行筛选，例如“--form”“--leave”“--metadata”“--inactive”“--internal”等。

（2）snapshot-create：管理员需要首先输入快照名称、描述，并且在 XML 文件中指定磁盘，之后使用这条命令创建虚拟机快照。如果不想使用 XML 文件中的属性来创建快照，那么可以使用 snapshot-create-as 命令。如果使用“--halt”选项，则虚拟机被创建之后将处于非活动状态。

（3）snapshot-revert：这条命令允许管理员将虚拟机恢复到之前的某个快照状态。如果想要恢复到当前快照，可以使用“--current”选项。虚拟机状态将会保持和制作快照时相同，而之后所做的任何操作都将会被丢弃。

（4）snapshot-delete：管理员可以使用这条命令来删除指定快照，或者使用“--current”选项来删除现有快照。如果想要删除快照以及子快照或时间点复制，可以使用“--children”选项。如果使用“--children-only”选项，则系统只会删除子快照，原有快照不会受到影响。

当然，上面的内容无法包含所有相关命令。除了上面列举的这些命令之外，在每个类别中管理员肯定都能够找到其他一些非常有帮助的命令。还有一些其他种类的命令，虽然这里没有列举，但是值得了解，例如设备相关命令、nodedev 相关命令、虚拟网络相关命令、接口相关命令、加密相关命令、nwfilter 相关命令以及 qemu-specific 相关命令。如果想要顺利管理 Hypervisor 和虚拟机，管理员需要掌握所有选项的功能、限制以及可能产生的结果。

6.6 libvirt API 简介

libvirt API 提供了一套管理虚拟机的应用程序接口，它使用 C 语言实现。以 libvirt-1.2.0 为例，打开 libvirt-1.2.0.tar.gz 源代码包内的 docs 目录，其中放置着 libvirt API 的官方文档。

打开 docs 目录下的 index.html 文件，选择左栏 Documentation 下的 API reference 选项（见图 6-5），右边给出了 libvirt API 的各模块的说明。

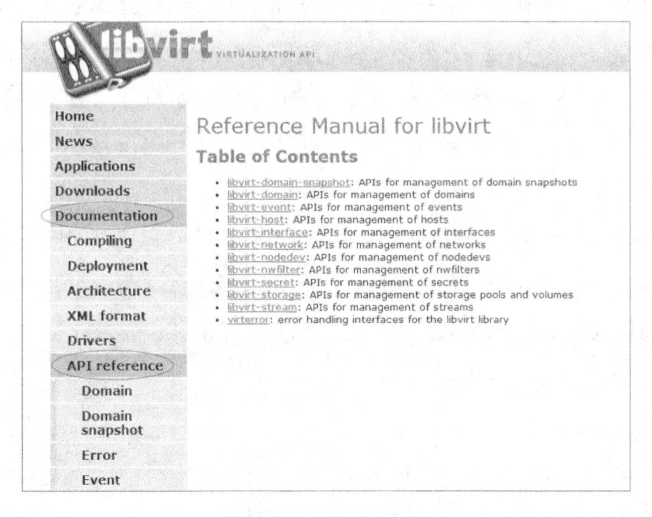

图 6-5 libvirt API

以下是对常用的 libvirt API 的大致介绍：

（1）libvirt-domain：管理 libvirt 域的 API，提供了一系列以 virDomain 开头的函数。

（2）libvirt-event：管理事件的 API，提供了一系列以 virEvent 开头的函数。

（3）libvirt-host：管理宿主机的 API。

（4）libvirt-network：管理网络的 API，提供了一系列以 virConnect 和 virNetwork 开头的函数。

（5）libvirt-nodedev：管理结点的 API，提供了一系列以 virNode 开头的函数。

（6）libvirt-storage：管理存储池和卷的 API，提供了一系列以 virStorage 开头的函数。

（7）libvirt-stream：管理数据流的 API，提供了一系列以 virStream 开头的函数。

（8）virterror：处理 libvirt 库的错误处理接口。

6.7 libvirt API 使用实例

libvirt API 本身是用 C 语言实现的，提供了一套管理虚拟机的应用程序接口。本书以 C 语言为例，给出 libvirt API 的使用示例。使用 libvirt API 进行虚拟化管理时，首先需要建立一个到虚拟机监控器 Hypervisor 的连接，有了到 Hypervisor 的连接，才能管理结点、结点上的域等信息。

6.7.1 建立到 Hypervisor 的连接

使用 libvirt 进行虚拟化管理，首先要建立到 Hypervisor 的连接。libvirt 支持多种 Hypervisor，本书以 QEMU 为例来讲解如何建立连接。

libvirt 连接可以使用简单的客户端－服务器端的架构模式解释。服务器端运行着 Hypervisor，客户端通过 libvirt 连接服务器端的 Hypervisor 来实现虚拟化的管理。以本书为例，在基于 QEMU-KVM 的虚拟化解决方案中，不管是基于 libvirt 的本地虚拟化的管理还是远程虚拟化的管理，在服务器端，一方面需要运行 Hypervisor，另一方面还需要运行 libvirtd 这个守护进程。

libvirt 支持多种 Hypervisor，因此 libvirt 需要通过唯一的标识来指定需要连接的本地的或者远程的 Hypervisor。libvirt 使用 URI（Uniform Resources Identifier，统一资源标识符）来标识到某个 Hypervisor 的连接。

1.使用 libvirt 连接本地的 Hypervisor

URI 的一般格式如下：

```
driver[+transport]:///[path][?extral-param]
```

其中，driver 是连接 Hypervisor 的驱动名称（如 qemu、xen 等），本书中以 QEMU 为例，

因此为 qemu；transport 是连接所使用的传输方式（可以为空，也可以为“unix”这样的值）；path 是连接到 Hypervisor 的路径；“?extral-param”表示额外需要添加的参数。

连接 QEMU 有两种方式：一种是系统范围内的特权驱动（system 实例）；另一种是用户相关的无特权驱动（session 实例）。常用的本地连接 QEMU 的 URI 如下：

```
qemu:///system
qemu:///session
```

其中，system 和 session 是 URI 格式中 path 的一部分，代表着连接到 Hypervisor 的两种方式。在建立 session 连接时，根据客户端的当前用户和当前组在服务器端去寻找相应的用户和组，只有都一致时，才能进行管理。建立 session 连接后，只能查询和控制当前用户权限范围内的域或其他资源，而不是整个结点上的全部域或其他全部资源。建立 system 连接后，可以查询和控制整个结点范围内的所有域和资源。使用 system 实例建立连接时，使用特权系统账户 root，因此，建立 system 连接具有最大权限，可以管理整个范围的域，也能管理结点上的块设备、网络设备等系统资源。通常，在开发过程中或者公司内网范围内可建立 system 的连接以方便结点上内容的管理。但是，对于其他用户，赋予不同用户不同权限的 session 连接更为安全。

2.使用 libvirt 连接远程的 Hypervisor

URI 的一般格式如下：

```
driver[+transport]:///[user@][host][:port]/[path][?extral-param]
```

其中，driver 和本地连接时含义一样；transport 表示传输方式，取值通常是 ssh、tcp 等；user 表示连接远程主机时使用的用户名；host 表示远程主机的主机名或者 IP 地址；port 表示远程主机的端口号；path 和“?extral-param”和本地连接时含义一样。

在进行远程连接时，也有 system 和 session 两种连接方式。例如，qemu+ssh://root@example.com/system 表示通过 ssh 连接远程结点的 QEMU，以 root 用户连接名为 example.com 的主机，以 system 实例方式建立连接。

qemu+ssh://user@example.com/session 表示通过 ssh 连接远程结点的 QEMU，使用 user 用户连接名为 example.com 的主机，以 session 实例方式建立连接。

3.使用 URI 建立连接

通过 libvirt 建立到 Hypervisor 的连接，需要使用 URI。URI 标识相对复杂些，当管理多个结点时，使用很多的 URI 连接不太容易记忆，可以在 libvirt 的配置文件 libvirt.conf 中为 URI 指定别名。例如，hail=qemu+ssh://root@hail.cloud.example.com/system 中用 hail 这个别名即可。

libvirt 使用 URI，一方面是在 libvirt API 中建立到 Hypervisor 的函数 virConnectOpen 中需要一个 URI 作为参数；另一方面，可以通过 libvirt 的 virsh 命令行工具，将 URI 作为 virsh 的参数建立到 Hypervisor 的连接。

例如，首先使用了 virsh 命令的 create 参数由 6.4.1 的 demo.xml 配置文件创建并启动一个虚拟机 demo，然后使用 virsh 命令来建立本地连接，查看本地运行的虚拟机。具体操作如下：

```
root@kvm-host:/etc/libvirt/qemu# virsh create /etc/libvirt/qemu/demo.xml
Domain demo created from /etc/libvirt/qemu/demo.xml
root@kvm-host:/etc/libvirt/qemu# virsh -c qemu:///session
Welcome to virsh, the virtualization interactive terminal.
Type:   'help' for help with commands
        'quit' to quit
virsh   # list
 Id     Name                          State
----------------------------------------------------
 2      demo                          running
```

6.7.2 使用 libvirt API 查询某个域的信息

下面举一个简单的 C 语言使用 libvirt API 的例子，文件名为 libvirt-conn.c，在该例子中使用 libvirt API 查询某个域的信息。在该代码中包含两个自定义函数：一个是 virConnectPtr getConn();另一个是 int getInfo(int id)。getConn()函数建立一个到 Hypervisor 的连接；getInfo（int id）函数获取 id 为 2 的客户机的信息。

只有与 Hypervisor 建立连接后，才能进行虚拟机管理操作。在 getConn()函数中，使用 libvirt API 中的 virConnectPtr virConnectOpenReadOnly（const char * name）函数建立一个只读连接，如果参数 name 为 NULL，表明创建一个到本地 Hypervisor 的一个连接。该函数返回值是一个 virConnectPtr 类型，该类型变量就代表到 Hypervisor 的一个连接，如果连接出错，返回空值 NULL。virConnectOpenReadOnly()函数表示一个只读的连接，在该连接上只可以使用查询的功能，通过 virConnectOpen()函数创建连接后可以使用创建和修改等功能。

对虚拟机进行管理操作，大部分内容是对各个结点上的域进行管理。在 libvirt API 中有很多对域管理的函数，要对域进行管理时，首先要得到 virDomainPtr 这个类型的变量。在 getInfo()函数中，首先定义一个 virDomainPtr 变量 dom，然后使用 getConn()函数得到一个 virConnectPtr 类型的到 Hypervisor 的连接 conn，然后使用 virDomainLookupByID()函数得到一个 virDomainPtr 的值赋给 dom 用于对域进行管理。virDomainPtr virDomainLookupByID（virConnectPtr conn, int id）函数根据域的 id 值到 conn 这个连接上去查找相应的域，在得到一个 virDomainPtr 后，就可以对域进行很多操作。

int virDomainGetInfo（virDomainPtr domain, virDomainInfoPtr info）函数会将 virDomainPtr 指定的域的信息放置在 virDomainInfo 中。virDomainInfo 是一个结构体，其中，state 属性表示域的运行状态，是 virDomainState 中的一个值。maxMem 属性表示分配

的最大内存，单位是 KB。memory 属性表示该域使用的内存，单位也是 KB。nrVirtCpu 属性表示为该域分配的虚拟 CPU 个数。

在本例中，还有 virConnectClose()和 virDomainFree()函数，其中，int virConnectClose（virConnectPtr conn）函数用来关闭到 Hypervisor 的连接。int virDomainFree（virDomainPtr domain）函数用于释放获得的 domain 对象。两个函数都是在返回 0 时表示成功，返回-1 时表示失败。

libvirt-conn.c 文件的源代码如下：

```
#include <stdio.h>
#include <stdlib.h>
#include <libvirt/libvirt.h>
virConnectPtr conn=NULL;
virConnectPtr getConn()
{
    conn=virConnectOpenReadOnly(NULL);
    if(conn==NULL)
    {
        printf("error,cann't connect!");
        exit(1);
    }
    return conn;
}
Int getInfo(int id)
{
    virDomainPtr dom=NULL;
    virDomainInfo info;
    conn=getConn();
    dom=virDomainLookupByID(conn,id);
    if(dom==NULL)
    {
        printf("error,cann't find domain!");
        virConnectClose(conn);
        exit(1);
    }
    if(virDomainGetInfo(dom,&info)<0)
    {
        printf("error,cann't get info!");
        virDomainFree(dom);
        exit(1);
    }
    printf("the Domain state is : %c\n",info.state);
    printf("the Domain allowed max memory is : %ld KB\n",info.maxMem);
    printf("the Domain used memory is : %ld KB\n",info.memory);
    printf("the Domain vCPU number is : %d\n",info.nrVirtCpu);

    if(dom!=NULL)
    {
```

```
            virDomainFree(dom);
        }
        if(conn!=NULL)
        {
            virConnectClose(conn);
        }
        return 0;
    }
    int main()
    {
        getInfo(2);
        return 0;
    }
```

6.7.3 编译运行 libvirt-conn.c 并使用 virsh 查看当前结点情况

首先，使用 virsh 的交互模式查看本机默认连接的虚拟机。使用 virsh 的 list 命令，具体操作如下：

```
root@kvm-host:~# virsh
Welcome to virsh, the virtualization interactive terminal.
Type:  'help' for help with commands
       'quit' to quit
virsh  # list
 Id     Name                           State
-------------------------------------------------------
virsh  #
```

可以看到当前没有任何的虚拟机在运行，接下来，使用 virsh 加载 6.4.1 节中的 demo.xml 文件作为虚拟机的配置文件。使用 virsh 的 define demo.xml 命令定义虚拟机，需要注意的是该命令执行后，虚拟机只是从指定的 XML 文件进行定义，并没有真正启动（想要定义虚拟机的同时并启动虚拟机，需要使用 virsh 下的 create 命令，例如，执行 virsh create /etc/libvirt/qemu/demo.xml 命令）。因此，再次执行 list 命令同样没有任何虚拟机信息。具体操作如下：

```
virsh # define /etc/libvirt/qemu/demo.xml
Domain demo defined from /etc/libvirt/qemu/demo.xml
virsh # list
 Id    Name                           State
-------------------------------------------------------
virsh #
```

接下来，启动由 demo.xml 定义的名为 demo 的虚拟机，使用 virsh 下的 start demo 命令。之后，再次执行 list 命令可出现虚拟机的信息，虚拟机的 id 为 2，名字为 demo，状态为“正在运行”。具体操作如下：

```
Virsh  # start demo
Domain  demo started
virsh  # list
```

```
  Id    Name                          State
---------------------------------------------------
  2     demo                          running
virsh  #
```

在使用 virsh 启动 demo.xml 定义的虚拟机后，可以在 libvirt-conn.c 的代码中查询已经启动的域（即虚拟机）的信息。将 libvirt-conn.c 文件使用 gcc 编译为可执行文件 libvirt-conn，然后执行该文件即可看到 demo.xml 文件定义的虚拟机的信息。具体操作如下：

```
root@kvm-host:~/xjy/libvirt/test# gcc libvirt-conn.c -o libvirt-conn -lvirt
root@kvm-host:~/xjy/libvirt/test# ls
demo.xml  demo.xml~  libvirt-conn  libvirt-conn.c  libvirt-conn.c~
root@kvm-host:~/xjy/libvirt/test# ./libvirt-conn
the Domain state is : 1
the Domain allowed max memory is : 1048576 KB
the Domain used memory is : 1048576 KB
the Domain vCPU number is : 2
```

在使用 gcc 编译 libvirt-conn.c 文件时，需要加上“-lvirt”，这个参数表示使用 gcc 编译源文件时需要指定程序连接时依赖的库文件。“-lvirt”表示连接 libvirt 库，编译成功后生成 libvirt-conn 可执行文件，运行该可执行文件，得到结果“the Domain state is : 1”，其中“1”由 info.state 得来，表示结点中的域的运行状态为正在运行。“the Domain allowed max memory is : 1 048 576 KB”表示该域分配的最大内存为 1 048 576 KB，即 1 GB。the Domain used max memory is : 1048576 KB 表示该域使用的内存为 1 GB。the Domain vCPU number is : 2 表示该域的虚拟 CPU 个数为 2。

使用 virsh 查看虚拟机的相关信息，domid demo 命令表示通过虚拟机的 name 属性查看虚拟机的 id 编号。domname 2 命令表示通过虚拟机的 id 编号查看其 name 属性。dominfo 2 表示通过虚拟机的 id 编号值查看虚拟机信息。从中可以看出，libvirt-conn.c 代码的执行结果和 virsh 命令下显示的 id 号、运行状态、CPU 个数、最大内存、已用内存都保持一致。具体操作如下：

```
virsh # domid      demo2
virsh # domname    2
demo
virsh # dominfo    2
Id:                2
Name:              demo
UUID:              160ec4c8-407f-4428-bdc2-8a9851d51225
OS Type:           hvm
State:             running
CPU(s):            2
CPU time:          5.2s
Max memory:        1048576 KiB
Used memory:       1048576 KiB
Persistent:        yes
Autostart:         disable
Managed save:      no
Security model:    none
Security DOI:      0
```

可以通过 VNC 查看虚拟机，使用命令 vncdisplay demo 查看 VNC 的端口号，然后使用命令 vncviewer 127.0.0.1:0 查看虚拟机 demo 的界面，如图 6-6 所示。通过 shutdown demo 关闭虚拟机，最后，在 virsh 下输入 quit 命令退出 virsh。

具体操作如下：

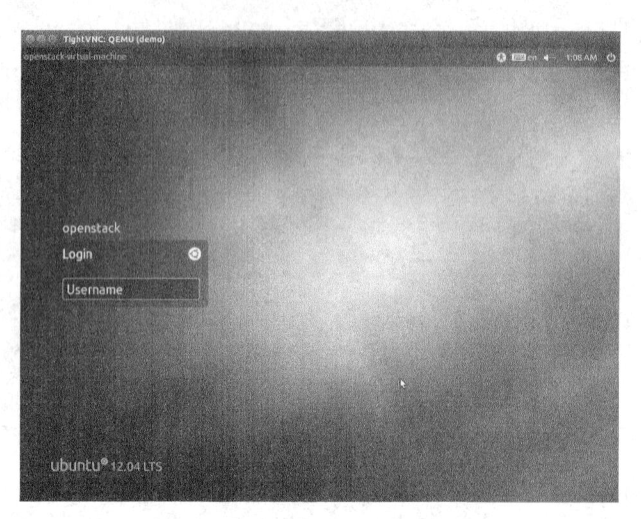

图 6-6　虚拟机 demo 的界面

```
virsh # vncdisplay demo
127.0.0.1:0
virsh # vncviewer 127.0.0.1:0
virsh # shutdown demo
Domain  demo is being shutdown
virsh # quit
root@kvm-host:/etc/libvirt/qemu#
```

6.8　virt-manager

virt-manager 是一个由红帽公司发起，全名为 Virtual Machine Manager 的开源虚拟机管理程序。virt-manager 是用 Python 编写的 GUI 程序，底层使用了 libvirt 对各类 Hypervisor 进行管理。

virt-manager 虽是一个基于 libvirt 的虚拟机管理应用程序，主要用于管理 KVM 虚拟机，但是也能管理 Xen 等其他 Hypervisor。virt-manager 提供了图形化界面来管理 KVM 的虚拟机，可以管理多个宿主机上的虚拟机，但是宿主机上必须安装 libvirt。

virt-manager 通过丰富直观的界面给用户提供了方便易用的虚拟化管理功能，包括：

（1）创建、编辑、启动或停止虚拟机。

（2）查看并控制每个虚拟机的控制台。

（3）查看每部虚拟机的性能及使用率。

（4）查看每部正在运行中的虚拟机以及主控端的实时性能及使用率信息。

（5）不论是在本机或远程，皆可使用 KVM、Xen、QEMU。

virt-manager 支持绝大部分 Hypervisor，并且可以连接本地和网络上的 Hypervisor。用户在 virt-manager 中用 GUI 做的配置会被转为 libvirt 的 XML 格式的配置文件保存在 libvirt 的相关目录下。使用 virt-manager 生成 libvirt 的配置文件也是一个不错的选择。它可以生成非常复杂的配置文件。

6.8.1　virt-manager 的编译和安装

virt-manager 的安装同其他 Linux 的软件安装一样，有多种方式。

如果想从源代码进行编译和安装，可以到 virt-manager 的官方网站 https://virt-manager.org/进行下载，在 https://virt-manager.org/download/地址有 virt-manager 的各个版本的源代码。源代码下载后，首先解压缩，然后进入到解压缩目录，执行命令“./configure”“make”“make install”进行配置、编译和安装。

virt-manager 的源代码使用了版本管理工具 git 进行管理，在 git 的代码仓库中也可以下载 virt-manager 的源代码，然后进行安装。使用 git 工具下载 virt-manager 源代码时的地址为 https://github.com/virt-manager/virt-manager.git。使用命令 git clone https://github.com/virt-manager/virt-manager.git，该命令执行后，会在当前目录生成一个 virt-manager 目录。具体操作如下：

```
root@kvm-host:~/xjy/git# git clone git://git.fedorahosted.org/virt-manager.git
Cloning into 'virt-manager'...
remote: Counting objects: 30130, done.
remote: Compressing objects: 100% (12610/12610), done.
remote: Total 30130 (delta 23990), reused 22476 (delta 17478)
Receiving objects: 100% (30130/30130), 57.41 MiB | 1.87 MiB/s, done.
Resolving deltas: 100% (23990/23990), done.
Checking connectivity... done.
root@kvm-host:~/xjy/git# ls
virt-manager
root@kvm-host:~/xjy/git# cd virt-manager/
root@kvm-host:~/xjy/git/virt-manager# ls
autobuild.sh  INSTALL      po  ui   virt-convert  virtManager
COPYING  man  README   virtcli    virtinst     virt-manager.spec.in
data    MANIFEST.in  setup.py  virt-clone  virt-install  virt-xml
HACKING     NEWS          tests      virtconv    virt-manager
```

在 Linux 的发行版本 Ubuntu 中，可以使用 apt-get 命令下载 virt-manager，下载命令为 apt-get install virt-manager，下载之前可以在 apt-cache 软件仓库中查找 virt-manager 相应的包，命令为 apt-cache search virt-manager。下载完成后 virt-manager 自动安装成功。

6.8.2 virt-manager 的使用

可以在 Ubuntu 系统中直接运行 virt-manager 命令来打开 virt-manager 的管理界面。可以通过命令 virt-manager --help 来查看 virt-manager 的帮助信息。具体操作如下：

```
root@kvm-host:~# virt-manager --help
Usage: virt-manager [options]

Options:
  --version              show program's version number and exit
  -h, --help             show this help message and exit
  -c URI, --connect=URI  Connect to hypervisor at URI
  --debug                Print debug output to stdout (implies --no-fork)
  --no-dbus              Disable DBus service for controlling UI
  --no-fork              Don't fork into background on startup
  --no-conn-autostart    Do not autostart connections
  --show-domain-creator   Show 'New VM' wizard
  --show-domain-editor=UUID   Show domain details window
  --show-domain-performance=UUID  Show domain performance window
  --show-domain-console=UUID  Show domain graphical console window
  --show-host-summary    Show connection details window
```

从以上输出信息可以看出，virt-manager 可以“-c URI”参数来指定启动时连接到本地还是远程的 Hypervisor。在没有带“-c URI”参数时，默认连接到本地的 Hypervisor。

如果想要查看 virt-manager 的版本号，可以在终端下执行命令 virt-manager –version。具体操作如下：

```
root@kvm-host:~# virt-manager --version
0.9.5
```

1.在 Ubuntu 中打开 virt-manager

在 Ubuntu 14.04 中使用 virt-manager 非常方便，可以在 Ubuntu 的图形界面中打开，单击桌面左上角的 search your computer and online sources，在搜索框中输入 virt 即可在下方看到 Virtual Machine Manager 即 virt-manager 的图标，如图 6-7 和图 6-8 所示。

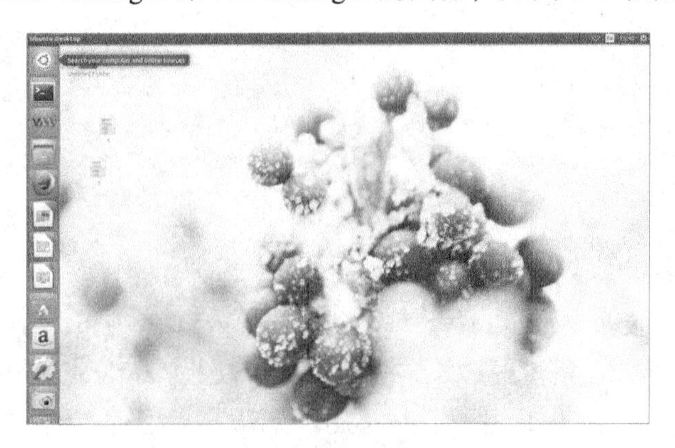

图 6-7 在 Ubuntu 图形界面中打开 virt-manager 步骤一

图 6-8　在 Ubuntu 图形界面中打开 virt-manager 步骤二

virt-manager 打开后，界面如 6-9 所示。

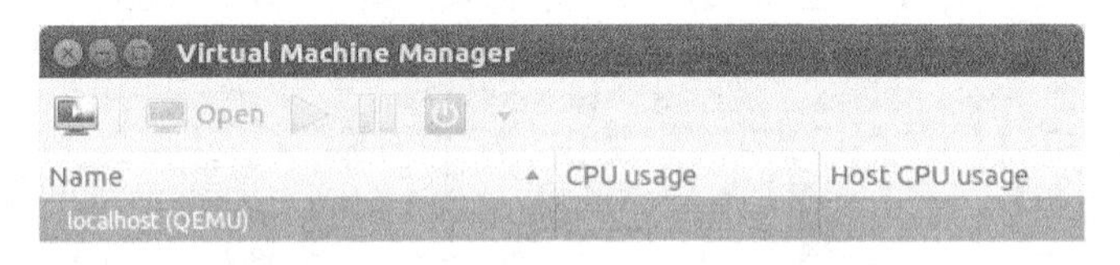

图 6-9　virt-manager 管理界面

2.在 virt–manager 中创建客户机

在图 6-9 所示的 virt-manager 管理界面中，创建一个客户机选择，可以点击左上角的计算机小图标，也可以右击 localhost(QEMU)”，选择 New 命令创建客户机。将鼠标放置在 localhost(QEMU)上，会出现一个提示 qemu:///system，这就是默认的本地连接 QEMU 的 URI。

在 virt-manager 的图形界面中，创建客户机只需要输入一些必要的设置，在设置完成后，virt-manager 会自动连接到客户机。

在图 6-10 中，输入要创建的虚拟机的名字，本例中为 demo-v。然后，选择创建虚拟机要使用的镜像文件，即安装介质的选择，virt-manager 支持多种方式创建虚拟机操作系统，例如可以使用本地的 ISO 文件，这里选择最后一种，导入已存在的磁盘镜像。

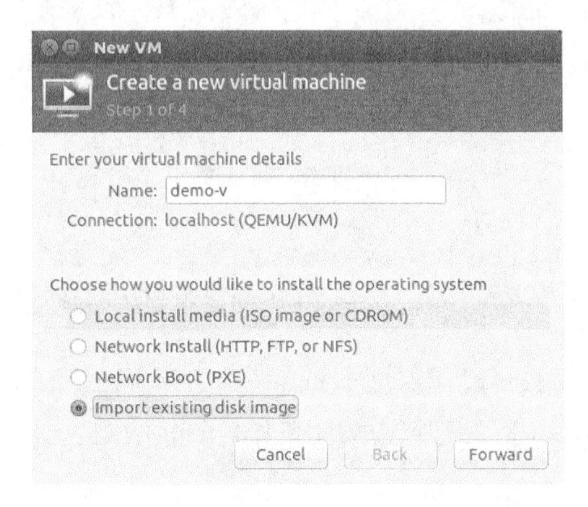

图 6-10　virt-manager 中创建虚拟机步骤一

在图 6-11 中指定要使用的磁盘镜像文件所在的路径，然后选择使用的镜像文件的操作系统类型和版本号。

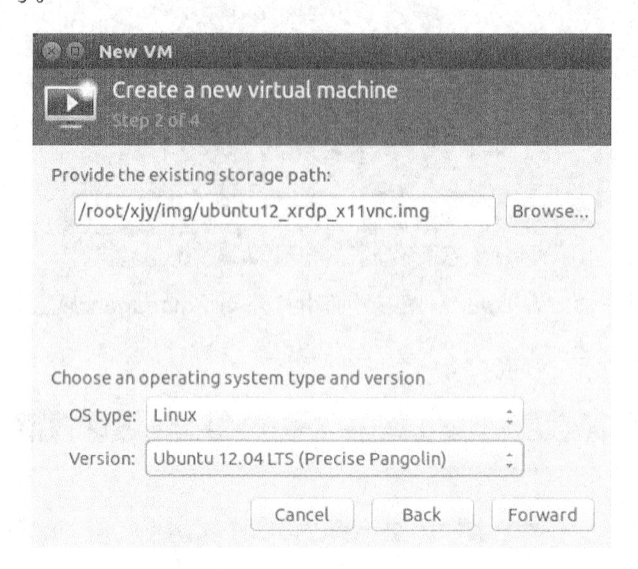

图 6-11 virt-manager 中创建虚拟机步骤二

在图 6-12 中选择要为虚拟机设置的内存大小和虚拟 CPU 的个数。本例中内存设为 1 024 MB，vCPU 个数设为两个。

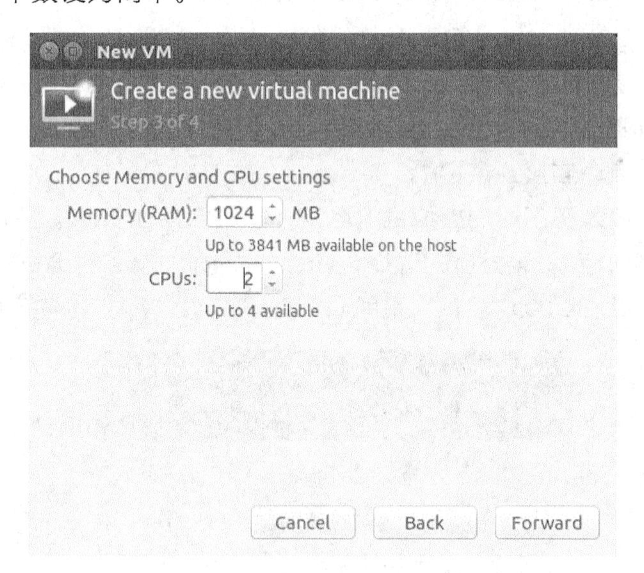

图 6-12 virt-manager 中创建虚拟机步骤三

在图 6-13 中，给出了前面设置的虚拟机的基本信息。在下方的高级选项中包括虚拟网络的配置，采用默认值即可，配置完成后单击 Finish 按钮客户机启动，virt-manager 自动连接到客户机。

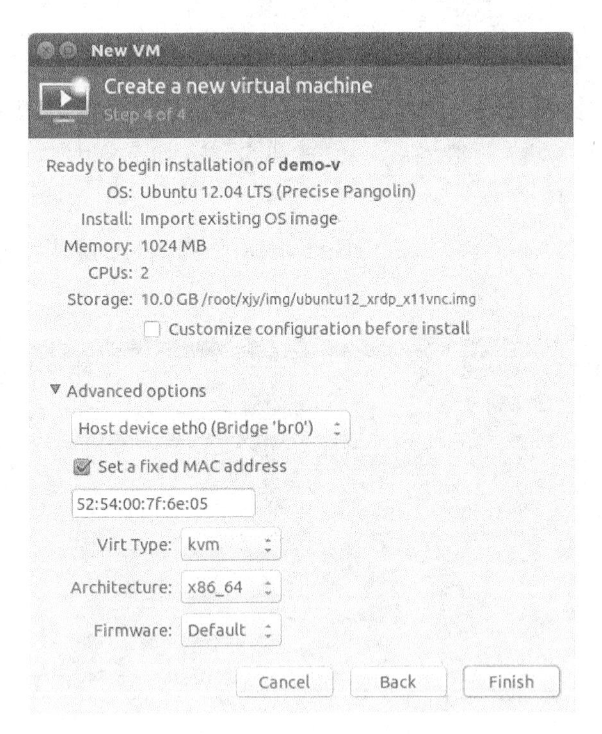

图 6-13　virt-manager 中创建虚拟机步骤四

在客户机创建成功后，virt-manager 会生成 6.4 节中格式的配置文件，配置文件默认存放路径在/etc/libvirt/qemu，文件名即为创建的虚拟机的名称 demo-v。查看配置文件的具体操作如下：

```
root@kvm-host:/var/lib/libvirt/images# cd /etc/libvirt/qemu/
root@kvm-host:/etc/libvirt/qemu# ls
demo-v.xml  networks
```

虚拟机启动后界面如 6-14 所示。

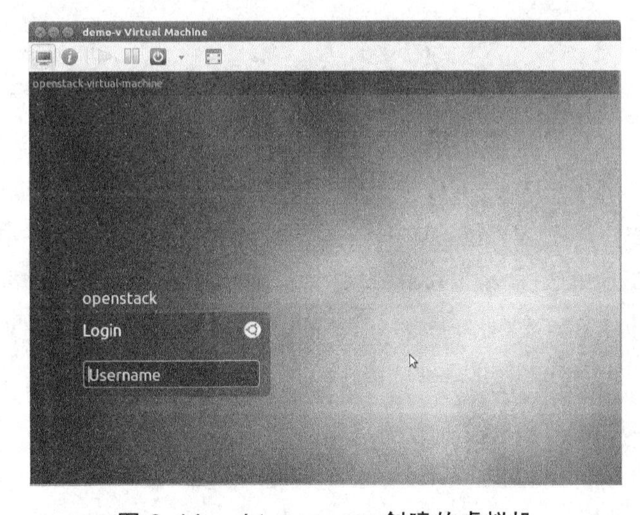

图 6-14　virt-manager 创建的虚拟机

在图 6-14 所示界面的左上角，将鼠标放置在 图标上，提示信息为 Show virtual hardware details，单击该图标，可以看到如图 6-15 所示的创建的虚拟机的详细配置信息。在该配置信息中，包括对客户机的名称、描述信息、处理器、内存、磁盘、网卡、鼠标、声卡，显卡等许多信息的配置，这些详细的配置信息都写在/etc/libvirt/qemu/demo-v.xml 配置文件中。如果对运行中的客户机进行配置信息的修改，配置并不能立即生效，只有重启虚拟机后才能生效。

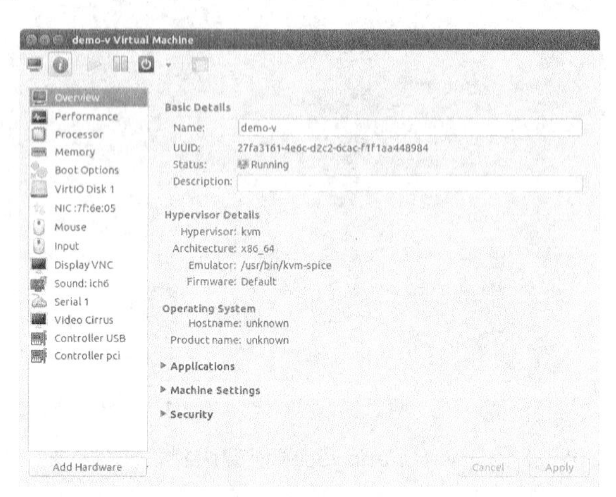

图 6-15　虚拟机的详细配置信息

虚拟机启动后，virt-manager 管理界面如图 6-16 所示。demo-v 即创建的虚拟机的名称，右边是虚拟机的 CPU 使用率的和宿主机的 CPU 使用率的图形展示。

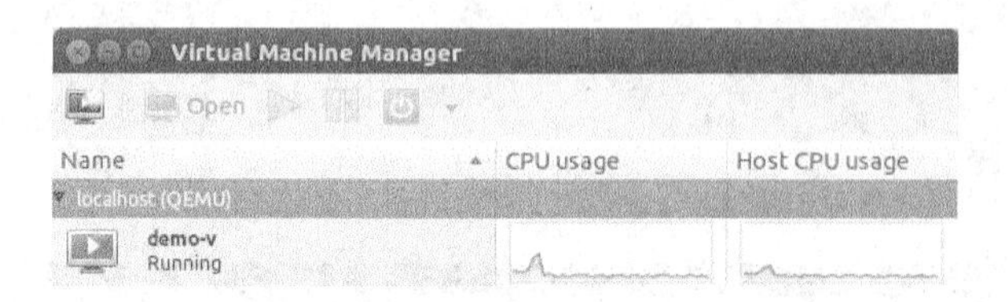

图 6-16　virt-manager 管理界面

3.在 virt-manager 中管理客户机

在图 6-16 中，处于运行状态的虚拟机的状态为 Running，单击 Open 按钮打开虚拟机窗口界面，单击 按钮启动虚拟机。单击 按钮会出现有几个选项，包括 Reboot、Shut Down、Force Reset、Force Off 和 Save。单击 Shut Down 进行虚拟机的正常关闭，使用 Force Off 进行虚拟机的强制关机，一般尽量避免使用 Force Off 来强制关机。单击 Save 可保存当前客户机的当前运行状态。

4.建立一个新的连接

在默认情况下，启动 virt-manager 会自动连接本地的 Hypervisor。由于 virt-manager 是基于 libvirt 的，因此启动 virt-manager 时如果 libvirt 的守护进程没有启动，会有连接错误提示。例如，将 libvirt 的守护进程关闭，然后查看 virt-manager。具体操作如下：

```
root@kvm-host:/var/lib/libvirt/images# service libvirt-bin status
libvirt-bin start/running, process 1329
root@kvm-host:/var/lib/libvirt/images# service libvirt-bin stop
libvirt-bin stop/waiting
root@kvm-host:/var/lib/libvirt/images# service libvirt-bin status
libvirt-bin stop/waiting
```

此时，virt-manager 的管理界面如图 6-17 所示。

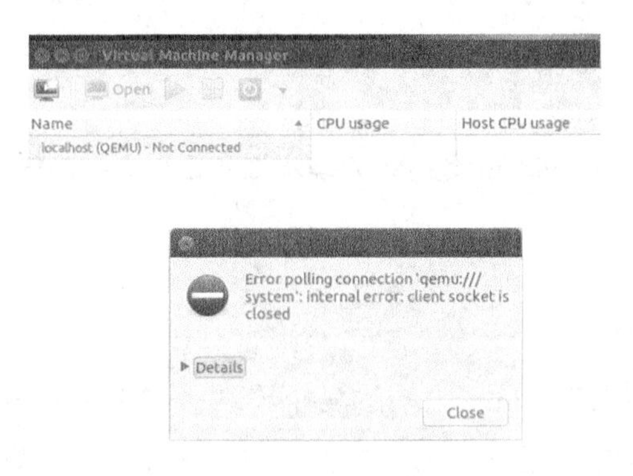

图 6-17 virt-manager 连接失败错误

通过 virt-manager 的菜单，在图 6-18 中，选择 Hypervisor 的类型，支持 Xen、QEMU/KVM 和 LXC(Linux Containers),如果要连接远程主机,选中 Connect to remote host 复选框，选择使用的远程连接方式，支持 SSH、TCP 和 TLS，填上连接远程主机时使用的用户名，指定远程主机的主机名或 IP 地址，然后单击 Connect 按钮即可。

内容填完后，virt-manager 会依据填写内容，生成一个连接远程主机的 URI，本例中的 URI 为 qemu+ssh://root@192.168.10.239/system，位于图 6-18 的下方。

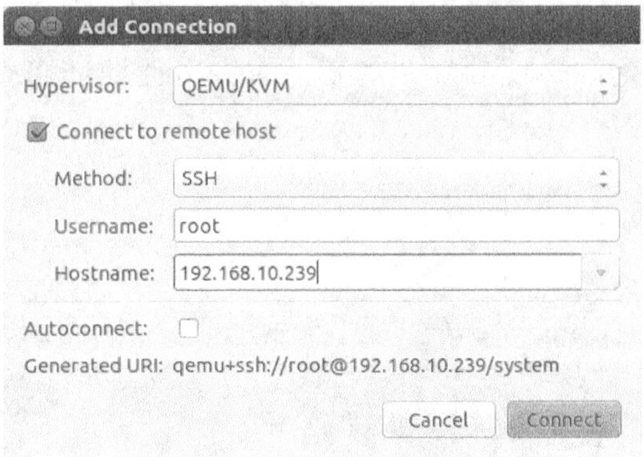

图 6-18 增加一个连接

建立连接后，virt-manager 界面会显示出本地连接和远程连接的主机上运行的虚拟机，如图 6-19 所示。所有这些虚拟机都可以使用 virt-manager 进行管理。

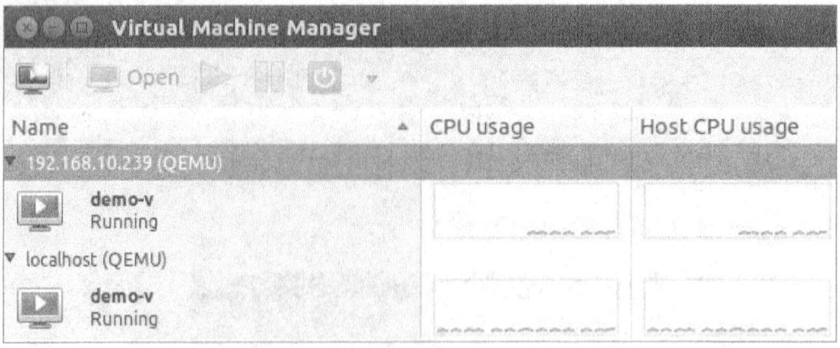

图 6-19　virt-manager 管理本地和远程主机的虚拟机

小　　结

确切地说，KVM 仅仅是 Linux 内核的一个模块。管理和创建完整的 KVM 虚拟机，需要更多的辅助工具。QEMU 是一个强大的虚拟化软件，KVM 使用了 QEMU 的基于 x86 的部分，并稍加改造，形成可控制 KVM 内核模块的用户空间工具 QEMU。因此，从某种意义上，QEMU 也可以说是 KVM 虚拟机的一个管理工具。

但是，由于 QEMU 的命令行参数使用起来有一定的复杂度，且对初学者进行学习和系统管理员进行部署都增加了难度，因此，出现了许多第三方的 KVM 虚拟化管理工具。本章介绍了一些比较流行的 KVM 的虚拟化管理工具，在这些工具中，有大名鼎鼎的 libvirt，也有基于 libvirt API 的带有图形化界面的 virt-manager。本书在介绍这些管理工具的同时，也给出了各种工具的具体使用方式，针对 libvirt，还给出了使用 libvirt API 进行开发的示例。

虚拟化和云计算在当今的 IT 产业中的地位和用途越来越广泛，发展也十分迅速。读者可以根据自己的实际生产环境和学习需要，有针对性地选择虚拟化管理工具来使用 KVM。

习　　题

1. KVM 常用管理工具有哪些？
2. 简述几种管理工具各自的特点和使用范围。

第 7 章 虚拟机开发

结合前面章节虚拟化理论和操作，本章介绍创建 KVM 虚拟机的案例开发方法。

7.1　搭建 KVM 虚拟化环境

这里以 Ubuntu 14.04 桌面版、4.8.0-46-generic 内核的操作系统为例，搭建 KVM 虚拟化环境。

通过案例熟悉源代码安装 KVM 和 QEMU 的方法。掌握 KVM 和 QEMU 的源代码下载、配置、编译和安装的各步骤。

KVM 是 Linux 内核的一个模块，管理和创建完整的 KVM 虚拟机，需要其他的辅助工具。一个 KVM 虚拟机都是一个由 Linux 调度程序管理的标准进程，仅有 KVM 模块是远远不够的，因为用户无法直接控制内核模块去做事情，因此，还必须有一个用户空间的工具才行。在内核空间安装加载 KVM 模块后，需要用户空间的 QEMU 工具来模拟硬件环境并启动客户机操作系统。

QEMU 是一个强大的虚拟化软件，KVM 使用了 QEMU 的基于 x86 的部分，并稍加改造，形成可控制 KVM 内核模块的用户空间工具 QEMU。

关于 QEMU 和 KVM 的关系，简单地说就是 KVM 只模拟 CPU 和内存，因此一个客户机操作系统可以在宿主机上运行，但是你看不到它，无法和它沟通。于是有人修改了 QEMU 的代码，把它模拟 CPU、内存的代码换成 KVM，而网卡、显示器等留着，因此 QEMU+KVM 就成了一个完整的虚拟化平台。

7.1.1　配置宿主机

配置宿主机的操作步骤如下：

（1）宿主机 BIOS 设置，开启 CPU 虚拟化。处理器要在硬件上支持 VT 技术，还要在 BIOS 中将其功能打开，KVM 才能使用。一般在 BIOS 中，VT 的标识通常为 Intel(R) Virtualization Technology 或 Intel VT 等类似的文字说明。

（2）在宿主机上安装操作系统，本案例以 Ubuntu 14.04 为例，宿主机操作系统的具体安装步骤略。

（3）判断宿主机 CPU 是否支持虚拟化。Intel 系列 CPU 支持虚拟化的标志为 vmx，AMD 系列 CPU 的标志为 svm。使用命令 grep -E"vmx|svm"/proc/cpuinfo（见图 7-1），如果显示内容中能找到 vmx 或者 svm 字符，则说明该 CPU 支持虚拟化。

```
root@ubuntu:~# grep -E "vmx|svm" /proc/cpuinfo
flags           : fpu vme de pse tsc msr pae mce cx8 apic sep mtrr pge mca cmov pat pse
36 clflush dts acpi mmx fxsr sse sse2 ss ht tm pbe syscall nx pdpe1gb rdtscp lm constan
t_tsc arch_perfmon pebs bts rep_good nopl xtopology nonstop_tsc aperfmperf eagerfpu pni
 pclmulqdq dtes64 monitor ds_cpl vmx est tm2 ssse3 sdbg cx16 xtpr pdcm pcid sse4_1 sse4
_2 movbe popcnt tsc_deadline_timer xsave rdrand lahf_lm abm epb tpr_shadow vnmi flexpri
ority ept vpid fsgsbase tsc_adjust erms invpcid xsaveopt dtherm arat pln pts
flags           : fpu vme de pse tsc msr pae mce cx8 apic sep mtrr pge mca cmov pat pse
36 clflush dts acpi mmx fxsr sse sse2 ss ht tm pbe syscall nx pdpe1gb rdtscp lm constan
t_tsc arch_perfmon pebs bts rep_good nopl xtopology nonstop_tsc aperfmperf eagerfpu pni
 pclmulqdq dtes64 monitor ds_cpl vmx est tm2 ssse3 sdbg cx16 xtpr pdcm pcid sse4_1 sse4
_2 movbe popcnt tsc_deadline_timer xsave rdrand lahf_lm abm epb tpr_shadow vnmi flexpri
ority ept vpid fsgsbase tsc_adjust erms invpcid xsaveopt dtherm arat pln pts
root@ubuntu:~#
```

图 7-1　查看 CPU 是否支持虚拟化

（4）判断宿主机操作系统内核是否支持 KVM，利用命令“uname -r”查看内核的版本号，2.6 以上的内核都支持。

（5）使用命令 lsmod|grep kvm 查看内核是否已安装 KVM 模块。如果能看到 kvm_intel 和 kvm 两个模块，说明 kvm 已经是 Linux 的一个 module，不必再安装，否则需要下载编译安装 KVM，如图 7-2 所示。目前大部分主流 Linux 操作系统中都包含 KVM 模块，不需要编译安装。

```
root@ubuntu:/# lsmod|grep kvm
kvm_intel              192512  0
kvm                    598016  1 kvm_intel
```

图 7-2　已安装 KVM 模块

7.1.2　部署 KVM 虚拟机

部署 KVM 虚拟机的操作步骤如下：

（1）下载 KVM 源码。使用命令 git clone git://git.kernel.org/pub/scm/virt/kvm/kvm.git 下载 KVM 到本地/home/kvm 目录，如图 7-3 所示。下载完毕后会在/home/kvm 目录生成

一个新的 kvm 目录，图 7-4 所示为 KVM 源代码的目录结构。

```
root@ubuntu:/home/kvm# git clone git://git.kernel.org/pub/scm/virt/kvm/kvm.git
正克隆到 'kvm'...
remote: Counting objects: 5466145, done.
remote: Compressing objects: 100% (837531/837531), done.
remote: Total 5466145 (delta 4586022), reused 5464934 (delta 4585256)
接收对象中: 100% (5466145/5466145), 1.03 GiB | 245.00 KiB/s, 完成.
处理 delta 中: 100% (4586022/4586022), 完成.
检查连接... 完成。
正在检出文件: 100% (59846/59846), 完成.
```

图 7-3　下载 KVM 源代码

```
root@ubuntu:/home/kvm# ls
kvm
root@ubuntu:/home/kvm# cd kvm
root@ubuntu:/home/kvm/kvm# ls
arch     CREDITS        firmware  ipc      lib          net      security  virt
block    crypto         fs        Kbuild   MAINTAINERS  README   sound
certs    Documentation  include   Kconfig  Makefile     samples  tools
COPYING  drivers        init      kernel   mm           scripts  usr
root@ubuntu:/home/kvm/kvm#
```

图 7-4　查看 KVM 源代码目录结构

（2）KVM 下载完成后，在/home/kvm/kvm 目录下使用命令 make menuconfig 配置 KVM。在配置时如果出现如图 7-5 所示的错误，只需按照如图 7-6 所示下载 libncurses5-dev 包即可。

```
root@ubuntu:/home/kvm/kvm# ls
arch     crypto         include  kernel       net      sound
block    Documentation  init     lib          README   tools
certs    drivers        ipc      MAINTAINERS  samples  usr
COPYING  firmware       Kbuild   Makefile     scripts  virt
CREDITS  fs             Kconfig  mm           security
root@ubuntu:/home/kvm/kvm# make menuconfig
  HOSTCC  scripts/kconfig/mconf.o
In file included from scripts/kconfig/mconf.c:23:0:
scripts/kconfig/lxdialog/dialog.h:38:20: fatal error: curses.h: 没有那个文件或
目录
compilation terminated.
scripts/Makefile.host:124: recipe for target 'scripts/kconfig/mconf.o' failed
make[1]: *** [scripts/kconfig/mconf.o] Error 1
Makefile:548: recipe for target 'menuconfig' failed
make: *** [menuconfig] Error 2
```

图 7-5　出现错误

```
root@ubuntu:/home/kvm/kvm# apt-get install libncurses5-dev
正在读取软件包列表... 完成
正在分析软件包的依赖关系树
正在读取状态信息... 完成
下列软件包是自动安装的并且现在不需要了:
  linux-headers-4.8.0-36 linux-headers-4.8.0-36-generic
  linux-image-4.8.0-36-generic linux-image-extra-4.8.0-36-generic
使用'apt autoremove'来卸载它(它们).
将会同时安装下列软件:
  libtinfo-dev
建议安装:
  ncurses-doc
下列【新】软件包将被安装:
  libncurses5-dev libtinfo-dev
升级了 0 个软件包, 新安装了 2 个软件包, 要卸载 0 个软件包, 有 189 个软件包未被
升级.
需要下载 252 kB 的归档.
解压缩后会消耗 1,461 kB 的额外空间.
您希望继续执行吗? [Y/n] y
```

图 7-6　下载 libncurses5-dev 包

（3）执行 make menuconfig 命令，在最后的 Virtualization 选项中，选中前两项 Kernel-based Virtual Machine(KVM) support 和 KVM for Intel processors support（如果是 AMD 处理器，需选定 KVM for AMD processors support 选项）为<M>后保存退出即可，如图 7-7 和图 7-8 所示。

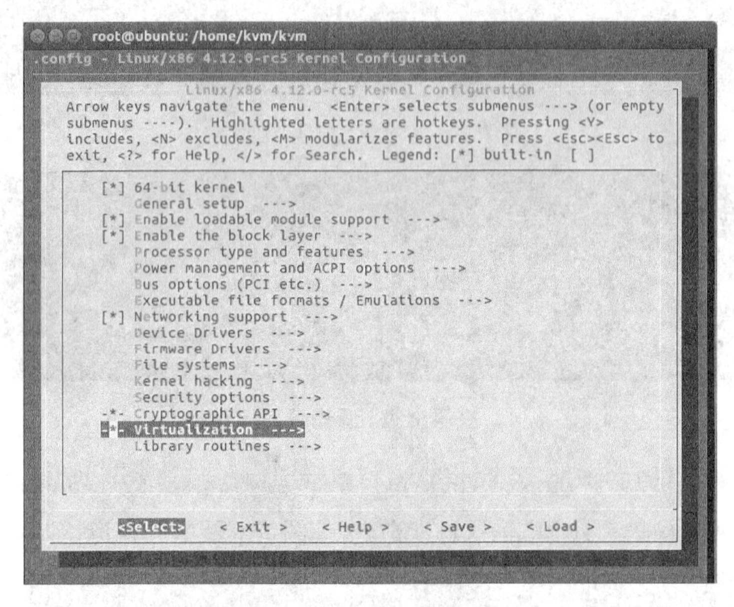

图 7-7　配置 KVM 的 Virtualization 选项 1

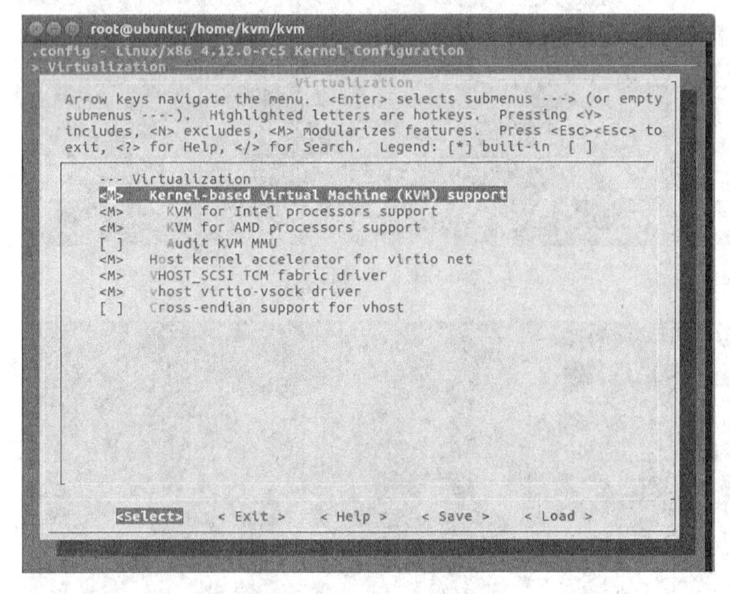

图 7-8　配置 KVM 的 Virtualization 选项 2

（4）使用命令 make -j 20 编译 KVM，编译过程较慢，需耐心等待。如果在编译过程中出现如图 7-9 所示错误，只需按照图 7-10 所示安装 libssl-dev 包即可。

```
root@ubuntu:/home/kvm/kvm# make -j 20
  CHK     include/config/kernel.release
  CHK     include/generated/uapi/linux/version.h
  HOSTCC  scripts/sign-file
  HOSTCC  scripts/extract-cert
  CHK     scripts/mod/devicetable-offsets.h
scripts/extract-cert.c:21:25: fatal error: openssl/bio.h: 没有那个文件或目录
compilation terminated.
scripts/Makefile.host:107: recipe for target 'scripts/extract-cert' failed
make[1]: *** [scripts/extract-cert] Error 1
make[1]: *** 正在等待未完成的任务....
scripts/sign-file.c:25:30: fatal error: openssl/opensslv.h: 没有那个文件或目录
compilation terminated.
scripts/Makefile.host:107: recipe for target 'scripts/sign-file' failed
make[1]: *** [scripts/sign-file] Error 1
Makefile:562: recipe for target 'scripts' failed
make: *** [scripts] Error 2
make: *** 正在等待未完成的任务....
make: *** wait: 没有子进程。 停止。
```

图 7-9 出现错误

```
root@ubuntu:/home/kvm/kvm# apt-get install libssl-dev
正在读取软件包列表... 完成
正在分析软件包的依赖关系树
正在读取状态信息... 完成
下列软件包是自动安装的并且现在不需要了:
  linux-headers-4.8.0-36 linux-headers-4.8.0-36-generic
  linux-image-4.8.0-36-generic linux-image-extra-4.8.0-36-generic
使用'apt autoremove'来卸载它(它们)。
将会同时安装下列软件:
  libssl-doc libssl1.0.0 zlib1g zlib1g-dev
下列【新】软件包将被安装:
  libssl-dev libssl-doc zlib1g-dev
下列软件包将被升级:
  libssl1.0.0 zlib1g
升级了 2 个软件包, 新安装了 3 个软件包, 要卸载 0 个软件包, 有 187 个软件包未被
升级。
需要下载 3,722 kB 的归档。
解压缩后会消耗 10.5 MB 的额外空间。
您希望继续执行吗? [Y/n] y
```

图 7-10 下载 libssl-dev 包

（5）KVM 的安装可分为 module 的安装，kernel 与 initramfs 的安装两步。进入到 KVM 下载目录，在/home/kvm/kvm 目录下使用命令 make modules_install 安装 module（需要 4~5 min 时间）。安装成功后在/lib/modules/4.8.0-46-generic/kernel/arch/x86/kvm# ls –l 目录下，可以看到 kvm 的内核驱动文件 kvm.ko 和分别支持 Intel 和 AMD 类型 CPU 的内核驱动文件 kvm_intel.ko 和 kvm_amd.ko，如图 7-11 所示。

```
root@ubuntu:/lib/modules/4.8.0-46-generic/kernel/arch/x86/kvm# ls -l
总用量 1416
-rw-r--r-- 1 root root 123390 4月   1 02:11 kvm-amd.ko
-rw-r--r-- 1 root root 372582 4月   1 02:11 kvm-intel.ko
-rw-r--r-- 1 root root 946366 4月   1 02:11 kvm.ko
```

图 7-11 KVM 的内核驱动文件

（6）使用 make install 命令安装 KVM 的 kernel 和 initramfs。安装成功后，可以通过 lsmod|grep kvm 命令查看 KVM 模块是否加载。如果没有加载，重新启动系统后，再次使用命令 lsmod|grep kvm 查看已经安装的 KVM 模块，这时能看到 kvm_intel 和 kvm 两个模块，如图 7-12 所示。如果还不能看到，可以使用 modprobe kvm 命令和 modprobe kvm_intel 命令手动加载后查看。

```
root@ubuntu:/home/kvm/kvm# lsmod|grep kvm
kvm_intel              192512  0
kvm                    598016  1 kvm_intel
```

图 7-12　KVM 模块已安装

（7）KVM 模块加载成功后，可以在/dev 目录看到一个名为 kvm 的设备文件，如图 7-13 所示。至此，KVM 安装结束。

```
root@ubuntu:/home/kvm/kvm# ls -l /dev/kvm
crw-rw----+ 1 root root 10, 232 6月  14 16:25 /dev/kvm
```

图 7-13　kvm 设备文件

7.1.3　QEMU 下载和安装

QEMU 官网地址为 http://www.qemu.org/，可以通过多种方式下载安装。在 Ubuntu 操作系统中使用命令 apt-get install qemu 即可下载安装。如果使用源码下载编译安装，可按以下步骤操作。

（1）下载 QEMU 源码。使用命令 git clone git://git.qemu-project.org/qemu.git 下载 QEMU 到本地/home/kvm 目录，如图 7-14 所示。下载完毕后会在该目录下生成 qemu 目录。

```
root@ubuntu:/home/kvm# git clone git://git.qemu-project.org/qemu.git
正克隆到 'qemu'...
remote: Counting objects: 327908, done.
remote: Compressing objects: 100% (61160/61160), done.
接收对象中:   2% (7865/327908), 3.63 MiB | 207.00 KiB/s
```

图 7-14　使用 git 下载 QEMU

（2）配置 QEMU，到 QEMU 下载目录/home/kvm/qemu，执行命令“./configure”进行配置。

在该步骤如果由于缺少相应的包导致配置失败（见图 7-15），可使用“apt-cache search 包名”进行搜索，然后使用 apt-get install 命令逐一下载安装即可。可能会出现的错误为缺少 zlib 包，使用 apt-get install zlib zlib1g zlib1g-dev 命令安装。如果没有 C++编译器，可使用 apt-get install gcc 命令安装；缺少 glib 时，可使用 apt-get install libglib2.0-dev 命令安装。

如果某些包版本不对，可以根据提示使用相应的命令更新，如图 7-16 所示。

```
root@ubuntu:/home/kvm/qemu# ./configure

ERROR: glib-2.22 gthread-2.0 is required to compile QEMU
```

图 7-15　配置 QEMU 出错 1

```
root@ubuntu:/home/kvm/qemu# ./configure

ERROR: pixman >= 0.21.8 not present. Your options:
         (1) Preferred: Install the pixman devel package (any recent
             distro should have packages as Xorg needs pixman too).
         (2) Fetch the pixman submodule, using:
             git submodule update --init pixman

root@ubuntu:/home/kvm/qemu# git submodule update --init pixman
```

图 7-16　配置 QEMU 出错 2

（3）配置成功后，使用 make –j 20 命令编译 QEMU，过程稍慢，读者需耐心等待。笔者在 4 核 CPU 的普通 PC 上编译了 15 min 左右。

（4）编译成功后，使用 make install 安装 QEMU。

（5）安装完毕后，使用命令 qemu-system-x86 查看 QEMU 是否安装（按两次[Tab]键可以给出以 qemu-system-开头的命令），使用 which qemu-system-x86_64 命令可以查看安装的 QEMU 所存放的目录，如图 7-17 所示。

```
root@ubuntu:/home/kvm/qemu# qemu-system-
qemu-system-aarch64       qemu-system-mips64        qemu-system-sh4
qemu-system-alpha         qemu-system-mips64el      qemu-system-sh4eb
qemu-system-arm           qemu-system-mipsel        qemu-system-sparc
qemu-system-cris          qemu-system-moxie         qemu-system-sparc64
qemu-system-i386          qemu-system-nios2         qemu-system-tricore
qemu-system-lm32          qemu-system-or1k          qemu-system-unicore32
qemu-system-m68k          qemu-system-ppc           qemu-system-x86_64
qemu-system-microblaze    qemu-system-ppc64         qemu-system-xtensa
qemu-system-microblazeel  qemu-system-ppcemb        qemu-system-xtensaeb
qemu-system-mips          qemu-system-s390x
root@ubuntu:/home/kvm/qemu# which qemu-system-x86_64
/usr/local/bin/qemu-system-x86_64
```

图 7-17　查看 QEMU 命令

7.1.4　开发要点

搭建 KVM 虚拟化环境的要点如下：

（1）了解在 BIOS 中开启 CPU 虚拟化方式。

（2）熟悉 KVM 的下载、配置、编译和安装过程。

（3）熟悉 QEMU 的下载、配置、编译和安装过程。

7.2　建立虚拟机镜像

镜像制作是在服务器里完成的，服务器安装的系统是 Ubuntu 14.04-DeskTop 版，虚拟机镜像制作所需的 ISO 文件有两个：ubuntu-14.04-server-amd64.iso 和 win7-x86.iso。

基于上节案例部署的虚拟化环境，分别使用 Linux 和 Windows 操作系统的 ISO 文件，创建出 Linux 和 Windows 对应的镜像文件。Windows 以 Windows 7 为例，Linux 以 Ubuntu 14.04 为例。

7.2.1　Windows 7 镜像

具体操作步骤如下：

（1）下载 Windows 7 操作系统的 ISO 文件。

（2）使用命令 qemu-img create -f qcow2 win7.img 50G 创建一个 50 GB 大小的镜像文件 win7.img（qcow2 格式）。其中 create 参数为使用 qemu-img 命令创建镜像文件，“-f”参数指定镜像文件的格式为 qcow2（qcow2 是一种硬盘的格式），镜像文件名为 win7.img，大小为 50 GB，如图 7-18 所示。

```
root@ubuntu-virtual-machine:~# qemu-img create -f qcow2 win7.img 50G
Formatting 'win7.img', fmt=qcow2 size=53687091200 encryption=off cluster_size=65536 lazy_refcounts=off refcount_bits=16
root@ubuntu-virtual-machine:~# 
```

图 7-18　创建命令

（3）下载 virtio 驱动程序。Windows 系统默认没有 virtio 驱动程序，而启动虚拟机时指定了磁盘驱动程序和网卡驱动程序是 virtio，因此需要下载两个 virtio 驱动文件：virtio-win-0.1-81.iso 和 virtio-win-1.1.16.vfd。其中，virtio-win-0.1-81.iso 文件中包含了网卡驱动程序，virtio-win- 1.1.16.vfd 文件包含了硬盘驱动程序。

（4）使用刚下载的 Windows 7 镜像文件和刚创建的磁盘镜像文件引导启动系统安装，开启 BIOS 启动选择菜单，启动时按[F12]键，进入光盘安装界面，具体命令如图 7-19 所示。

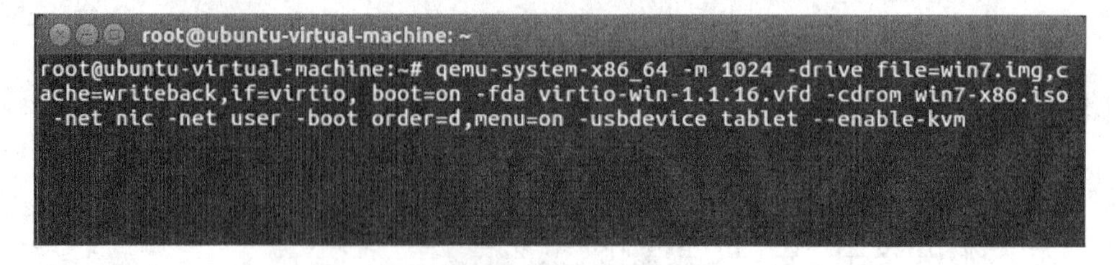

root@ubuntu-virtual-machine: ~
root@ubuntu-virtual-machine:~# qemu-system-x86_64 -m 1024 -drive file=win7.img,cache=writeback,if=virtio, boot=on -fda virtio-win-1.1.16.vfd -cdrom win7-x86.iso -net nic -net user -boot order=d,menu=on -usbdevice tablet --enable-kvm

图 7-19　引导启动系统安装的命令

（5）在启动界面中选择要安装的语言、时间和货币格式、键盘和输入方法后，单击“下一步”按钮，如图 7-20 所示。

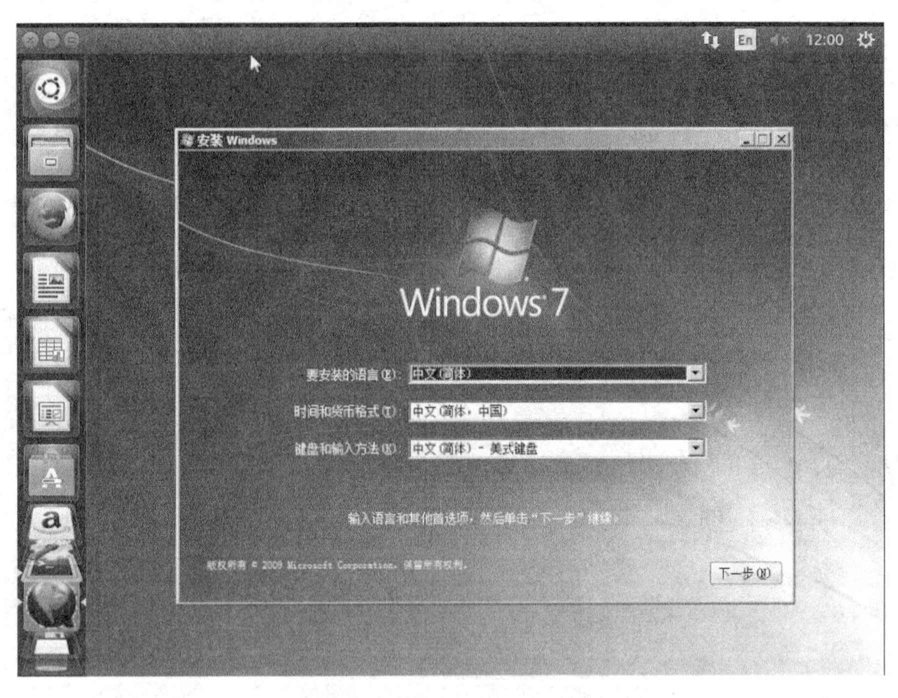

图 7-20　启动界面语言选择

在虚拟机上安装 Windows 7 操作系统与在物理机上安装 Windows 7 的方法和步骤是一样的，因此，这里不再用过多的篇幅去说明。

（6）当虚拟机上的系统安装完成后，重启虚拟机镜像，将 virtio-win-0.1-81.iso 挂载为客户机的光驱，再从客户机上安装所需的 virtio 网卡驱动程序如图 7-21 所示。

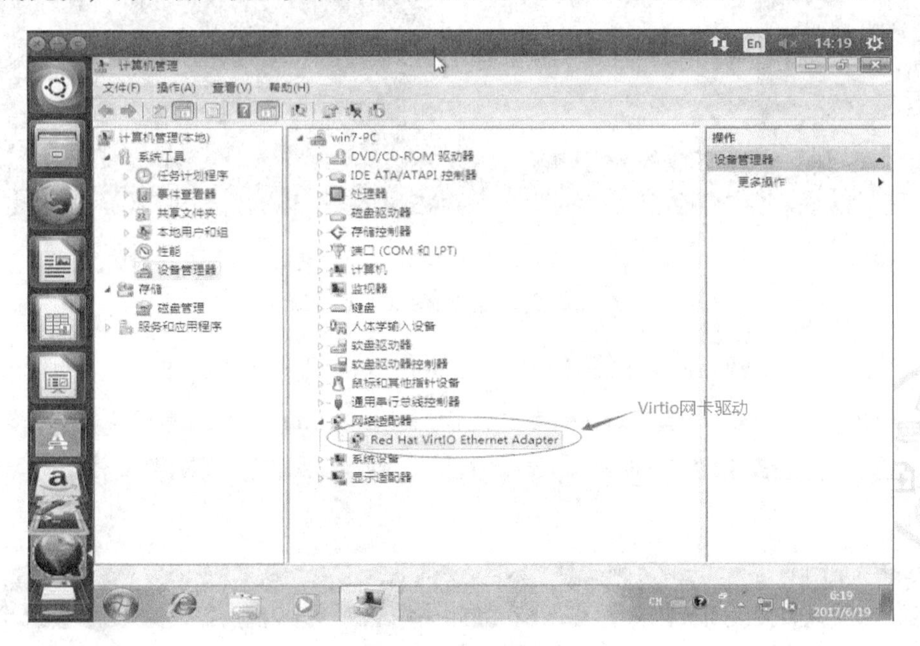

图 7-21　安装驱动程序

安装命令如下：

```
    qemu-system-x86_64  -m  1024  -drive  file=win7.img,cache=writeback,
if=virtio,boot=on- cdrom virtio-win-0.1-81.iso -net nic,model=virtio -net
user -boot order=c -usbdevice tablet-- enable-kvm
```

（7）进入 Windows 7 客户机时，会提示安装 virtio 的网卡驱动程序，如果不提示，也可以手动安装，方法为：右击“计算机”图标，选择“管理”命令，在“计算机管理”窗口中选择“设备管理器”中的“网络适配器”，扫描出合适的网卡驱动程序进行安装即可。

7.2.2 Ubuntu14.04 镜像

具体操作步骤如下：

（1）下载 Ubuntu14.04 版本操作系统的 ISO 文件，文件名为 ubuntu-14.04-server-amd64.iso。

（2）将 Ubuntu 的 ISO 文件通过 Xshell 上传到服务器中，如图 7-22 所示。

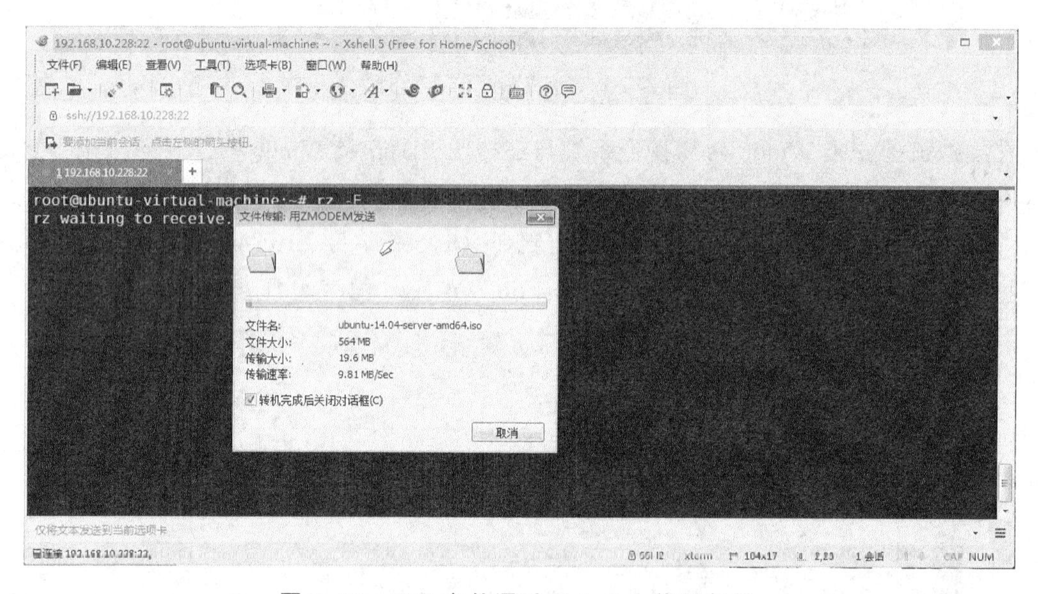

图 7-22 ISO 文件通过 Xshell 上传服务器

（3）使用命令 qemu-img create -f qcow2 ubuntu14.04.img 50G 创建一个 50 GB 的磁盘镜像（qcow2 格式）。该命令中 create 参数为使用 qemu-img 命令创建镜像文件，“-f” 参数指定镜像文件的格式为 qcow2（qcow2 是一种硬盘的格式），镜像文件名为 ubuntu14.04.img，大小为 50 GB。

```
root@ubuntu-virtual-machine:~# qemu-img create -f qcow2 ubuntu14.04.img 50G
Formatting 'ubuntu14.04.img', fmt=qcow2 size=53687091200 encryption=off cluster_size=65536 lazy_refcount
s=off refcount_bits=16
```

（4）使用 qemu-system-x86_64 命令安装 Ubuntu 系统，命令如图 7-23 所示。

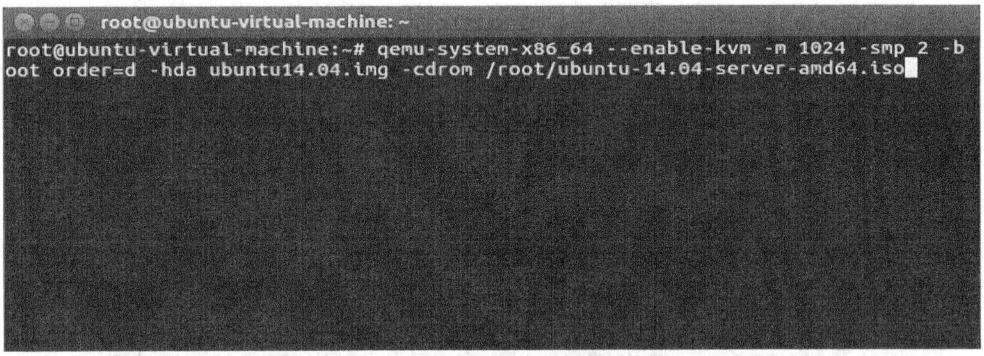

```
root@ubuntu-virtual-machine: ~
root@ubuntu-virtual-machine:~# qemu-system-x86_64 --enable-kvm -m 1024 -smp 2 -b
oot order=d -hda ubuntu14.04.img -cdrom /root/ubuntu-14.04-server-amd64.iso
```

图 7-23　安装 Ubuntu 的命令

其中，“--enable-kvm”表示使用 KVM 加速模块，而不是 qemu 的内核开启虚拟机加速。“-m 1024”表示给客户机分配 1 024 MB 内存，“-smp 2”表示给客户机分配 2 个虚拟 CPU，“-boot order=d”指定虚拟机系统的启动顺序为光驱(CD-ROM)而不是硬盘(Hard Disk)，“-hda ubuntu14.04.img”使用上一步创建的 ubuntu 14.04.img 镜像文件作为虚拟机的硬盘，“-cdrom/root/ubuntu-14.04.-server-amd64.iso”表示分配给虚拟机的光驱，并在光驱中加载 ISO 文件作为系统的启动文件，如图 7-24 所示。

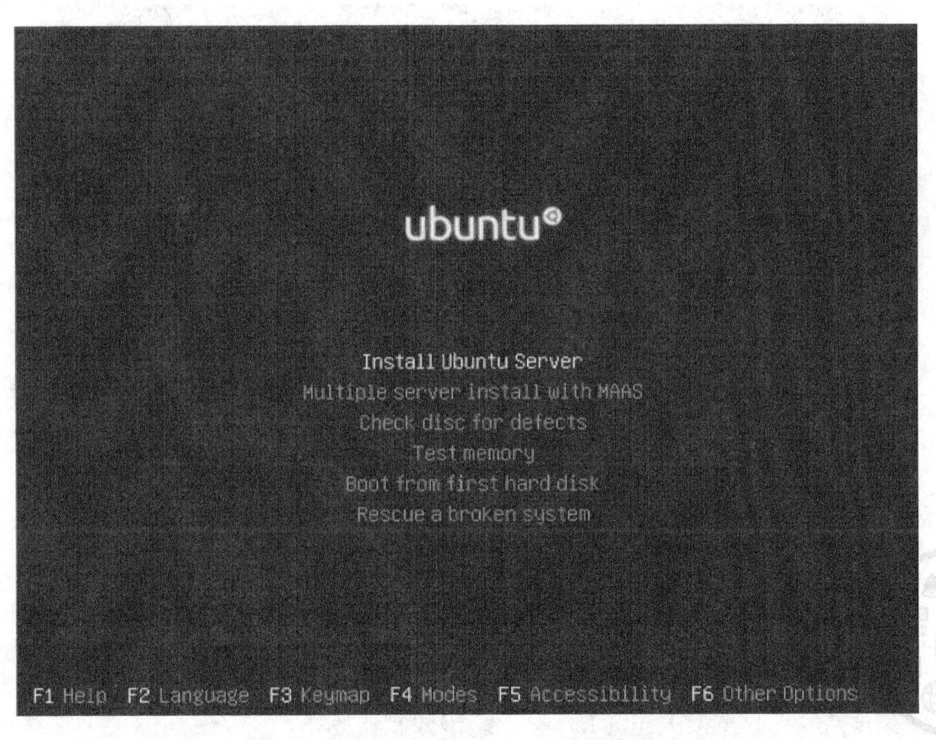

图 7-24　光驱加载 ISO 文件系统启动

系统安装时的界面如图 7-25 所示。

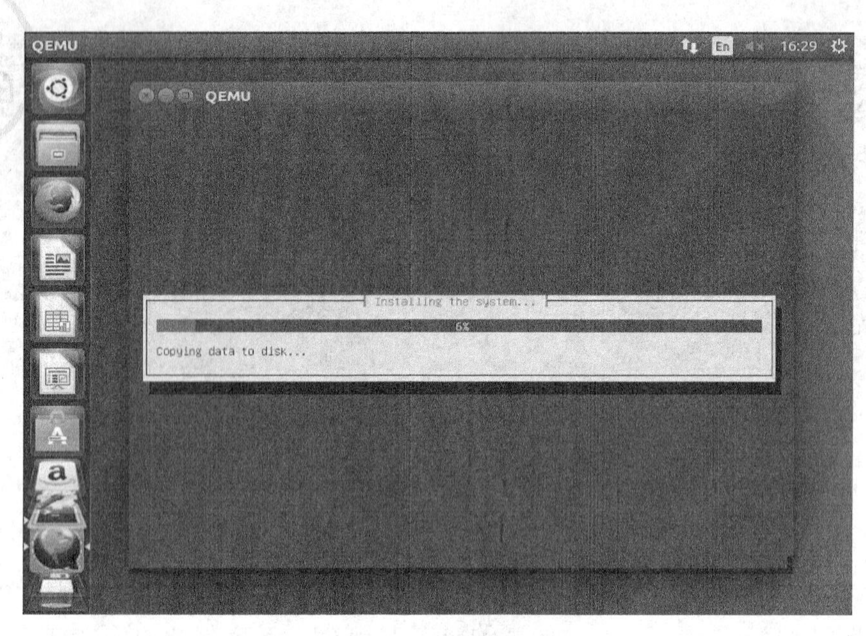

图 7-25　系统安装

安装过程中选择安装 OpenSSH server 软件，方便随后远程访问，如图 7-26 所示。

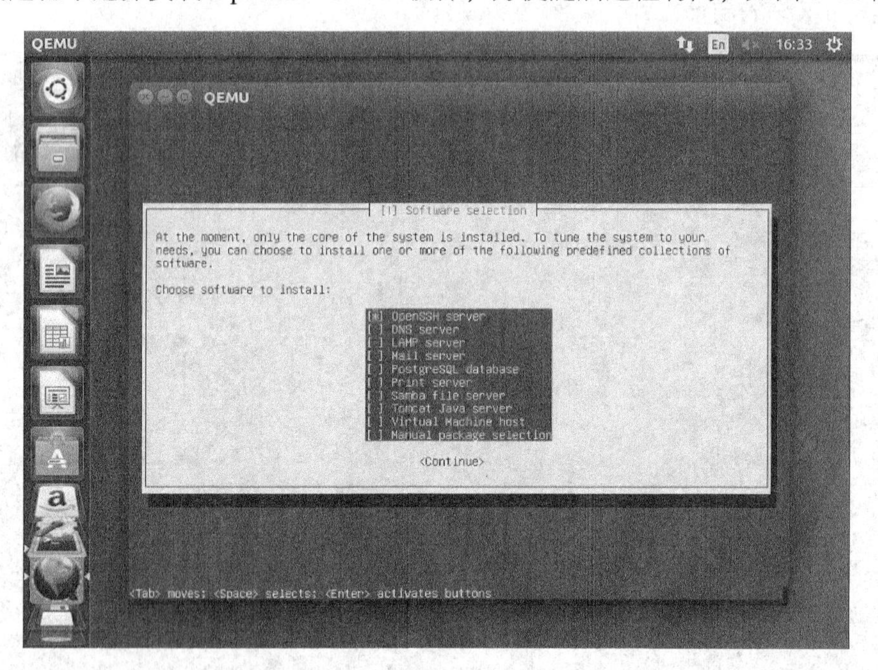

图 7-26　选择安装 OpenSSH server 软件

系统安装完成后，直接退出，Linux 系统镜像制作完毕。

（5）使用命令 qemu-system-x86_64 -- enable-kvm -m 1024 -smp 2 -boot order=c -hda ubuntu14.0.img -net nic -net user 重新启动虚拟机镜像，进入上面安装的系统，如图 7-27 所示。

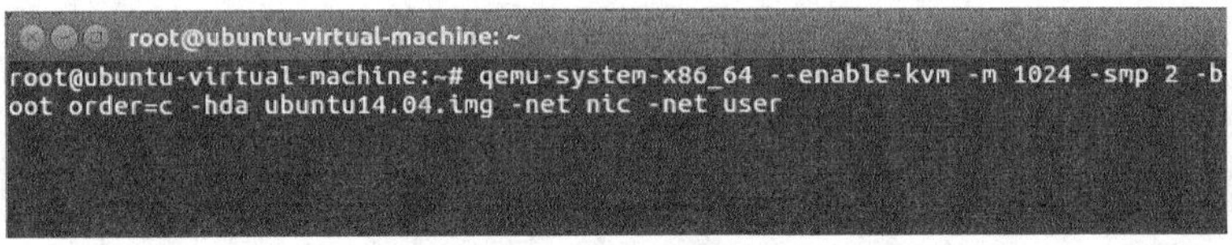

```
root@ubuntu-virtual-machine: ~
root@ubuntu-virtual-machine:~# qemu-system-x86_64 --enable-kvm -m 1024 -smp 2 -b
oot order=c -hda ubuntu14.04.img -net nic -net user
```

图 7-27　重启虚拟机

进入 Ubuntu 14.04 系统的虚拟机界面，如图 7-28 所示。

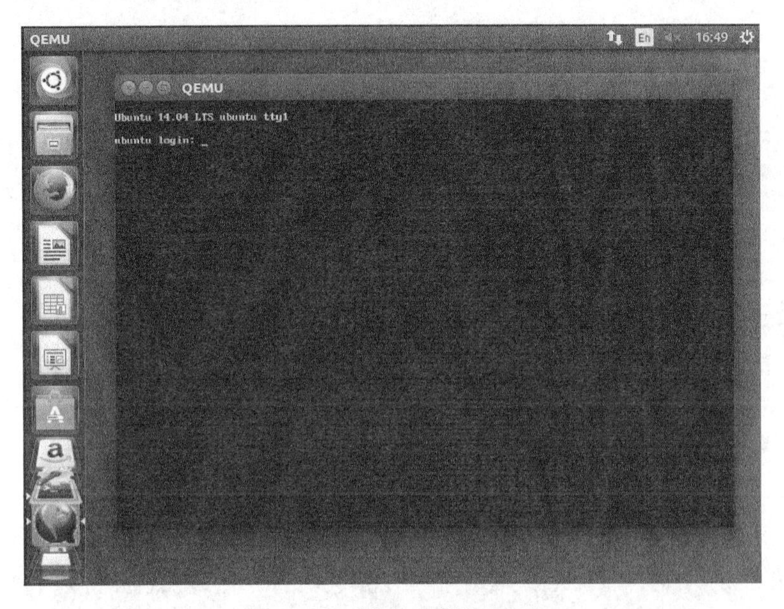

图 7-28　进入虚拟机界面

输入安装过程中设置的用户名/密码，进入系统，如图 7-29 所示。

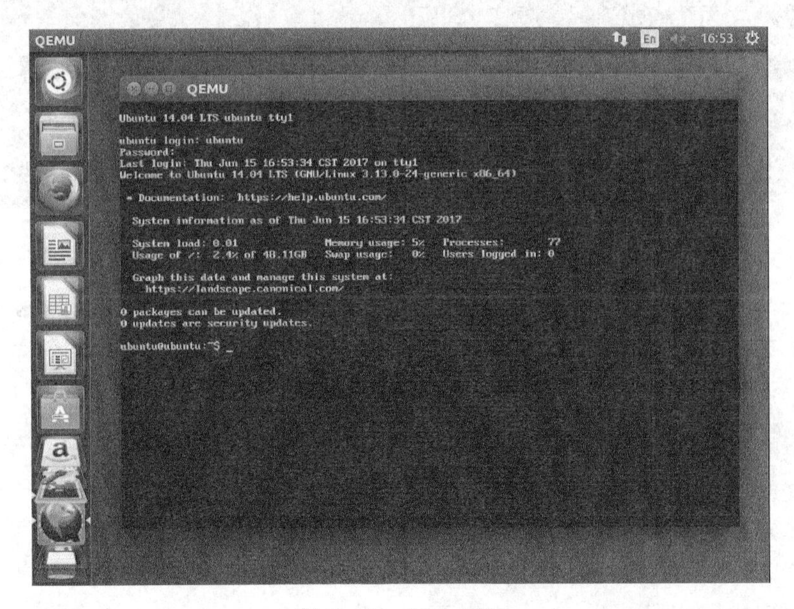

图 7-29　进入系统

7.2.3 开发要点

建立虚拟机镜像的要点如下：

（1）掌握 Windows 虚拟机镜像的制作过程。

（2）掌握 Linux 虚拟机镜像的制作过程。

7.3 启动虚拟机

在宿主机中使用 7.2 节创建的 Ubuntu 14.04 服务器版的镜像文件 ubuntu14.04.img 创建 Ubuntu 虚拟机。使用 QEMU 启动第一个虚拟机后，可以在宿主机或者另一台 Windows 机器上通过 VNC 连接创建的虚拟机。

7.3.1 在宿主机上使用 VNC 方式启动虚拟机

VNC 包括 VNC Server 和 VNC Viewer 两部分，本小节需要在宿主机上进行安装。

具体操作步骤如下：

（1）在宿主机上使用命令 dpkg -l|grep vnc，查看是否安装 VNC。如果已安装，能看到 vnc4server 和 xvnc4viewer 的内容，如图 7-30 所示。如果未安装，可使用命令 apt-get install vnc4server 安装 VNC Server ，使用命令 apt-get install xvnc4viewer 安装 VNC Viewer。

```
root@ubuntu: ~
root@ubuntu:~# dpkg -l|grep vnc
ii  libvncclient1:amd64                          0.9.10+dfsg-3ubuntu0.16.04.1
            amd64        API to write one's own VNC server - client library
ii  remmina-plugin-vnc                           1.1.2-3ubuntu1
            amd64        VNC plugin for remmina remote desktop client
ii  vnc4server                                   4.1.1+xorg4.3.0-37.3ubuntu2
            amd64        Virtual network computing server software
ii  xvnc4viewer                                  4.1.1+xorg4.3.0-37.3ubuntu2
            amd64        Virtual network computing client software for X
root@ubuntu:~#
```

图 7-30 查看宿主机是否安装 VNC

（2）安装 vnc4server 完成后，在宿主机上启动 vncserver，使用命令 vncserver 创建一个 vnc 桌面。如果第一次启动 VNC Server，系统会提示设置连接时需要的密码，根据需要设置即可（这里设置为“123456”），如图 7-31 所示。

（3）进入/root/.vnc/目录，修改 VNC 的配置文件 xstartup，如图 7-32 所示。

（4）在文件的最后添加两行内容，如图 7-33 所示。

```
startgnome &
DISPLAY=:1 gnome-session &
```

（5）修改完成后使用 vncserver 命令再次启动 VNC server，如图 7-34 所示。

```
root@ubuntu:/home/jingyu# vncserver

You will require a password to access your desktops.

Password:
Verify:

New 'ubuntu:1 (root)' desktop is ubuntu:1

Creating default startup script /root/.vnc/xstartup
Starting applications specified in /root/.vnc/xstartup
Log file is /root/.vnc/ubuntu:1.log

root@ubuntu:/home/jingyu#
```

图 7-31　VNC 密码设置

```
root@ubuntu: ~/.vnc
root@ubuntu:~# cd /root/.vnc/
root@ubuntu:~/.vnc# ls
passwd  ubuntu:1.log  ubuntu:2.log  ubuntu:3.log  xstartup
root@ubuntu:~/.vnc# vim xstartup
```

图 7-32　修改 xstartup 文件

```
root@ubuntu: ~/.vnc
#!/bin/sh

# Uncomment the following two lines for normal desktop:
# unset SESSION_MANAGER
# exec /etc/X11/xinit/xinitrc

[ -x /etc/vnc/xstartup ] && exec /etc/vnc/xstartup
[ -r $HOME/.Xresources ] && xrdb $HOME/.Xresources
xsetroot -solid grey
vncconfig -iconic &
x-terminal-emulator -geometry 80x24+10+10 -ls -title "$VNCDESKTOP Desktop" &
x-window-manager &

startgnome &
DISPLAY=:1 gnome-session &
~
~
~
~
~
~
~
~
"xstartup" 15L, 402C                                    1,1          全部
```

图 7-33　添加 xstartup 相关内容

```
root@ubuntu: ~/.vnc
root@ubuntu:~/.vnc# vncserver
xauth: (stdin):1:  bad display name "ubuntu:1" in "add" command

New 'ubuntu:1 (root)' desktop is ubuntu:1

Starting applications specified in /root/.vnc/xstartup
Log file is /root/.vnc/ubuntu:1.log

root@ubuntu:~/.vnc#
```

图 7-34　启动 vncserver 服务

（6）VNC 的启动/停止/重启命令分别为#service vncserver start/stop/ restart。关闭具体的指定端口号的 vncserver 命令为 vncserver -kill :2。设置密码命令为 vncpasswd。

（7）使用前面创建的 ubuntu14.04.img 镜像文件，将 ubuntu14.04.img 复制到/home/kvm/

img 目录，通过命令 qemu-system-x86_64 -enable-kvm -m 1024 -smp 2 -boot order=c -hda /home/kvm/img/ubuntu14.04.img -vnc :1 启动第一个虚拟机。“-enable-kvm”表示开启 KVM 全虚拟化支持。“-m 1024”表示给虚拟机分配 1 024 MB 内存。“-smp”表示给虚拟机分配 2 个 CPU。“-boot order=c”表示从硬盘启动。“-hda /home/kvm/img/ubuntu 14.04.img”表示使用 ubuntu.img 镜像文件作为虚拟机硬盘启动系统。“-vnc :1”表示使用 vnc 的 5901 端口启动虚拟机，如图 7-35 所示。

```
root@ubuntu: /home/kvm/img
root@ubuntu:~# cd /home/kvm/img
root@ubuntu:/home/kvm/img# ls
ubuntu14.04.img
root@ubuntu:/home/kvm/img# qemu-system-x86_64 -enable-kvm -m 1024 -smp 2 -boot order
=c -hda /home/kvm/img/ubuntu14.04.img -vnc :1
```

图 7-35 使用 VNC 启动虚拟机

（8）再打开一个终端，使用命令 vncviewer :1 查看虚拟机启动界面，如图 7-36 所示。命令执行后，会打开一个 VNC 窗口，即虚拟机 Ubuntu14.04 的启动界面，如图 7-37 所示。

```
root@ubuntu: ~
root@ubuntu:~# vncviewer :1

VNC Viewer Free Edition 4.1.1 for X - built Feb 25 2015 22:57:51
Copyright (C) 2002-2005 RealVNC Ltd.
See http://www.realvnc.com for information on VNC.

Fri Jun 16 09:09:37 2017
 CConn:       connected to host localhost port 5901
 CConnection: Server supports RFB protocol version 3.8
 CConnection: Using RFB protocol version 3.8
 TXImage:     Using default colormap and visual, TrueColor, depth 24.
 CConn:       Using pixel format depth 6 (8bpp) rgb222
 CConn:       Using ZRLE encoding
```

图 7-36 使用 vncviewer 查看虚拟机

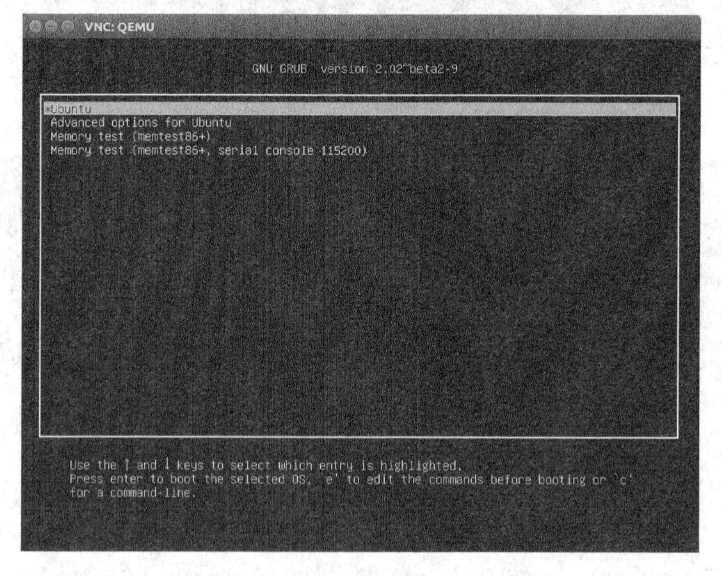

图 7-37 VNC 界面下的 Ubuntu14.04 虚拟机启动界面

（9）进入 Ubuntu14.04 虚拟机，输入制作镜像时的用户名和密码登录系统，如图 7-38 和图 7-39 所示。

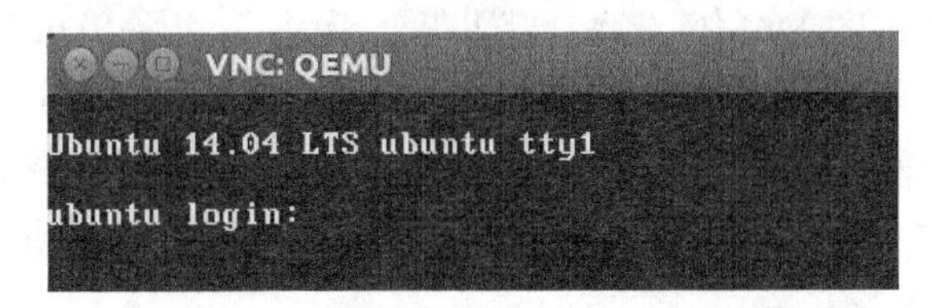

图 7-38　输入用户名和密码

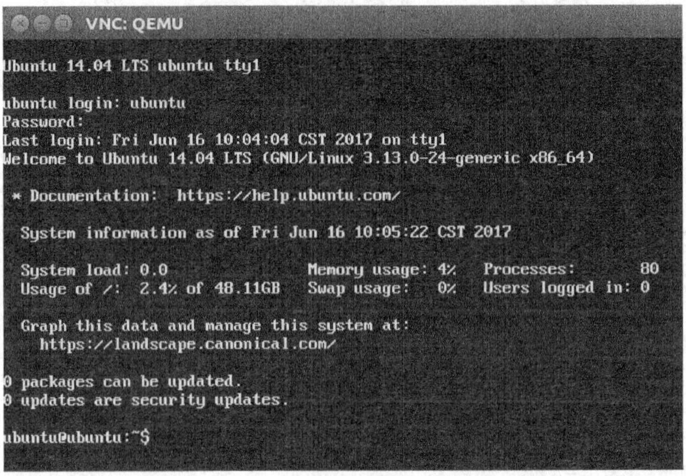

```
Ubuntu 14.04 LTS ubuntu tty1

ubuntu login: ubuntu
Password:
Last login: Fri Jun 16 10:04:04 CST 2017 on tty1
Welcome to Ubuntu 14.04 LTS (GNU/Linux 3.13.0-24-generic x86_64)

 * Documentation:  https://help.ubuntu.com/

  System information as of Fri Jun 16 10:05:22 CST 2017

  System load: 0.0              Memory usage: 4%   Processes:       80
  Usage of /:  2.4% of 48.11GB  Swap usage:   0%   Users logged in: 0

  Graph this data and manage this system at:
    https://landscape.canonical.com/

0 packages can be updated.
0 updates are security updates.

ubuntu@ubuntu:~$
```

图 7-39　登录系统

（10）输入命令 cat /etc/issue 可以查看虚拟机的版本号，如图 7-40 所示。虚拟机 Ubuntu14.04 的使用和普通 Ubuntu14.04 的使用完全一样，读者可自行操作。

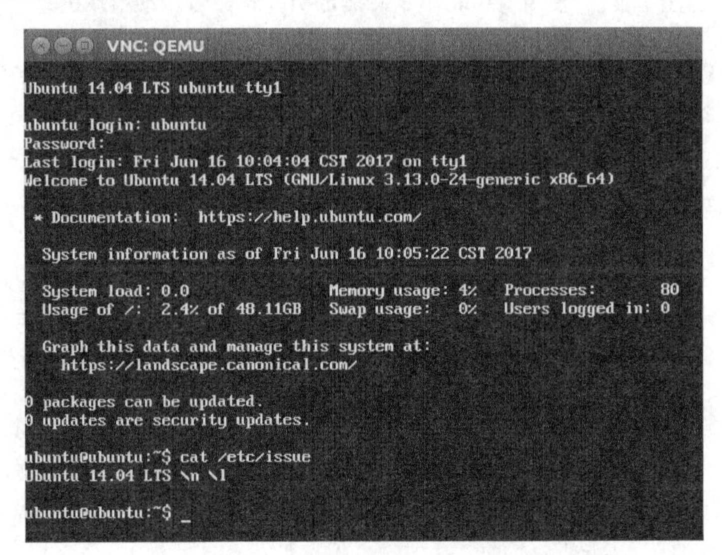

图 7-40　查看虚拟机版本

QEMU 对虚拟机的默认图形显示为 SDL，使用的前提条件是宿主机必须使用图形界面，宿主机必须安装 SDL 软件包。此外，QEMU 在编译时需要安装 SDL-devel 这个包，然后设置编译该模块，这时 QEMU 启动虚拟机时，会默认使用 SDL 这个多媒体程序库来显示图形。但 SDL 也有一定局限性，因为其在启动 QEMU 时必定要弹出一个图形框，所以如果用的是 SSH 等字符工具远程连接宿主机，则无法看到这个图形框，就会报错。读者可自行对 QEMU 添加 SDL 的支持后进行编译安装，启动虚拟机时使用命令 qemu-system-x86_64 -enable-kvm –m 1024 –smp 2 –boot order=c –had /home/kvm/img/ubuntu 14.04.img，会直接打开一个图形框显示虚拟机界面，其他操作相同，不再赘述。

7.3.2 在 Windows 上使用 VNC Viewer 连接虚拟机

具体操作步骤如下：

（1）在宿主机上使用命令 dpkg -l|grep vnc，查看是否安装 VNC。VNC 包括 VNC Server 和 VNC Viewer 两部分，本小节需要在宿主机上安装 VNC Server。

（2）在 Windows 系统上，下载安装 VNC Viewer 客户端软件（读者可自行下载，也可使用资源包中文件）。

（3）在宿主机上使用命令 qemu-system-x86_64 -enable-kvm -m 1024 -smp 2 –boot order=c -hda /home/kvm/img/ubuntu14.04.img -vnc :2 启动虚拟机（ubuntu14.04.img 为前面制作的镜像文件），如图 7-41 所示。

```
root@ubuntu:~/.vnc# qemu-system-x86_64 -enable-kvm -m 1024 -smp 2 -boot order=c -hda /
home/kvm/img/ubuntu14.04.img -vnc :2
```

图 7-41　使用 qemu 命令并指定 vnc 端口号启动虚拟机

（4）在 Windows 系统上使用 VNC 客户端软件远程连接宿主机服务器，基本格式为 IP(hostname):PORT，如图 7-42 所示。在图中界面输入要访问的 IP 地址（宿主机 IP 地址，这里为 192.168.10.226）加端口号，端口号与自己创建的 VNC 端口号相差 5900，步骤（3）中端口号为 2，连接时的端口号写 2 或者 5902 都可以，单击 Connect 按钮即可进行连接。

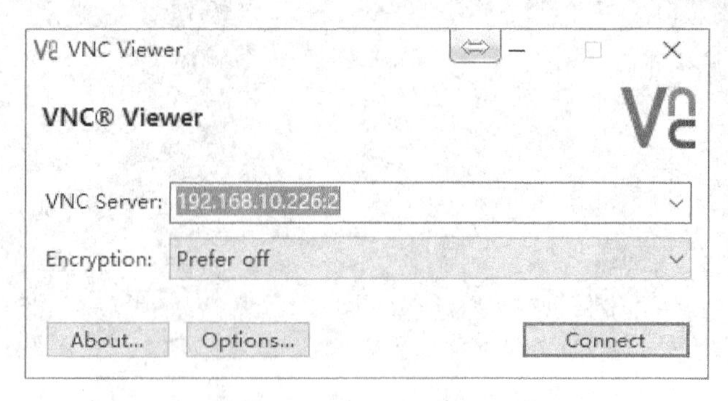

图 7-42　VNC 客户端软件远程连接宿主机服务器界面

（5）VNC Viewer 警告是一个未加密的连接，单击 Continue 按钮，如图 7-43 所示。

（6）进入 Ubuntu14.04 操作系统。图 7-44 所示为在 Windows 系统下，使用 VNC 客户端连接宿主机上的 Ubuntu14.04 虚拟机的界面。使用用户名和密码登录即可。

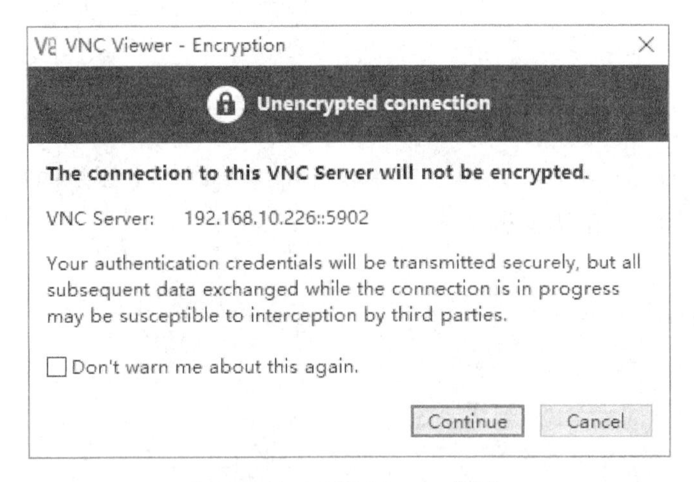

图 7-43　VNC Viewer 警告

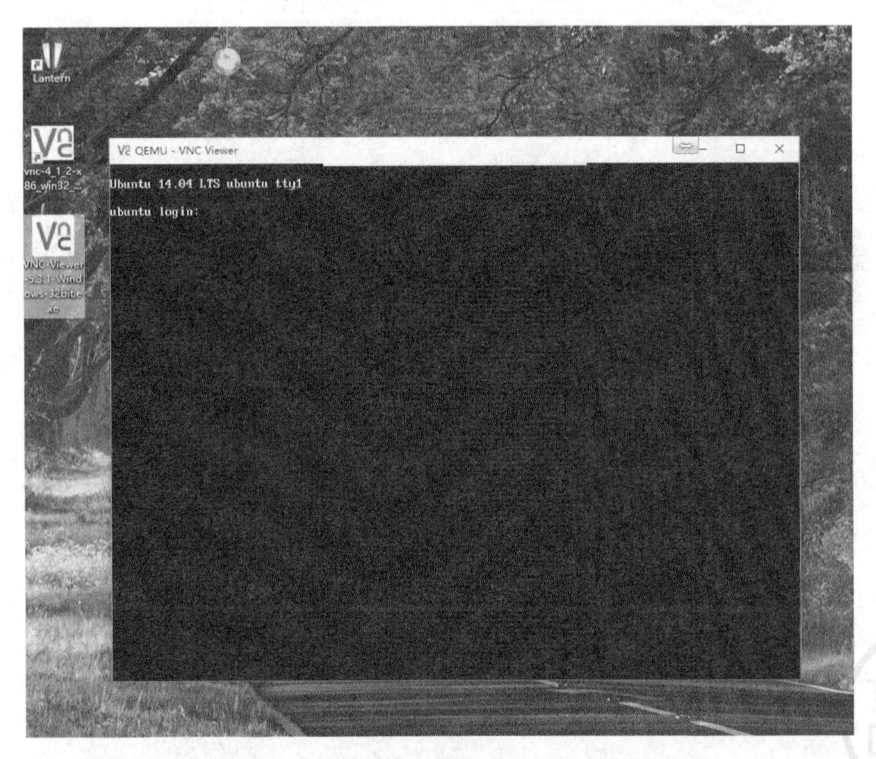

图 7-44　VNC 客户端连接 Ubuntu14.04 虚拟机

7.3.3 开发要点

启动虚拟机的要点如下：

（1）熟悉使用 QEMU 启动第一个虚拟机的方式。
（2）掌握 QEMU 的常用参数的使用方法。
（3）掌握 VNC 的使用方式。

小　结

本章介绍 KVM 虚拟机环境搭建、安装，QEMU 下载安装，系统镜像及安装系统，启用虚拟机和 VNC 远程连接虚拟机。

习　题

尝试自己动手创建一个 KVM 虚拟机。

参考文献

[1] 肖力，汪爱伟，杨俊俊，等．深度实践 KVM：核心技术、管理运维、性能优化与项目实施[M]．北京：机械工业出版社，2015.
[2] 邢静宇．KVM 虚拟化技术基础与实践[M]．西安：西安电子科技大学出版社，2015.
[3] 何坤源．Linux KVM 虚拟化架构实战指南[M]．北京：人民邮电出版社，2015.
[4] 敖志刚．网络虚拟化技术完全指南[M]．北京：电子工业出版社，2015.
[5] 吕斯特（Danielle Ruest）．虚拟化技术指南[M]．陈奋，译．北京：机械工业出版社，2011.
[6] 任永杰，单海涛．KVM 虚拟化技术：实战与原理解析[M]．北京：机械工业出版社，2013.
[7] [美]托马斯·埃尔，等．云计算：概念、技术与架构[M]．龚奕利，贺莲，胡创，译．北京：机械工业出版社，2014.
[8] 刘鹏．云计算[M]．3 版．北京：电子工业出版社，2015.
[9] 陈国良，明仲．云计算工程[M]．北京：人民邮电出版社，2016.
[10] 顾炯炯．云计算架构技术与实践[M]．2 版．北京：清华大学出版社，2016.